Scriptor Praxis

Timo Leuders
Susanne Prediger

Flexibel differenzieren und fokussiert fördern im Mathematikunterricht

Cornelsen

Die Autoren
Timo Leuders (Prof. Dr.) forscht und lehrt am Institut für Mathematische Bildung (IMBF) an der Pädagogischen Hochschule Freiburg.

Susanne Prediger (Prof. Dr.) hat bis 2006 an Gesamtschulen mit großer Heterogenität unterrichtet. Seit 2006 forscht und lehrt sie am Institut für Entwicklung und Erforschung des Mathematikunterrichts der Technischen Universität Dortmund.

Beide arbeiten u. a. in den Bereichen Lehrerfortbildung, Schulbuchentwicklung, Curriculumentwicklung, Diagnose und Förderung sowie Differenzierung im Mathematikunterricht.

Projektleitung: Gabriele Teubner-Nicolai, Berlin
Redaktion und Sachzeichnungen (S. 65, 101, 163, 166, 174, 197, 198, 201): Stefan Giertzsch, Werder (Havel)
Bildnachweise: S. 37, 54, 55: © Waxmann Verlag; S. 136 (Glas): StockFood/Liebermann, Ellen; S. 136 (Flasche): stock.adobe.com/euthymia; S. 100: Judith Ganter (Geodreieck); S. 48, 127, 160: Cornelsen Schulverlage GmbH-Ludwig Heyder; S. 124, 130, 137: Cornelsen/Christian Nusch (Kinderfiguren); S.160: Christian Nusch (Zauberer, Kind); S. 164: Timo Leuders; S. 156: Susanne Prediger
Umschlagkonzeption: Kerstin Zipfel, München
Umschlaggestaltung: LemmeDESIGN, Berlin
Umschlagfoto: Juliane Leuders, Buchenbach
Layout/technische Umsetzung: zweiband.media, Berlin

www.cornelsen.de

2. Auflage, 2. Druck 2020

Druck: AZ Druck und Datentechnik GmbH, Kempten

ISBN 978-3-589-15681-8

PEFC
PEFC/04-31-2260

PEFC zertifiziert
Dieses Produkt stammt aus nachhaltig bewirtschafteten Wäldern und kontrollierten Quellen.

www.pefc.de

Inhalt

Vorwort

Die Forderung, der Heterogenität von Schülerinnen und Schülern durch Binnendifferenzierung gerecht zu werden, gibt es schon seit den 1970er Jahren. In letzter Zeit hat sich das Interesse noch einmal verstärkt, angesichts empirischer Befunde zur Heterogenität der Lernendengruppen in allen Schulformen und mit Blick auf den Umbau unseres Schulsystems (Zweigliedrigkeit, Inklusion, vgl. TRAUTMANN/WISCHER 2008).

Dabei lastet auf der einzelnen Lehrperson ein ungeheurer Druck, denn an sie wird die Erwartung gerichtet, geeignete Differenzierungsmaßnahmen zu entwickeln und zu gestalten. Hierzu benötigen Lehrerinnen und Lehrer zunehmend Kompetenzen der Diagnose, der Arbeit mit Aufgaben und der individuellen Förderung ganz verschiedener fachlicher und überfachlicher Kompetenzen. Leider ist die Unterstützung für diese Aufgabe, etwa durch Fortbildungen, durch zeitliche Ressourcen für besondere Maßnahmen oder durch Teamarbeit in der Schule, oft nicht mitgewachsen. Außerdem werden zum Teil sehr schlichte Rezepte angepriesen.

Immerhin kann man feststellen, dass über die letzten Jahrzehnte eine ganze Reihe allgemeindidaktischer Ansätze für die Binnendifferenzierung entwickelt, erprobt und publiziert wurden (z. B. PARADIES/LINSER 2001, AHLRING 2002, BOHL ET AL. 2012). Leider bewegen sich die Konzepte, die an vielen Schulen entwickelt werden, weitgehend auf der Ebene der Schul- und Unterrichtsstrukturen. Zudem setzen viele die Hoffnung in eine möglichst vollständige Individualisierung des Lernens (zur Kritik hiervon, s. HELMKE 2013 und MOSER OPITZ 2009). Dies geht oft zu Lasten der Lernqualität (Vernachlässigung von Verstehensprozessen, Kooperation und Kommunikation) und endet im schlimmsten Falle im Erledigen von Arbeitsblattpensen.

Einem solchen einseitigen Verständnis von Differenzierung möchten wir in diesem Buch ein Konzept entgegensetzen, welches die verschiedenen Möglichkeiten des Differenzierens wahrnimmt und angemessen auswählt und kombiniert. Das Stichwort lautet also: **Flexibel Differenzieren**.

Dabei geht es nicht nur darum, Unterschieden gerecht zu werden und sie, wo nötig, auch auszugleichen, sondern ebenfalls darum, Vielfalt in der Klasse zu erkennen und produktiv für das Fachlernen zu nutzen.

Dazu stellt sich insbesondere die Frage, wie sich die existierenden allgemeindidaktischen Ansätze fachspezifisch umsetzen lassen. Hier gibt es in der Mathematikdidaktik inzwischen einige Vorschläge, die ein besonderes Augenmerk auf die fachlichen Aspekte legen (KRIPPNER 1992, HEYMANN 1991, WITTMANN 1996, HENGARTNER ET AL. 2006, DACEY/LYNCH 2007, HUßMANN/PREDIGER 2007, SCHERER/MOSER

Opitz 2010, Bruder/Reibold 2012, Leuders/Prediger 2012). Uns ist insbesondere wichtig, dass die Heterogenität sich nicht nur durch ein allgemeines fachliches Leistungsniveau bestimmt, sondern viel breiter gesehen werden muss: Lernende unterscheiden sich ebenfalls durch Interessen, Zugangsweisen oder sprachliche Voraussetzungen, u. v. m. (Ahlring 2002). Leider werden bei einer großen Zahl von differenzierenden Unterrichtskonzepten und Fördermaterialien die Voraussetzungen auf Seiten der Lernenden nicht hinreichend beachtet. Die individuelle Förderung beschränkt sich oft auf eine Berücksichtigung unterschiedlicher Lerntempi, verpasst aber, die wesentlichen Bedingungen für das Weiterlernen zu erkennen und anzugehen.

Aus diesem Grunde möchten wir dafür sensibilisieren, welches die jeweils relevanten Aspekte sind, in denen man auf die Heterogenität reagieren muss (z. B. Grundvorstellungen oder sprachliche Voraussetzungen) und wie konkret dort ansetzende Fördermaßnahmen aussehen. Das zweite Augenmerk des Buches ist also: **Fokussiert Fördern**. Eine Fokussierung findet statt, wenn das Fachlernen auf die Bedürfnisse des Individuums abgestimmt wird.

Die Ansätze und Überlegungen dieses Buches sind über viele Jahre gewachsen und im Unterricht erprobt, zu nennen sind dabei insbesondere das Forschungs- und Entwicklungsprojekt KOSIMA (2005–2016, Hußmann/Leuders/Barzel/Prediger 2011 u. v. a.) und das Schulbegleitforschungsprojekt „Eigenverantwortliches Lernen auf vielfältigen Wegen" an der Gesamtschule Mitte in Bremen (2003–2006, Prediger/Bialek/Fernholz/Heckmann/Kraatz-Röper/Vernay 2006). Die Konzepte sind auch in zahlreichen Lehrerfortbildungen thematisiert und durchdiskutiert worden. Wir haben Wert darauf gelegt, dass das Buch einerseits so konkret und praxisnah wie möglich ist (durch Aufgaben, Umsetzungsbeispiele, Checklisten, Praxisschilderungen) und andererseits den Stand der Forschung in der Mathematikdidaktik, der LehrLernforschung und der Bildungsforschung berücksichtigt und offenlegt.

Das Buch kann daher als Basis für eine Fortbildungsreihe (zentral oder schulintern), für eine Lehrveranstaltung in der Ausbildung oder auch zur individuellen Lektüre und Unterrichtsplanung genutzt werden.
Die Vielzahl an Anregungen mag auf den ersten Blick erschlagen. Wir empfehlen daher, dass man sich beim Versuch der Umsetzung in der eigenen Praxis zunächst einige wenige Aspekte, Ansätze oder Vorschläge auswählt. Die Kapitel nehmen zwar aufeinander Bezug, man kann aber durchaus Schwerpunkte setzen und je nach Interesse an verschiedenen Stellen einsteigen.

- **Kapitel 1** zeigt durch eine Reihe prägnanter Beispiele aus dem Mathematikunterricht auf, wie vielfältig Differenzierungsansätze sein können und welches die wichtigsten Entscheidungsfelder für die Gestaltung von differenzierendem Unterricht sind: Differenzierungsaspekte (Wonach will ich differenzieren?), Differenzierungsziele (Will ich Unterschiede ausgleichen oder Vielfalt nutzen?), Differenzierungsformen (Wer steuert?) und Differenzierungsebenen (Aufgaben, Methoden oder Unterrichtsstrukturen?).
- **Kapitel 2** (kann je nach Interesse auch erst einmal übersprungen werden) gibt einen Hintergrund zu empirischen Ergebnisse, mit welchen Arten von Unterschieden man im Unterricht rechnen muss und was wir aus der Forschung darüber wissen.
- **Kapitel 3** wird dann konkret: Für eine wichtige Differenzierungsaspekte wird dargestellt, wie eine **fokussierte Förderung** aussehen muss, damit sie lernhinderliche Unterschiede zwischen Lernenden ausgleichen kann.
- **Kapitel 4** bietet dann Konzepte für die Arbeit mit differenzierenden Aufgaben – für das Fach Mathematik wohl eines der wichtigsten Werkzeuge für die Gestaltung von differenzierendem Unterricht.
- **Kapitel 5** schließlich führt die Überlegungen der vorigen Kapitel zusammen. Es zeichnet ein breites Bild von differenzierendem Mathematikunterricht, indem 11 Differenzierungsansätze für unterschiedliche Unterrichtsphasen vorgestellt werden. Anhand der Grundideen, einer Konkretisierung und Überlegungen zur Umsetzung und zu Herausforderungen wird in jedem Ansatz plastisch dargestellt, wie die verschiedenen Aspekte von Differenzierung zusammenkommen. So bietet das Kapitel die Möglichkeit, für den eigenen Unterricht passende Ansätze auszuwählen, zu kombinieren und zu gestalten, um **flexibel zu differenzieren** und dabei **fokussiert zu fördern**.

Dieses Buch ist im Rahmen der erwähnten Projekte über viele Jahre gewachsen, wir danken der Gesamtschule Mitte und insbesondere unseren Partnern Bärbel Barzel und Stephan Hußmann für die zehnjährige intensive Zusammenarbeit. Tim Kreckel hat an der Hintergrundrecherche für Kapitel 2 mitgewirkt, Lars Holzäpfel und Juliane Leuders uns viele konstruktivkritische Impulse gegeben. Ihnen sei dafür herzlichst gedankt, ebenso wie Marie Hagemann für das sorgfältige Korrekturlesen. Des Weiteren sind in das Buch viele Anregungen von zahlreichen Lehrkräften eingeflossen, die unsere Sichtweisen durch viele Beispiele von differenzierendem Unterricht bereichert haben. Wir freuen uns darüber, wenn auch Sie als Leserin und Leser uns Rückmeldungen zu Ihren Erfahrungen mit dem Buch und mit differenzierendem Mathematikunterricht geben.

Susanne Prediger und Timo Leuders

1 Viele Wege des Differenzierens – Beispiele und Systematisierung

Differenzieren umfasst alle Strategien, auf die Unterschiedlichkeit von Schülerinnen und Schülern einzugehen. Wenn man die vielen möglichen Wege des Differenzierens unterscheiden, verstehen und angemessen umsetzen möchte, braucht man einen Überblick: Welche Ziele, Formen, Aspekte und Ebenen sind mit dem Differenzieren verbunden? Welche Entscheidungsspielräume hat man hier? Und auf welche Lösungsansätze kann man zurückgreifen?

Zunehmend ist in den letzten Jahren ins Bewusstsein gerückt, wie heterogen die Lernstände und Lernvoraussetzungen der Schülerinnen und Schüler sind. Dies bezieht sich nicht nur auf die Leistungen der Lernenden, von denen wohl am häufigsten die Rede ist, sondern auch auf deren Motivation, Interessen, Arbeitshaltungen, und soziale und sprachliche Voraussetzungen, die wiederum auf Leistungen zurückwirken. (Einen Überblick über die empirischen Befunde zu diesen Heterogenitätsaspekten gibt Kapitel 2.)

Welche Konsequenzen hat dieses Bewusstsein für Heterogenität für die Unterrichtspraxis? Alle Ansätze und Versuche, die dazu dienen sollen, konstruktiv und wirkungsvoll mit Heterogenität umzugehen, werden unter der Bezeichnung „Differenzierung" geführt. In diesem ersten Kapitel geht es darum, die Vielfalt der möglichen Differenzierungsansätze kennenzulernen und auch darum, diese systematisch zu verstehen – eine wichtige Voraussetzung für ihre Anwendung im eigenen Alltag. Wir steigen daher mit den folgenden drei zentralen Fragen ein:

- Was ist mit Differenzieren gemeint? – Definitionen (→Abschnitt 1.1)
- Wie können unterschiedliche Differenzierungsansätze aussehen? – Fünf prototypische Beispiele (→Abschnitt 1.2)
- Wie kann man Differenzierungsansätze systematisch unterscheiden und gezielt auswählen? – Entscheidungsfelder (→Abschnitt 1.3)
- Welchen fachdidaktischen Kriterien muss eine Förderung genügen, damit sie den spezifischen Bedarfe der Lernenden gerecht werden kann? (→Abschnitt 1.4)

1.1 Was ist mit Differenzieren gemeint? – Definitionen

Wir starten zunächst mit einigen Definitionen, um etwas Übersicht in die verwirrende Vielfalt der oft ungenau gebrauchten Begriffe zu bringen: Unter Differenzierung werden „alle organisatorischen, inhaltlichen und didaktischen

Vorkehrungen [...] gefasst, die auf besondere Ausprägungen von Lernvoraussetzungen, Lernfähigkeiten und inhaltlichen Interessen verschiedener Schülergruppen eingehen“ (Lenzen 1989, 318). Die wohl grundlegendste Unterscheidung betrifft die **äußere Organisationsform:**

Äußere und innere Differenzierung

- Durch **äußere Differenzierung** wird versucht, die Heterogenität organisatorisch zu reduzieren, indem man (durchgehend oder zeitweise) möglichst homogene Lerngruppen bildet. Dies erfolgt beispielsweise auf der Schulebene bei der Einrichtung von Förderkursen, bei der zeitweisen Trennung von Mädchen oder Jungen oder auf der Schulsystemebene durch gestufte Schulformen.
- Bei **innerer Differenzierung** (auch als Binnendifferenzierung bezeichnet) geht es darum, den Bedürfnissen der Lernenden innerhalb einer Lerngruppe vor allem durch didaktische und methodische Ansätze gerecht zu werden (Heymann 1991).

Das **übergreifende Ziel von Differenzierung** wird darin gesehen, jede Schülerin und jeden Schüler „auf ihrem Niveau“ möglichst optimal zu fördern (Paradies/Linser 2001, 9; Klafki/Stöcker 1985, u. v. a.). Dabei greift der Begriff „niveauangemessen“ eigentlich zu kurz, weil es um weit mehr als nur das Leistungsniveau geht. Auch der Sprachstand, die Zugangsweisen und vieles mehr, die zusammen ein **Lernendenprofil** ausmachen, spielen eine Rolle (siehe Abschnitt 1.3). Daher wollen wir Differenzierung so auffassen:

> Das übergreifende Ziel von Differenzierung liegt darin, jede Schülerin und jeden Schüler gemäß ihrem Lernstand und Lernendenprofil möglichst optimal zu fördern.

Individualisierung und individuelle Förderung

In diesem Zusammenhang wird oft auch der Begriff der **Individualisierung** verwendet. Es gibt zahlreiche Versuche, die Begriffe Differenzierung und Individualisierung zu unterscheiden (vgl. Bohl et al. 2012, 44 ff.), sie helfen aber in der Praxis nicht unbedingt weiter. Wir werden daher mit dem Begriff „Differenzierung“ arbeiten und dabei das Ziel der Berücksichtigung „individueller Voraussetzungen und Lernbedürfnisse“ immer mitdenken. Von „Individualisierung“ sprechen wir hingegen spezifischer dann, wenn wir methodische Arrangements diskutieren, bei denen die Lernenden zeitweise oder durchgehend individuell arbeiten.

Häufig genutzt wird auch der Begriff der **„individuellen Förderung“**, meist als positiv besetztes Schlagwort und ohne präzise Definition (Deutscher Bildungsrat 1969, Meyer 2003, Trautmann/Wischer 2008). In ihm drückt sich das oben bereits genannte generelle Ziel von Differenzierung aus (vgl. dazu abgrenzend Kapitel 3 dieses Buches). Oft wird „Förderung“ auch enger im Sinne **ausgleichender Förderung** genutzt, also für Maßnahmen, bei denen einige Lernende zeitweilig eine höhere Zuwendung erfahren, um bestimmte Lernziele einer größeren Gruppe zu erreichen (ARNOLD/RICHERT 2008). Dabei kann hier auch eine Förderung Leistungsstarker mitgedacht werden.

Was ist nun eine „gute" Differenzierung? Drei zentrale **Qualitätskriterien von Differenzierungsansätzen** und damit ihre potentielle Lernwirksamkeit sind in den letzten Jahrzehnten für den Mathematikunterricht herausgearbeitet worden. Das erste dieser Qualitätskriterien bezieht sich auf die optimale Förderung:

Adaptivität

(1) Adaptivität: Lernangebote sollen adaptiv sein, d.h. zu den jeweiligen Lernständen und -bedürfnissen der Lernenden passen (vgl. BECK 2007, HELMKE 2010, 247, vgl. BOHL ET AL. 2012, 48 für unterschiedliche Varianten). In der Praxis werden mit Adaptivität alle Strategien angesprochen, die dazu dienen, Lernendenprofile oder Anspruchsniveau optimal zu treffen. Diese Bemühungen haben praktische Grenzen im Aufwand und in der Fähigkeit der treffsicheren Diagnose, weil „jede Art der Niveaueinschätzung [und Profileinschätzung] auch mit dem Risiko von Fehleinschätzungen verbunden ist" (KRIPPNER 1992, 50).

Gute Lernangebote im differenzierenden Unterricht müssen nicht nur adaptiv, sondern auch fachbezogen lernförderlich sein. Dazu hat die Unterrichtsqualitätsforschung einige zentrale Kriterien für lernwirksamen Unterricht identifiziert, wie z.B. Klassenführung oder Lernendenorientierung (vgl. KLIEME ET AL. 2006, HELMKE 2010, HATTIE 2009, PIETSCH 2010), die jenseits aller Differenzierung immer berücksichtigt werden müssen. Wir wollen an dieser Stelle zwei Qualitätskriterien nennen, die für den *fachbezogenen* Blick auf Differenzierungsansätze nicht aus dem Blick geraten dürfen:

Verstehensorientierung und kognitive Aktivierung

(2) Verstehensorientierung: Lernangebote im Mathematikunterricht sind stets darauf zu prüfen, ob sie genügend Gelegenheiten zum inhaltlichen Verstehen statt nur zum kalkülhaften Rechnen bieten. Dieses Kriterium ist vor allem deswegen wichtig, weil im Mathematikunterricht die Tendenz besteht, schwächere Lernende mit einfachen Rezepten „abzufinden", was zu einem scheinbaren kurzfristigen Lernerfolg führt. Verständnisdefizite erschweren jedoch das Weiterlernen und verbauen individuelle Lernchancen (HIEBERT/CARPENTER 1992, BORNELEIT ET AL. 2001, LIPOWSKY ET AL. 2009, PREDIGER 2009a).

(3) Kognitive Aktivierung: Hierunter versteht man das Ausmaß, in dem Lernende zur geistig aktiven Auseinandersetzung mit dem Lerngegenstand angeregt werden (HUGENER ET AL. 2007, LEUDERS/HOLZÄPFEL 2011). Kognitive Aktivierung wird meist festgemacht am Anspruchsgehalt der Aufgaben (JORDAN ET AL. 2008) und an der Anregung durch geeignete Unterrichtsgespräche und Unterrichtsformen (HELMKE/WEINERT 1997, HUGENER ET AL. 2007). Im Fach Mathematik wird die Berücksichtigung prozessbezogener Kompetenzen wie Problemlösen,

Modellieren und Argumentieren als Indiz für kognitive Aktivierung angesehen (SCHOENFELD 1992).

Wie diese allgemeinen Kriterien guten Mathematikunterrichts in Differenzierungsansätzen berücksichtigt werden können, wird im Folgenden in Beispielen diskutiert. Dazu werden die Definitionen und Kriterien dieses Abschnitts mit Beispielen von Ansätzen konkretisiert (in Abschnitt 1.2) und danach ausdifferenziert und systematisch dargestellt (in Abschnitt 1.3).

1.2 Fünf prototypische Differenzierungsansätze

Differenzierungsansätze

Dass es nicht den *einen* Königsweg zu gutem Mathematikunterricht geben kann, haben empirische Studien bereits gezeigt (HELMKE/WEINERT 1997). Ebenso gibt es auch nicht den *einen* differenzierenden Unterricht, sondern ein breites Spektrum *unterschiedlicher Differenzierungsansätze*, die je nach Rahmenbedingungen und Unterrichtsphase ausgewählt und angepasst werden. Wie solche Ansätze aussehen können, wird im Folgenden an fünf prototypischen Beispielen in erster Annäherung gezeigt. Dabei wird auch deutlich, wie wichtig es ist, die konkrete, fachliche Ebene des Unterrichts mit einzubeziehen.

1.2.1 Übungsphasen mit Paralleldifferenzierung (Beispiel 1.1)

Was ist gemeint?

Paralleldifferenzierende Aufgaben

Viele Schulbücher bieten inzwischen Differenzierungsmöglichkeiten durch **paralleldifferenzierende Aufgaben** an. Gemeint sind Aufgaben zum gleichen Lerninhalt auf unterschiedlichen Anspruchsniveaus, die von Teilgruppen der Klasse parallel und alternativ bearbeitet werden. Dies bietet eine organisatorisch leicht umsetzbare und transparente Organisationsform gerade in Übungsphasen, in der Schülerinnen und Schüler auch lernen können, ihr Niveau realistisch einzuschätzen. Ein Beispiel dazu gibt der Kasten.

▶ **Beispiel 1.1:** Üben in Paralleldifferenzierung (Kl. 6 – Bruchrechnung)

Die Klasse 6a übt das Thema „Brüche erweitern und addieren". Die Lehrerin, Frau Becker, ist dankbar, dass das neu eingeführte Schulbuch für die Übungsphase jeweils paralleldifferenzierende Aufgaben auf zwei Niveaus zur Verfügung stellt, denn so kann sie einfach differenzieren. Manchmal legt sie fest, wer auf welchem Niveau arbeiten soll, manchmal lässt sie die Kinder selbst wählen. Die meisten Kinder arbeiten damit gut, doch Samira kommt auch mit den einfachen Aufgaben nicht zurecht, während Paul mit den schweren viel zu schnell fertig ist und sich langweilt.

Aufgabe 1: Berechne die Summen und Differenzen.

① $\frac{1}{2}+\frac{1}{3}$	② $\frac{1}{9}+\frac{1}{3}$	① $\frac{1}{7}+\frac{1}{5}$	② $1+\frac{1}{9}+\frac{1}{3}$
$\frac{1}{4}+\frac{1}{2}$	$\frac{4}{9}+\frac{1}{3}$	$\frac{1}{6}+\frac{1}{4}$	$1+\frac{1}{8}+\frac{1}{3}$
$\frac{1}{2}+\frac{1}{5}$	$\frac{4}{9}+\frac{1}{4}$	$\frac{1}{5}+\frac{1}{3}$	$1+\frac{1}{7}+\frac{1}{3}$

Aufgabe 2: Welche Zahlen können hier stehen? Finde mehrere Lösungen.

① $\frac{\blacksquare}{\blacksquare}=10\,\%$	② $\frac{\blacksquare}{5}=\blacksquare\,\%$	① $\frac{\blacksquare}{\blacksquare}=16\,\%$	② $\frac{\blacksquare}{5}=\blacksquare\,\%$
③ $\frac{\blacksquare}{\blacksquare}=25\,\%$	④ $\frac{\blacksquare}{10}=\blacksquare\,\%$	③ $\frac{1}{\blacksquare}=\blacksquare\,\%$	④ $\frac{3}{\blacksquare}=\blacksquare\,\%$

(Mathewerkstatt 6, Prediger/Barzel/Hußmann/Leuders 2013, 73 & 68)

Wo liegen Grenzen?

Trotz dieser Vorteile hat eine Paralleldifferenzierung auch deutliche Grenzen: Ist die Erhöhung der Kompliziertheit der Rechnung wie in der ersten Aufgabe des Ansatzes 1 wirklich für die höheren Anspruchsniveaus herausfordernd genug? Dass man Aufgaben nicht nur nach der Kompliziertheit, sondern auch nach Offenheit, nach Art der kognitiven Tätigkeiten und vielen anderen Merkmalen variieren kann (wie in der Aufgabe 2 des Beispiels 1.1), ist Voraussetzung dafür, dass die Differenzierung tatsächlich genügend breite und passende Herausforderungen bietet (mehr dazu in Kapitel 4 dieses Buches) und damit die Qualitätskriterien der Adaptivität und kognitiven Aktivierung für alle Lernenden erfüllt.

Unterschiedliches Lerntempo wird allein mit diesem Differenzierungsansatz nicht aufgefangen, da hier erwartet wird, dass alle Lernende in etwa dieselbe Zeit mit den Aufgaben verbringen.

Schließlich der wohl wichtigste Einwand: Kindern wie Samira, denen die Verstehensgrundlage für das Rechnen mit Brüchen fehlt, hilft das wiederholte Üben noch nichts. Stattdessen müssen sie Gelegenheit bekommen, zunächst die Verstehensgrundlage zu erarbeiten (hier z. B. durch Wiedererarbeitung der Bedeutung von Brüchen, vgl. Abschnitt 3.1) oder bei der Lösung Verstehensstützen heranziehen zu können (wie z. B. Bruchstreifenbilder). Adaptivität an die individuellen Lernbedürfnisse kann sich zumindest für Fälle wie Samira nicht innerhalb dieses Differenzierungsansatzes ergeben, sondern bedarf anderer Ansätze (vgl. die Beispiele 1.2 und 1.5).

1.2.2 Methodisch individualisierter Unterricht mit Arbeitsplänen und Checklisten (Beispiel 1.2)

Was ist gemeint?

Eine deutlich weitgehendere Differenzierung, die auch unterschiedliche Lerninhalte berücksichtigt, ermöglichen individualisierte Arbeitsphasen, die von der Klasse 1 bis zur Klasse 13 realisiert werden können. Im Extremfall können hier alle Lernende unterschiedliche, individuelle Arbeitspläne haben.

▶ **Beispiel 1.2:** Üben in methodisch individualisiertem Unterricht (Kl. 12 – Kurvendiskussion)

Der 12-er Kurs arbeitet in Vorbereitung auf das Abitur vollständig methodisch individualisiert: Die Lernenden haben eine Checkliste erhalten, in der sie ihre Kompetenzen einschätzen können und je nach Übungsbedarf unterschiedliche Aufgaben finden. Damit stellen sie sich mit ihrem Lehrer, Herrn Kraft, einen individuellen Arbeitsplan für zwei Wochen Übungsphase einschließlich Hausaufgabenzeit zusammen und weisen am Ende nach, dass sie diesen Arbeitsplan erledigt haben. Herr Kraft gewinnt durch die starke Individualisierung Zeit für die Beratung von Einzelnen oder Kleingruppen mit ähnlichen Schwierigkeiten.

Ich kann	**sicher**	**ziemlich sicher**	**unsicher**	**sehr unsicher**	**Aufgaben zum Trainieren**	**Aufgaben zum Wiederholen**
bei einer Funktion dritten Grades Hoch- und Tiefpunkte finden	×				Prüfung NW HT2	Schulbuch S. 114-115
am Graphen der Ableitungsfunktion die lokalen Extema der Funktion finden		×			Schulbuch S. 129, 8)	Schulbuch S. 126
die Schritte eines Verfahrens zur Bestimmung von Extrempunkten angeben und ausführen				×	Schulbuch S. 132, 3)	Schulbuch S. 130,143
in Sachaufgaben erkennen, wenn ich Extrem- oder Wendepunkte berechnen soll			×		Prüfung GK 2, 3	Schulbuch S. 120, 16/17)

(gekürzt und umformatiert aus Brauner 2009, 62)

Methodische Individualisierung

Eine **methodische Individualisierung** ermöglicht die konsequente Differenzierung nicht nur nach Anspruchsniveau, sondern auch nach Lerntempo und Lerninhalten: Während die einen noch das Basiswissen üben, können die anderen anspruchsvollen Problemlöseaufgaben nachgehen. Dabei zeigen Erfahrungen, dass diese Arbeitsform für Lernende aller Altersstufen sehr motivierend sein kann, weil sie transparente Anforderungen stellt und damit auch selbstgesteuertes Kompetenzerleben ermöglicht. Daher versuchen einige Schulen, ihren

Unterricht generell in Richtung methodische Individualisierung umzustellen, auch bereits in frühen Klassenstufen. Wer dabei was zu bearbeiten hat, wird durch **Checklisten und Arbeitspläne** gesteuert, welche unter vielerlei Namen und Formen existieren (Wochenpläne, Kompetenzraster, Lernweglisten) und entweder von der Lehrkraft für jede Gruppe von Lernenden erstellt werden, oder sich als Ergebnisse einer (Selbst- oder Partner-)Diagnose ergeben (vgl. Abschnitt 5.4.1 für mehr Details).

Wo liegen Grenzen?

Zentrale Annahme solcher Differenzierungsansätze ist, dass die individuelle Feststellung der Leistungen während des Lernprozesses (eine sogenannte „formative Diagnose“) eine kontinuierliche Anpassung des Lernangebotes an die Bedürfnisse der Lernenden erlaubt (Smit 2008). Wie adaptiv dieser Differenzierungsansatz tatsächlich ist, hängt jedoch an der **Qualität der diagnostischen Urteile**, einer in der Umsetzung oft entscheidenden Grenze: Wie treffsicher können Lehrende oder Lernende einschätzen, welchen Lernbedarf sie haben?

Wie kognitiv aktivierend und verstehensorientiert dieser Differenzierungsansatz ist, hängt von der **didaktischen Qualität der konkreten Aufgaben** des Arbeitsplanes ab. Leider gibt es viele Materialien, die sich auf das Trainieren von Standardaufgabentypen beschränken und dabei die Verstehensorientierung vernachlässigen (Bohl/Kleinknecht 2009). Kognitiv nicht anregende und rein kalkülorientierte Arbeitsblätter werden jedoch nicht dadurch didaktisch besser, dass sie von Lernenden zu unterschiedlichen Zeitpunkten bearbeitet werden.

Die dritte, zentrale Grenze methodisch individualisierter Arbeitsformen liegt im **Fehlen moderierter Kommunikation**: In methodisch individualisierten Arbeitsphasen tritt die Kommunikation unter den Lernenden und mit einer moderierenden Lehrkraft in den Hintergrund; daher ist dieser Differenzierungsansatz nur für solche Unterrichtsphasen und Lerninhalte geeignet, die wenig Kommunikationen erfordern, z. B. das Trainieren von Rechenfertigkeiten und elementaren Fakten. Dagegen kann das Üben verstehensbezogener Inhalte und vor allem das Erarbeiten neuer Inhalte nicht allein individuell erfolgen. So betont etwa Moser Opitz (2009) und mit ihr viele Stimmen aus der Fachdidaktik und allgemeinen Didaktik (z. B. Helmke 2013): „[D]er Einsatz [von individualisierten Arbeitsformen kann] dazu führen, dass Lerninhalte durch das bloße Erklären nur ‚angelernt‘ und nicht erarbeitet und verstanden werden“ (Moser Opitz 2009, 13).

Schließlich kann man auch kritisieren, dass das Arbeiten mit vorgefertigten Materialien die Anforderung des individuellen und selbstgesteuerten Lernens in ihrer Anlage tatsächlich nicht erfüllen: „Die meisten der für ‚Freie Arbeit‘ angebotenen Materialien verkörpern geradezu das Gegenteil. Was ist das für eine ‚Freiheit', wenn der Schüler allenfalls frei in ein Regal greifen kann und das herausgegriffene Material ihn im Weiteren durch eine kleinschrittige Aufgabenfolge vollkommen festlegt? Was ist es für eine ‚Selbstkontrolle', wenn der Schüler nur eine in das Material eingebaute Lösungskontrolle anwendet?" (WITTMANN 1995, 159, vgl. auch BOHL/KUCHARZ 2010). Auch bei intelligenterem Material sind einige Lernende überfordert, eigenverantwortliche Entscheidungen über ihre Lernbedarfe zu treffen.

Daher ist auch der Differenzierungsansatz des methodisch individualisierten Unterrichts mit Arbeitsplänen und Checklisten nur für spezifische Lerninhalte und Unterrichtsphasen des Übens und Wiederholens geeignet.

1.2.3 Selbstdifferenzierende Erkundungsaufgaben für gemeinsames Lernen (Beispiel 1.3)

Was ist gemeint?

Gemeinsames Lernen

Selbstdifferenzierende Aufgaben

Die Idee des **gemeinsamen Lernens** liegt darin, dass alle Lernenden „nicht neben, sondern miteinander am gleichen Gegenstand auf verschiedenen Stufen tätig sind" (FREUDENTHAL 1974, 166, zitiert nach KRAUTHAUSEN/SCHERER 2010, 3). Diese Grundidee der Selbstdifferenzierung wurde in Deutschland in den 1990er Jahren wieder aufgegriffen (auch „offen differenzierend" oder „natürlich differenzierend" genannt, vgl. HEYMANN 1991, WITTMANN 1995) und auch in der Didaktik des inklusiven Lernens genutzt (FEUSER 1998). Eines der zentralen Argumente lautet: Heterogenität wird zur Chance, wenn beim Lernen am gemeinsamen Gegenstand und dem Austausch darüber unterschiedliche Anspruchsniveaus und Bearbeitungswege verglichen werden können.

▶ **Beispiel 1.3:** Selbstdifferenzierende Erkundungsaufgabe (Kl. 6 – Erarbeitung des Volumenbegriffes)

„Hier habt Ihr 24 Holzwürfel.
Welche Quader könnt ihr damit bauen?
Notiert, welche ihr schon gefunden habt.
Wie viele findet ihr?"

Mit diesem offenen, materialgestützten Erkundungsauftrag machen sich die Kinder der Klasse 6d auf den Weg zur Volumenformel von Quadern über die mathematische Grundidee der Volumenmessung als Legen von Körpern mit Einheitswürfeln, aus der sich dann die Beziehung Länge × Breite × Höhe erarbeiten lässt. Erarbeitet werden unterschiedliche Einsichten:

Quader mit 24 Würfeln können ganz unterschiedliche Formen haben.

- Manche Quader, die man für weitere Lösungen hält, lassen sich durch Drehung auf die bekannten zurückführen.
- Es gibt sechs verschiedene Quader (vgl. Abb. 1).
- Die Quader lassen sich zwar auch zeichnen (s. u.), aber bequemer können sie durch ihre Seitenlängen notiert werden.
- Multipliziert man die Seitenlängen, kommt man immer auf die Zahl 24.
- Alle möglichen Seitenlängen sind Teiler der 24.
- Die systematische Suche nach Teilern ergibt nur diese 6 Möglichkeiten: $1 \cdot 1 \cdot 24$, $1 \cdot 2 \cdot 12$, $1 \cdot 3 \cdot 8$, $1 \cdot 4 \cdot 6$, $2 \cdot 3 \cdot 4$, $2 \cdot 2 \cdot 6$.

Dabei erarbeiten sie, sozusagen nebenbei, die Volumenformeln. Die Aufgabe ist insofern selbstdifferenzierend, als alle Kinder mindestens einen Quader finden, die meisten mehrere.

Nach Anspruch gestufte Impulse fordern jedes Kind auf seinem Niveau heraus:
(1) Findest du einen? (2) Findest du viele? (3) Findest du alle? (4) Wie kannst du sicher sein, dass du alle gefunden hast?

Typische Lösungen zeigt der Kasten mit Lösungen einer Klasse 5:

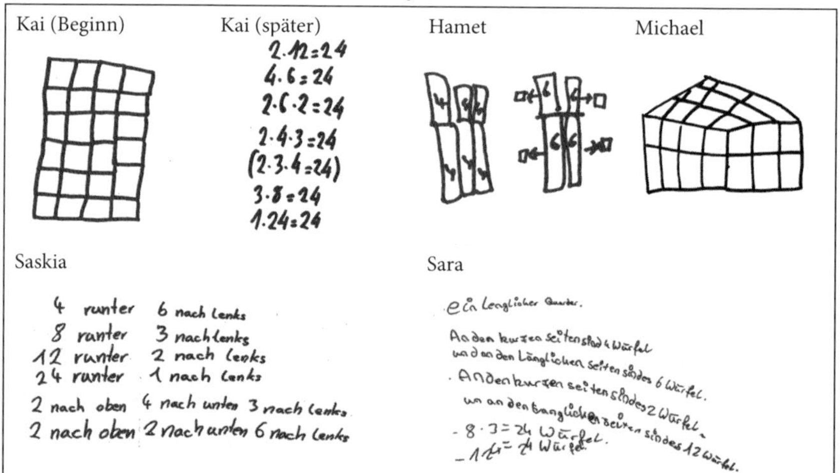

Selbstdifferenzierend ist die Aufgabe im Hinblick auf

- Herangehensweisen und kognitive Aktivitäten (ausprobieren, additive Struktur nutzen, multiplikative Struktur nutzen, bestehende Quader umbauen, systematisch aufschreiben, Vollständigkeit prüfen, …),
- Länge der Materialnutzung,
- Darstellungsweisen (verbale Beschreibung, numerische Notationen durch 2 oder 3 Zahlen, grafische Notationen durch zwei- oder dreidimensionale Skizzen, …).

Nach der Erkundungsphase allein oder zu zweit werden die Wege im Klassengespräch verglichen und für alle Kinder die Volumenformel herausgearbeitet.

(Quelle des Beispiels: Prediger 2009b)

Der Vergleich mit der Paralleldifferenzierung in Beispiel 1.1 zeigt, wie viel reichhaltiger die Differenzierungsaspekte hier sein können, sodass sowohl Verstehensorientierung (hier: *Warum* gilt die Volumenformel?) als auch kognitive Aktivierung (hier: durch reichhaltige Denkaktivitäten) gut gewährleistet werden können.

Wo liegen Grenzen?

Doch auch selbstdifferenzierende Erkundungsaufgaben haben drei zentrale Grenzen:

- Sie eignen sich vor allem für die ersten erkundenden Zugänge zu Inhalten und für Phasen des produktiven Übens, nicht aber für Systematisierungsphasen, in denen der Lehrperson eine wichtige, moderierende Rolle zukommt.
- Zwar ist die Verantwortung für die Adaptivität bei selbstdifferenzierenden Aufgabenstellungen von der Lehrkraft zum Teil auf die Lernenden übertragen. Dadurch stellt sie sich jedoch nicht bei allen Lernenden automatisch ein, sondern bedarf der deutlichen Moderation durch die Lehrkraft (Prediger/Scherres 2012).
- Schließlich ist es eine durchgehende Erfahrung in der Praxis, dass es in selbstdifferenzierenden Phasen schwierig ist, ein intendiertes Minimum an Anspruchsniveau zu sichern. Wie soll man beispielsweise damit umgehen, dass Hamet alle Quader durch Bauen findet und noch keinen im Kopf? Für die konkrete Aufgabe ist das kein Problem, für den weiteren Lernfortschritt ist der Übergang zu mentalen Aktivitäten jedoch wichtig.
- Eine weitere Herausforderung liegt in zeitlichen Begrenzungen: Eigenständige und vielfältige Erkundungen dauern länger, selbst wenn sich die Investition oft langfristig auszahlt, kann sie daher nur dosiert eingesetzt werden.

Auch dieser Differenzierungsansatz ist somit nur in ausgewählten Unterrichtsphasen und bei ausgewählten Lerninhalten geeignet.

1.2.4 Stationenbetrieb mit vielfältigen Zugangsweisen (Beispiel 1.4)

Was ist gemeint?

Auch dem vierten Beispiel für einen Differenzierungsansatz liegt die Idee zugrunde, dass sich Differenzierung nicht allein auf das Anspruchsniveau beschränken sollte, sondern dass ein differenzierendes Lernangebot unterschiedliche mathematische Herangehensweisen und Darstellungsformen umfassen sollte, um der Reichhaltigkeit der Mathematik gerecht zu werden.

Vielfältige Zugangsweisen

Viele mathematische Inhalte bieten solche unterschiedlichen **Zugangsweisen**, ob es nun verschiedene mögliche Rechenstrategien oder unterschiedliche mathematische Darstellungen (symbolische, grafische, numerische, verbale) sind. Während bei selbstdifferenzierenden Aufgaben (Beispiel 1.3) die Zugangsweisen individuell offen gelassen wurden und sich bei der Erkundung aus den Bearbeitungen der Lernenden ergeben haben, kann die Lehrkraft, zum Beispiel in der Unterrichtsmethode des Stationenbetriebs (aber auch in vielen anderen Methoden, vgl. BARZEL/BÜCHTER/LEUDERS 2007), unterschiedliche Zugangsweisen auch ganz gezielt vorgeben.

In diesem Beispiel findet die Differenzierung durch die Zugangsweisen statt, jede Station bietet andere Zugangsweisen und Darstellungen zur Parabel. Welche dieser Angebote Lernende wahrnehmen bzw. in welcher Reihenfolge und Gewichtung sie die Lernangebote wahrnehmen, hängt von ihren individuellen Zugängen und Präferenzen ab und wird im vorliegenden Beispiel bewusst nicht rigide vorgegeben.

Die Ziele, die Lernende bei solchen Differenzierungsangeboten erreichen können, lassen sich bzgl. der Beherrschung der Zugangsweisen (oder auch der Beherrschung angebotener Strategien) auf verschiedenen Stufen festlegen (HUßMANN/PREDIGER 2007):

1. eine tragfähige Strategie bzw. Zugangsweisen sicher beherrschen,
2. und wissen, dass es andere Strategien bzw. Zugangsweisen gibt,
3. mehrere Strategien bzw. Zugangsweisen sicher beherrschen,
4. bewusst zwischen Strategien bzw. Zugangsweisen wählen können.

▶ **Beispiel 1.4:** Stationenbetrieb mit vielfältigen Zugangsweisen (Kl. 10/11 – Lernwerkstatt Parabeln)

Station 1: Konstruktion	**Station 2: Parabeln im Koordinatensystem**
Konstruiere diejenigen Punkte, die vom Punkt P und der Gerade g den gleichen Abstand haben. Konstruiere **a)** mit Bleistift und Geodreieck, **b)** am Computer mit DGS.	In den folgenden Graphen sind verschiedene Parabeln dargestellt. Erstelle für jede Parabel eine Wertetabelle und suche eine Zuordnungsvorschrift. Überprüfe deine Gleichung mit dem GTR.

Station 3: Parametervariation:

Du findest auf dem Computer eine Excel-Datei. Führe die angegebenen Arbeitsaufträge aus. Beschreibe, was eine Veränderung der Parameter a, b und c bewirkt.

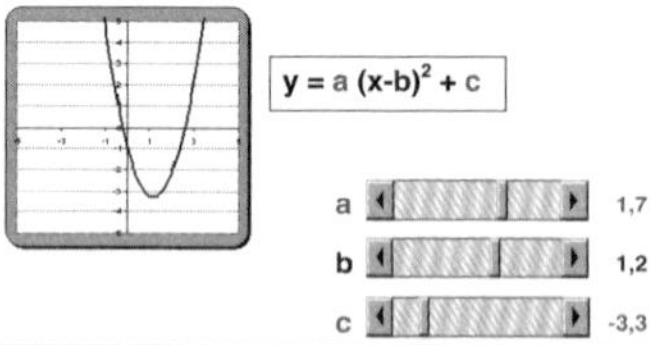

(nach STACHNISS-CARP 2001)

Wo liegen Grenzen?

So wichtig die Differenzierung über Zugangsweisen ist, weil sie einerseits unterschiedlichen individuellen Präferenzen der Lernenden gerecht werden kann und andererseits der Reichhaltigkeit der Mathematik, so wenig sind damit viele andere Differenzierungsaspekte wie Anspruchsniveau oder Lerntempo abgedeckt.

Des Weiteren muss gut überlegt sein, ob ein mathematischer Gegenstand überhaupt auf passende Weise in verschiedenen Zugängen angeboten werden kann: Sind die verschiedenen Zugänge auf dem Niveau der Lernenden wirklich jeweils erreichbar? Entsteht durch das vielfältige Angebot ein angemessenes Gesamtbild? Nicht alle mathematischen Inhalte sind für diesen Zugang gleichermaßen geeignet (BARZEL/BÜCHTER/LEUDERS 2007, 198ff).

Schließlich braucht auch ein Stationenbetrieb einen methodischen Rahmen, in dem gewährleistet ist, dass Lernende die Auswahl der Stationen und die Dokumentation ihrer Arbeit bewältigen und nicht ein oberflächliches „Stationen-Hopping" betreiben, dass zwar Aktivität vorspiegelt, aber keine substantielle kognitive Aktivierung anbietet (SUNDERMANN/SELTER 2000).

Auch dieser Differenzierungsansatz ist daher nur in ausgewählten Unterrichtsphasen geeignet.

1.2.5 Ausgleichende Förderung im Abteilungsunterricht (Beispiel 1.5)

Was ist gemeint?

ausgleichende Förderung Abteilungsunterricht in Kleingruppen

Nicht alle Differenzierungsaspekte lassen sich allein durch die bisher beschriebenen Differenzierungsansätze bearbeiten. Wenn Lernende zum Beispiel einen ganz speziellen Nachholbedarf haben, dann kann dies in einem Kleingruppengespräch bearbeitet werden, bei dem die Lehrperson eine starke Fokussierung auf den festgestellten Lernbedarf herstellen kann, dies nennen wir ausgleichende **Förderung**. Organisatorisch eignet sich dazu besonders der sogenannte **Abteilungsunterricht**, der in Phasen individualisierten Arbeitens integriert wird. Gemeint ist mit Abteilungsunterricht die zeitweise äußere Differenzierung durch Lerngruppenbildung innerhalb desselben Klassenzimmers, die die Arbeit in Kleingruppen (mit einzelnen Lernenden oder Kleingruppen bis zu 8 Lernenden) ermöglicht, die von der Lehrkraft moderiert werden.

Abteilungsunterricht verbindet also das selbstständige individuelle Lernen der jeweils nicht speziell in den Blick genommenen Lernenden mit Freiräumen für die Lehrkraft, um eine gezielte Förderung Einzelner oder Kleingruppen vorzunehmen. Wichtige Inhalte einer solchen ausgleichenden Förderung werden später in Abschnitt 3.1 detailliert dargestellt.

Beispiel 1.5: Abteilungsunterricht zur ausgleichende Förderung (Kl. 9)

In der Gesamtschulklasse 9 E werden neue Themen wöchentlich in zwei Stunden Klassenunterricht eingeführt und dann zwei Stunden methodisch individualisiert weiterbearbeitet. Die Individualisierungsphasen ermöglichen der Lehrerin, Frau Baum, in Kleingruppen (sogenannten Abteilungen) gruppenweise spezifischen Bedürfnissen nachzugehen:

- Samira, Kevin, Lars und Paula bereiten sich auf die Einstellungstests der IHK vor, weil sie die Schule nach der Klasse 9 verlassen wollen. Frau Baum erarbeitet 15 min. in der Woche mit ihnen die dafür typischen Aufgabenformate, die sie dann weiter üben.
- Mit Laurenz, Jacqueline und Ahmed macht die Praktikantin ein spezifisches Konzentrationstraining, denn die täglich geforderten 20 min. kann Frau Baum nicht aus ihrem Unterricht heraus leisten.
- Pia, Elisabeth und Max unterstützt Frau Baum einmal in der Woche 15 min. lang dabei, sich auf den Übergang ins Gymnasium vorzubereiten. Diese Leistungsstärksten lernen den Stoff der Klasse 10 vor, um kein Jahr zu verlieren. Die drei erarbeiten sich die Inhalte zunächst selbst und klären dann beim Abteilungsunterricht die großen Fragen.

Die Klasse weiß, dass sie während dieser 2 mal 15 min. ihre Fragen untereinander stellen muss und Frau Baum erst danach wieder für alle da ist. Diese neue Anforderung hat eine für alle gewinnbringende Kultur des Umgangs mit Fragen hervorgebracht.

Wo liegen Grenzen?

Grenzen dieses Differenzierungsansatzes liegen einerseits im Organisatorischen, andererseits in den möglichen Förderinhalten:

Personelle Kapazitäten begrenzen, wie viele Lernende in den Genuss des Abteilungsunterrichts kommen können. In der Regel stehen in Schulen nur geringe Deputate für zusätzlichen ausgleichenden Förderunterricht zur Verfügung. Des Weiteren ist es notwendig, dass die Klasse für einen gewissen Zeitraum selbstständig arbeiten kann, während die Lehrperson mit einer Kleingruppe arbeitet. Man sieht, wie hier zwei Differenzierungsansätze miteinander verbunden werden können (Beispiel 1.2 Individualisierung und Beispiel 1.5 Ausgleichende Förderung).

Auch in diesem Ansatz ist eine Adaptivität nur gegeben, wenn die die Lehrkraft tatsächlich die zentralen Lernbedürfnisse der Kleingruppe angemessen erfasst hat. Durch die Kommunikation in der Kleingruppe mit der Lehrkraft besteht hier aber die Möglichkeit einer kontinuierlichen Diagnose und flexiblen Anpassung der Förderstrategie.

1.3 Wie kann man Differenzierungsansätze systematisch unterscheiden und auswählen? – Entscheidungsfelder

Die fünf im vorigen Abschnitt beschriebenen prototypischen Differenzierungsansätze unterscheiden sich in vielerlei Hinsicht und bilden doch nur fünf von zahllosen weiteren Möglichkeiten, die in Kapitel 4 und 5 dieses Buchs ausführlicher dargestellt werden. Um in der Breite der Möglichkeiten und Differenzierungsvorschläge zu bewerten, möglichst gezielt auszuwählen und weiterzuentwickeln, helfen die folgenden Kategorien, die in den Beispielen bereits angesprochen wurden und die im Weiteren näher erläutert werden:

Z Differenzierungs**ziele**: Welche Ziele werden mit dem Differenzieren verfolgt: adaptive Förderung aller Lernenden oder ausgleichende Förderung für spezifische Gruppen? Wird Vielfalt zugelassen oder sogar gefördert?

Differenzierungs- **Z***iel*

A Differenzierungs**aspekte**: Welche Heterogenitätsaspekte der Lernenden werden zur Differenzierung berücksichtigt, z. B. Leistung, Interessen, Zugangsweisen, Sprachkompetenz, … ?

Differenzierungs- **A***spekte*

F Differenzierungs**formate**: Wer hat die Verantwortung für die Passung des Differenzierungsangebots zu den jeweiligen Lernenden: in eher geschlossenen Formaten die Lehrkraft, in eher offenen Formaten auch die Lernenden?

Differenzierungs- **F***ormate*

E Differenzierungs**ebenen**: Wird das Differenzieren auf der Ebene von Aufgaben, Methoden und/oder längerfristigen Strukturen organisiert?

Differenzierungs- **E***benen*

Diese vier Kategorien stellen die wichtigsten **Entscheidungsfelder** dar, die man für die Bewertung oder Gestaltung von differenzierendem Unterricht im Blick haben muss. Im Kapitel 2 bis 5 dieses Buches wird ein Einblick in die Möglichkeiten und Grenzen, die Chancen und Gefahren gegeben, die in diesen Entscheidungsfeldern liegen. Im Abschnitt 5.6 wird danach dargestellt, wie man diese Übersicht ganz konstruktiv als Planungsschema für differenzierenden Unterricht verwenden kann.

Differenzierungs-
Z*iel*

1.3.1 Differenzierungsziele: Soll Heterogenität berücksichtigt, ausgeglichen, zugelassen oder genutzt werden?

Auch wenn Differenzierung in Abschnitt 1.1 durch das übergreifende Ziel der jeweils adaptiven individuellen Förderung aller Lernenden definiert wurde, lohnt sich eine Ausdifferenzierung dieses übergreifenden Ziels, um Möglichkeiten und Grenzen unterschiedlicher Differenzierungsansätze genauer zu bestimmen:

Differenzierungsziele
- Unterschieden gerecht werden: adaptive Förderung aller Lernenden
- Unterschiede ausgleichen: ausgleichende Förderung für spezifische Gruppen
- Vielfalt zulassen und wertschätzen
- Vielfalt anregen und nutzen

Unterschieden gerecht werden

Unterschieden gerecht werden – dieses Differenzierungsziel ist vor allem mit dem Gedanken der **adaptiven Förderung aller Lernenden** verbunden. Dem unterschiedlichen Lerntempo von Lernenden gerecht zu werden, bedeutet zum Beispiel, auch für die Langsameren ein in sich plausibles Arbeitsprogramm einzuplanen, bei dem nichts Wesentliches fehlt. Bei diesem Ziel liegt der Blick also vor allem auf den unterschiedlichen Ausgangsbedingungen der Lernenden. Wenn man aber alle nach ihren Möglichkeiten fördert, so ist auch klar, dass die Unterschiede womöglich nicht geringer, sondern sogar größer werden.

Unterschiede ausgleichen

Unterschiede ausgleichen ist hingegen ein Differenzierungsziel, das nicht nur Rücksicht nimmt auf unterschiedliche Stärken und Schwächen aller Lernenden, sondern gezielt überlegt, wie **eine ausgleichende Förderung für die Schwächeren** aussehen kann, um zuvor definierte Mindestziele zu erreichen. Wie könnten die Langsameren beispielsweise dazu gebracht werden, ihr Lerntempo zu steigern? Der Unterschied zwischen adaptiver und ausgleichender Förderung lässt sich gut für das Beispiel Sprachkompetenzen zuspitzen: Sprachliche Schwächen berücksichtigen kann heißen, in einem „defensiven Ansatz“ die sprachlichen Anforderungen von Aufgabentexten herunterzuschrauben (und dies ist in gewissen Situationen auch sinnvoll). Eine ausgleichende Förderung zielt dagegen darauf, die Leseprobleme einiger Lernender aufzuarbeiten, also einen offensiven Sprachförderansatz zu verfolgen (vgl. Abschnitt 3.4.3). Dabei handelt es sich stets um die Erreichung von *Mindest*zielen, nicht aber darum, alle auf einen Stand zu bringen, denn dies würde die Leistungsstarken ausbremsen.

ABB. 1.1 Unterschieden gerecht werden/Unterschiede ausgleichen

Der Unterschied zwischen beiden Differenzierungszielen ist grafisch gut sichtbar zu machen (Abb. 1.1). Ob das eine oder andere Differenzierungsziel sinnvoller ist, kann bei jeder Lerngruppe und bei jedem Thema unterschiedlich entschieden werden.

Die beiden griffigen Bilder suggerieren übrigens, dass es beim Differenzieren nur um den Umgang mit Niveauunterschieden in der Leistung ginge, während andere Heterogenitätsaspekte ausgeblendet werden (vgl. Abschnitt 1.3.2). Zudem lässt die Abbildung vergessen, dass Lernende ja nicht nur je individuelle Lernfortschritte machen, sondern in einer Lerngruppe zusammenarbeiten, kommunizieren und von- und miteinander lernen. Diese andere Sicht auf Heterogenität steht im Mittelpunkt der beiden weiteren Differenzierungsziele:

Vielfalt zulassen und wertschätzen

Vielfalt zulassen und wertschätzen bedeutet, dass man als Ziel zunächst noch keine Ausdifferenzierung der Lernziele und der Förderansätze im Blick hat, sondern die ganze Lerngruppe mit ihrer Vielfalt der individuellen Lernwege. Wer Vielfalt zulässt und wertschätzt, wird zum Beispiel Aufgaben (wie im Beispiel 1.3) nutzen, die vielfältige Lösungswege der Lernenden erlauben und in einer gemeinsamen Sammelphase die Faszination für diese Vielfalt ausdrücken. Dabei werden auch weniger elaborierte Wege wertgeschätzt, bevor weitere Möglichkeiten aufgezeigt werden.

Vielfalt anregen und nutzen

Vielfalt anregen und nutzen geht hier einen Schritt weiter: Zuweilen soll die Vielfalt der Kinder nicht nur zugelassen werden, sie kann stattdessen aus mathematikdidaktischer Sicht sogar einen **Kern des jeweiligen Lerninhaltes** darstellen, wie z. B. die verschiedenen Interpretationen einer Sachaufgabe, die Möglichkeit unterschiedlicher Lösungswege oder das Nutzen verschiedener mathematischer Darstellungen. In dieser Situation wird die Heterogenität der Kinder zur Chance, um fachliche Ziele zu erreichen (z. B. PREDIGER 2004, BARZEL ET AL. 2010). Die Aufgabe aus dem Beispiel 1.3 kann zu diesem Ziel beitragen, wenn die Lehrkraft beim Vergleich der Lösungswege die unterschiedlichen Darstellungen als typisch mathematisch bewusst macht: „Sara und Saskia haben Texte geschrieben, Hamet und Michael Bilder gezeichnet und Kai in Zahlen aufgeschrieben. Alle drei Darstellungen brauchen wir in der Mathematik immer wieder, deswegen ist es gut, wenn ihr dazwischen wechseln könnt." Dieses Beispiel zeigt, wie die viel beschworene Phrase der „Heterogenität als Chance" (AHLRING 2002, 8) nicht nur in Bezug auf soziale, sondern auch auf fachliche Lernziele zum Tragen kommen kann.

Die hier genannten vier Differenzierungsziele finden sich in den exemplarischen Differenzierungsansätzen des Abschnitts 1.2 wieder:

- *Vielfalt zulassen und wertschätzen*: Beispiel 1.3 Selbstdifferenzierende Erkundungsaufgaben
- *Vielfalt anregen und nutzen*: Beispiel 1.3 Selbstdifferenzierende Erkundungsaufgaben (wenn entsprechend thematisiert), Beispiel 1.4 Stationenbetrieb mit vielfältigen Zugangsweisen
- *Unterschieden gerecht werden*: Beispiel 1.1 Übungsphase mit Paralleldifferenzierung, Beispiel 1.2 Methodische Individualisierung
- *Unterschiede ausgleichen:* Beispiel 1.2 Methodisch individualisierter Unterricht, Beispiel 1.5 Ausgleichende Förderung

Keines der genannten Differenzierungsziele ist per se richtig oder falsch. Ihre explizite Unterscheidung hilft jedoch, sie jeweils bewusst auszuwählen und in Bezug auf die Situation zu begründen.

Differenzierungs- **A***spekte*

1.3.2 Differenzierungsaspekte: Welche Heterogenitätsaspekte sollen in den Blick genommen werden?

Heterogenitätsaspekte: Wie unterscheiden sich Lernende?

Heterogentitätsaspekte: Mehr als Leistungsunterschiede

Wenn von Differenzierung gesprochen wird, findet man häufig eine Einengung auf einen Heterogenitätsaspekt, den Lernstand bzw. das Leistungsniveau der Lernenden. Neben der Leistung gibt es jedoch viele weitere Aspekte, bzgl. derer die Lernende ausgesprochen heterogen sind. Die allgemeindidaktische und lernpsychologische Literatur nennt hier jeweils eine ganze Reihe verschiedener **Heterogenitätsaspekte** (z. B. Jonassen/Grabowski 1993, Bönsch 2000, Klafki/Stöcker 1985), von denen die wichtigsten hier zusammengefasst werden:

Zentrale Heterogenitätsaspekte
- Lernstand, Vorwissen, Vorerfahrungen
- kognitive Grundfähigkeiten/Intelligenz/Konzentrationsvermögen
- Interessen/Neigungen
- Arbeitsweisen/Organisiertheit/Selbstregulationsvermögen
- Arbeitshaltungen/Problemlösehaltung/Offenheit/Kooperationsfähigkeit
- Motivation/Selbstkonzept/Leistungsbereitschaft
- Lerntempo
- …

In vielen Arbeiten zur Differenzierung wird dabei nicht genau unterschieden zwischen Personeneigenschaften, nach denen sich die Lernenden unterscheiden, und didaktischen Eigenschaften, nach denen ein differenzierendes Lernangebot gestaltet werden soll (vgl. auch die Kritik von Arnold/Richert 2008, 30/31). Es lohnt jedoch in der Unterrichtsvorbereitung immer, sich erst einmal zu fragen, *welche* Unterschiede zwischen Lernenden grundsätzlich bestehen (**Heterogenitätsaspekte**) und sich dann zu entscheiden, welche bei der Differenzierung tatsächlich berücksichtigt werden sollen (dann werden sie zu **Differenzierungsaspekten**).

Die oben genannten Heterogenitätsaspekte rechtfertigen ihre potentielle Berücksichtigung dadurch, dass sie empirisch nachweislich eine Wirkung (wenn auch ganz unterschiedliche) auf Lernerfolge haben (wie in Kapitel 2 näher ausgeführt wird).

Bei einigen Heterogenitätsaspekten ist dies dagegen nach wie vor fraglich, auch wenn sie sehr „populär" sind, wie etwa die sogenannten Lerntypen oder Denkstile. Zwar sind unterschiedliche Stile durchaus nachweisbar, nicht jedoch, dass eine Differenzierung nach Stilen positive Effekte für die Lernfortschritte bietet (vgl. dazu Abschnitt 2.2.3). Verschiedene Denkstile anzusprechen und Darstellungsweisen nebeneinander anzubieten, kann dennoch im Sinne des Differenzierungsziels „Vielfalt nutzen" sinnvoll sein, weil es ja in der Mathematik gerade um die Vernetzung von Sichtweisen und die Nutzung alternativer Zugangsweisen geht (vgl. Abschnitt 1.3.1 und 4.3.8).

Hinter den genannten Aspekten liegen oft weitere Heterogenitätsaspekte, die im Lehr-Lern-Prozess weniger offensichtlich sind, aber dennoch erheblichen Einfluss auf den Lernerfolg nehmen können:

Weitere schulexterne Heterogenitätsaspekte
- soziale Hintergründe, Milieu
- sprachliche Voraussetzungen, Sprachbiographie
- Geschlecht (nicht biologisch, sondern als soziale Konstruktion)
- ...

Wie diese schulexternen Heterogenitätsaspekte den Lernerfolg beeinflussen, wird in Kapitel 2 genauer beschrieben, sodass ein gezielter Einbezug in Differenzierung möglich wird, insbesondere im Sinne einer ausgleichenden Förderung.

Differenzierungsaspekte: Welche Unterschiede berücksichtigen?
Für die konkrete Planung von Unterricht sind also die **Differenzierungsaspekte** relevant: Bei der Planung jedes Differenzierungsansatzes stellt sich stets die Frage: *Bezüglich welches Differenzierungsaspektes soll in dieser Phase der Stunde das Lernen im Gleichschritt aufgelöst werden?*

Die oft pragmatisch (selbst ohne Unterrichtsplanung erfolgende) Differenzierung nach Lerntempo („Alle mal herhören, wer jetzt noch nicht mit Aufgabe 4 fertig ist, springt direkt zur Aufgabe 7"), kann so um andere Differenzierungsaspekte ergänzt werden. Dabei liefern z. B. paralleldifferenzierende Schulbuchaufgaben (vgl. Abschnitt 1.2.1) einen ersten Zugang zur Differenzierung nach Anspruchsniveau, diese muss aber durch weitere Aspekte ergänzt werden, um den vielfältigen Heterogenitätsaspekten gerecht zu werden.

Viele Differenzierungsaspekte leiten sich aus den identifizierten Heterogenitätsaspekten ab. Es gibt aber auch einen zentralen Differenzierungsaspekt, der bislang hier noch nicht auftaucht: die Auflösung des Gleichschritts bzgl. der *Lernziele*. Dieser Differenzierungsaspekt kann durch Lehrplanvorgaben festgesetzt werden (z. B. wenn Lernende mit unterschiedlichen Abschlusszielen miteinander unterrichtet werden). Er kann aber auch aus einem komplexen Gefüge von Heterogenitätsaspekten (z. B. Leistungsfähigkeit, Lerntempo, Motivation) abgeleitet werden. Wenn man beispielsweise feststellt, dass eine bestimmte Gruppe von Schülerinnen und Schülern noch erhebliche Verstehensprobleme bei Brüchen und ihrer Addition hat, dann kann man sich entscheiden, das Lernziel „Division von Brüchen" für diese Gruppe vorerst aufzuschieben und sich erst einmal um das Herstellen eines Grundverständnisses zu bemühen.

Insgesamt bewähren sich vor allem folgende Differenzierungsaspekte als Entscheidungskategorien. Einige davon sind bereits von Klafki/Stöcker (1985, 134) aufgeführt worden:

Wichtigste Differenzierungsaspekte
- Anspruchsniveau
- Lerntempo
- Zugangsweisen
- Lernziele- und -inhalte
- Sprachliche Anforderungen
- …

Die in Abschnitt 1.2 vorgestellten prototypischen Differenzierungsansätze können (bei entsprechender Ausgestaltung) jeweils die folgenden Differenzierungsaspekte berücksichtigen:
- *Beispiel 1.1 Übungsphase mit Paralleldifferenzierung*: Anspruchsniveau
- *Beispiel 1.2 Methodisch individualisierter Unterricht*: Anspruchsniveau, Lerntempo, Lerninhalte und -ziele
- *Beispiel 1.3 Selbstdifferenzierende Erkundungsaufgaben*: Anspruchsniveau, Lerntempo, Zugangsweisen, Neigung und Arbeitsweisen
- *Beispiel 1.4 Stationenbetrieb mit vielfältigen Zugangsweisen*: Anspruchsniveau, Lerntempo, Zugangsweisen, Neigung, Interesse, Arbeitsweisen
- *Beispiel 1.5 Ausgleichende Förderung im Abteilungsunterricht*: Neigung, Interesse, Arbeitsweisen, Lerninhalte und -ziele

Welche Förderinhalte bei welchen Differenzierungsaspekten besonders relevant sind, ist eine zentrale fachdidaktische Frage, die im Kapitel 3 für die wichtigsten Differenzierungsaspekte gesondert behandelt wird.

1.3.3 Differenzierungsformate: Wer hat die Verantwortung für die Passung des Lernangebotes?

Differenzierungs-Formate

Offene und geschlossene Differenzierung: Wer steuert die Adaptivität?

Die fünf vorgestellten Differenzierungsansätze unterscheiden sich grundlegend darin, ob sie einem eher offenen oder geschlossenen Differenzierungsformat verpflichtet sind. Die Unterscheidung nach „offen" und „geschlossen" zielt auf die Frage, *wer* die Adaptivität des Differenzierungsansatzes steuert, also wer über die Auswahl, die Reihenfolge oder die Art und den Umfang der Bearbeitung des Lernangebotes entscheidet (vgl. HEYMANN 1991, FEUSER 1998).

Bei einem **geschlossenen Differenzierungsformat** versucht die Lehrkraft, für jedes Mitglied der Klasse Lernangebote zu erstellen, die bzgl. der ausgewählten Differenzierungsaspekte adaptiv zugeschnitten sind. Dies erfolgt z. B. bei methodischer Individualisierung, wenn die Förderung auf einer vorhergehenden Diagnose beruht oder auch bei paralleldifferenzierenden Aufgaben. Dieses Format kann etwas mehr geöffnet werden, wenn die Lernenden eine Wahlfreiheit zwischen Aufgaben haben. Auch wenn dies einen ersten Schritt in Richtung Offenheit bedeutet, ist es doch die Lehrkraft, die diese Aufgaben für die Lernenden vorab auswählt. Auch ein Stationenbetrieb hat geschlossen differenzierende Anteile, wenn die Lehrkraft unterschiedlichen Lernenden unterschiedliche Pflichtstationen zuweist.

Zwei Einwände werden gegen geschlossene Differenzierung zu Recht immer wieder formuliert: Ein zu hoher Aufwand für die Lehrkraft in der Vorbereitung und begründete Zweifel an der Diagnosesicherheit: Wie kann man sicher sein, die Lernenden jeweils richtig einzuschätzen und so auf dem optimalen Niveau arbeiten zu lassen?

Als Gegenmodell hat daher das **offene Differenzierungsformat** zunehmende Verbreitung gefunden. Dabei bedeutet Selbstdifferenzierung weit mehr als die freie Auswahl von Aufgaben, wie oft in pädagogischen Konzepten implizit gleichgesetzt wird (z. B. „Wahldifferenzierung" bei BÖNSCH 2000). Betrachtet man die Chancen für Offenheit nicht nur organisatorisch, sondern vom fachlichen Lernen aus (WITTMANN 1995), so bewähren sich selbstdifferenzierende Aufgaben, wie sie im Beispiel 1.3 vorgestellt wurden.

Die Hauptidee des offenen Differenzierungsformates ist, die Verantwortung für ein angemessenes Niveau mit den Lernenden zu teilen, indem selbstdifferenzierende Aufgaben(-felder) die Bearbeitung auf unterschiedlichen Niveaus und mit unterschiedlichen Zugangsweisen ermöglichen (HEYMANN 1991, WITTMANN 1995, BOEHM 1984, HENGARTNER ET AL. 2006). Sind die Aufgaben reichhaltig genug, so können sich die Lernenden ihre Herausforderungen selbst definieren. Das kann z. B. in einen Stationenbetrieb integriert werden, aber auch etwa in Aufgaben aus Arbeitsplänen als zusätzliches Differenzierungsformat.

Zur Konkretisierung werden wiederum die Differenzierungsansätze aus dem vorigen Abschnitt bzgl. ihrer Formate eingeteilt:

- *Beispiel 1.1 Übungsphase mit Paralleldifferenzierung*: geschlossen, wenn von Lehrkraft zugewiesen, teiloffen, wenn Lernende auswählen dürfen
- *Beispiel 1.2 Methodisch individualisierter Unterricht*: geschlossen
- *Beispiel 1.3 Selbstdifferenzierende Erkundungsaufgaben*: offen
- *Beispiel 1.4 Stationenbetrieb mit vielfältigen Zugangsweisen*: geschlossen, wenn von Lehrkraft zugewiesen; teiloffen, wenn Lernende auswählen dürfen
- *Beispiel 1.5* Ausgl*eichende Förderung in Abteilungen:* geschlossen

Offene Differenzierungsformate ermöglichen die Berücksichtigung eines breiteren Spektrums an Differenzierungsaspekten und sind deshalb aus fachdidaktischer Sicht hoch relevant, weil sie neben dem Anspruchsniveau auch gleichzeitig Zugangsweisen und Arbeitsweisen öffnen können, sodass eine größere mathematische Reichhaltigkeit entsteht. Dies haben die vielfältigen Lösungswege der Lernenden im Beispiel 1.3 gezeigt.

Doch auch die Grenze des offenen Differenzierungsformats wurde in Abschnitt 1.2.3 bereits benannt: Schwierigkeiten können entstehen, wenn Selbstdifferenzierung zur Beliebigkeit ausartet oder es nicht gelingt, dass Lernende tatsächlich auf ihrem Niveau arbeiten.

Diese Gedanken weisen schon darauf hin, dass es sinnvoll ist, die Differenzierungsformate je nach Unterrichtsphase flexibel zu variieren und zu kombinieren.

Differenzierungs-Ebenen

1.3.4 Differenzierungsebenen: Aufgaben, Methoden und Strukturen

Die prototypischen Differenzierungsansätze zeigen auch, dass Differenzierung auf ganz unterschiedlichen Ebenen von Unterrichtsplanung angesiedelt werden kann (s. Abb. 1.2).

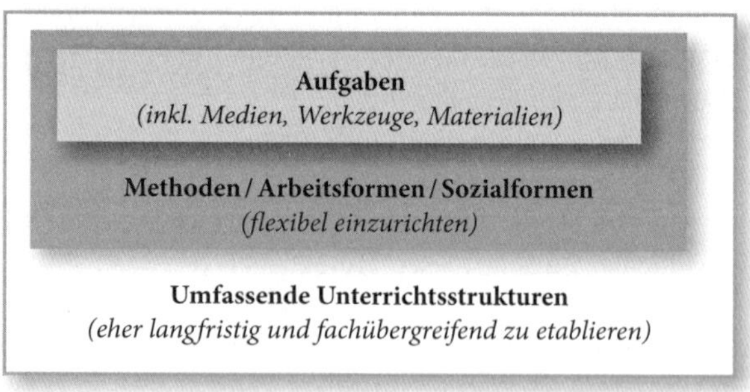

ABB. 1.2 Ebenen der Unterrichtsplanung und ihre Einbettung in Schulstrukturen

Die Paralleldifferenzierung aus Beispiel 1.1 ist allein auf der *Ebene der Aufgaben* angesiedelt. Diese Ebene lässt sich vor allem durch den Blick auf die fachlichen Lernziele und Lernprozesse inspirieren. Diese Sicht ist auch für die Nutzung von selbstdifferenzierenden Aufgaben (wie im Beispiel 1.3) oder von Stationen mit verschiedenen Zugangsweisen (wie im Beispiel 1.4) relevant, denn erst die fachdidaktische Analyse möglicher Lernwege und Lernhürden erlaubt es, Aufgaben mit Differenzierungspotential zu identifizieren oder zu erstellen. Mit der Ebene der Aufgaben wird sich daher das Kapitel 4 ausführlich befassen.

Differenzieren mit Aufgaben

Während die Paralleldifferenzierung auch allein auf Ebene der Aufgaben umzusetzen ist, umfassen die vier anderen Differenzierungsansätze auch Überlegungen auf der *Ebene der Methoden*. Dabei werden Unterrichtsmethoden (gemäß Barzel/Büchter/Leuders 2007) als typische Handlungsfolgen im Unterricht verstanden, die jeweils in ähnlicher Form ablaufen. Eine Methode ist eine Struktur, die festlegt, auf welche Weise die Beteiligten handeln und miteinander kommunizieren. Eine theoretische, feinere Unterteilung von Methoden nach Handlungssituationen, Handlungsmustern, Sozialformen, Unterrichtsschritten und Großformen (z. B. Meyer 2014) ist dabei für die praktische Umsetzung meist nicht nötig, so dass man so unterschiedlich umfangreiche Formen wie zum Beispiel Klassengespräch, Murmelrunden, Ich-Du-Wir, Stationenbetrieb oder gar Projekte als Methoden auffassen kann. Der Übergang zu Unterrichtsstrukturen ist fließend, wie das Beispiel Projektunterricht zeigt.

Differenzieren mit Methoden

Hinter den Unterrichtsmethoden, die sich eher auf zeitlich begrenzte Arbeits- und Sozialformen beziehen, erfordern einige Differenzierungsansätze auch längerfristig zu etablierende Organisationsformen auf der *Ebene der Unterrichtsstrukturen*, mit denen die Lernenden erst umgehen lernen müssen (Bönsch 2000). Dazu gehören etwa Checklisten oder Arbeitspläne als Elemente einer ritualisierten Freiarbeit, aber auch bestimmte Melderegeln („Immer erst die Nachbarin fragen, dann den Lehrer."). Dabei ermöglichen möglichst klar etablierte Strukturen eine Erhöhung des Freiraums für die Lernenden (vgl. Cohn/Terfurth 1993 für das Zusammenspiel von Struktur und Freiräumen). In den obigen Beispielen für Differenzierungsansätze kamen einige prototypische Unterrichtsformen zur Sprache, die in verschiedener Weise zur Differenzierung eingesetzt wurden: Vom methodisch eingerichteten *individuellen Lernen* über ausgleichend fördernden *Gruppenunterricht* bis zum *Klassenunterricht* an gemeinsamen Aufgaben. In Kapitel 5 werden einige typische Unterrichtsformen, und die mit ihnen verbundenen Organisationsformen, Arbeitsweisen und Materialien dargestellt und mit verschiedenen Differenzierungsansätzen im Mathematikunterricht konkretisiert.

Differenzieren mit Unterrichtsstrukturen

Nach wie vor ist die Etablierung von langfristigen Unterrichtsstrukturen in den meisten Grundschulen deutlich weiter fortgeschritten als in den meisten Sekundarstufen-Schulen, was sicherlich auch mit dem stärker ausgeprägten Klassenlehrerprinzip der Grundschule zu tun hat. Lehrkräfte investieren zunehmend viel Mühe, damit die Lernenden sich in klaren Regeln und Strukturen bewegen können, die langfristig und idealerweise sogar fachübergreifend etabliert werden. So ermöglichen in unseren Beispielansätzen erst die Melderegeln des individualisierten Unterrichts, dass die Lehrerin (im Beispiel 1.5) ruhige Gespräche mit einer Kleingruppe führen kann. Die diagnosegeleiteten Checklisten in Beispiel 1.2 ermöglichen, dass die Lernenden Verantwortung für ihre eigenständigen Wiederholungsphasen mit übernehmen.

Manche Unterrichtsstrukturen lassen sich schon durch einzelne Lehrkräfte in ihrem eigenen Unterricht einrichten. Andere Strukturen profitieren davon, dass sie in mehreren Fächern etabliert werden, wieder andere (wie z. B. die Einrichtung von umfangreichen Freiarbeitsphasen) lassen sich nur fachübergreifend auf Ebene der ganzen Schule umsetzen.

Schließlich kann man die Ansätze der äußeren Differenzierung durch Einrichtung verschiedener Kurse oder gar durch die vorgegebene Struktur eines mehrgliedrigen Schulsystems als Differenzierung auf der *Ebene der Schulstrukturen und des Schulsystems* auffassen, die hier jedoch weitgehend ausgeklammert werden.

Verschiedene Akteure auf verschiedenen Ebenen

Welche Ebene der Differenzierung in Unterrichtsentwicklungsbemühungen adressiert wird, hängt auch von den Personen ab, die diese Ansätze entwickeln oder umsetzen. Die pädagogische Leitung oder die Steuergruppe einer Schule wird beispielsweise zunächst einmal aus der Perspektive der Schulentwicklung *fachübergreifende* Unterrichtsstrukturen in den Blick nehmen und z. B. über die Einführung von individualisierenden Lernangeboten in festen Stundenplanzeiten nachdenken. So schafft sie die notwendigen Bedingungen für einen Unterricht, der das Qualitätskriterium der Adaptivität verfolgen kann. Eine Fachlehrerkraft wird hingegen eher auf Aufgaben- und Methodenebene arbeiten, in denen neben pädagogischen und allgemeindidaktischen die zentralen fachdidaktischen Überlegungen anzustellen sind. Nur so kann sie effektiv die Qualitätskriterien der Verstehensorientierung und der kognitiven Aktivierung umsetzen.

Guter differenzierender Unterricht setzt sich also aus einem jeweils situationsangemessenem Zusammenspiel der Aufgaben-, Methoden- und Strukturen-Ebene zusammen, sodass ein Differenzierungsansatz auch jeweils auf allen diesen Ebenen durchdacht werden sollte.

1.3.5 Zusammenfassung: Planung eines Differenzierungsansatzes

„Wie gestaltet man eine Lernsituation für eine heterogene Lerngruppe?“ Dies ist die didaktische Kernfrage dieses Buches und sie hat wie viele andere didaktische Fragen („Wie geht man mit Fehlern um?“, „Was sind gute Aufgaben?“) keine einfache Antwort.

Die möglichen Antworten auf solche didaktischen Fragen hängen einerseits von den **Voraussetzungen** der konkreten Lerngruppe ab und andererseits von den **Zielen**, die man verfolgt. Neben einer Reflexion der **Lernziele** (also der inhaltsbezogenen und prozessbezogenen Kompetenzen) muss man in heterogenen Lerngruppen besonders darüber nachdenken, wie man die möglichen Lernziele in Bezug auf die unterschiedlichen Bedürfnisse von Teilgruppen oder gar einzelner Lernender gewichtet. Hier haben wir angeregt, nach vier prinzipiell sehr unterschiedlichen **Differenzierungszielen** zu unterscheiden.

Entscheidungsfelder für Differenzierungsansätze

Was sind die beabsichtigten Lernziele?	Welche Voraussetzungen hat die Lerngruppe?
Mit welchem Differenzierungs-Ziel wird der Gleichschritt aufgelöst? • Unterschieden gerecht werden • Unterschiede ausgleichen • Vielfalt zulassen und wertschätzen • Vielfalt anregen und nutzen	**Nach welchem Differenzierungs-Aspekt wird der Gleichschritt aufgelöst?** • Lerntempo • Anspruchsniveau • Lerninhalte und -ziele • Sprachliche Anforderungen • Zugangsweisen • Neigung, Interessen • Arbeitsweisen • …
Mit welchem Differenzierungs-Format wird Adaptivität hergestellt? • geschlossenes Format: Lehrkraft steuert Adaptivität • offenes Format: Lernende steuern die Adaptivität mit	**Auf welcher Differenzierungs-Ebene wird geplant?** • Ebene der Aufgaben • Ebene der Unterrichtsmethoden • Ebene der Unterrichtsstrukturen

Bei der Analyse der **Lernvoraussetzungen** in heterogenen Gruppen haben wir eine ganze Reihe von Aspekten dargestellt, nach denen sich Lernende potentiell unterschieden, und die (wenn man sich entscheidet, sie bei der Planung zu berücksichtigen) zu **Differenzierungsaspekten** werden.

Man sieht leicht, wie sich Entscheidungen in den beiden oberen Feldern **Differenzierungsziele** und **Differenzierungsaspekte** gegenseitig beeinflussen: Erkennt man beispielsweise eine hohe Diskrepanz in einem Differenzierungsaspekt (z. B. bei den Vorerfahrungen oder bei der Sprachkompetenz), so muss man entscheiden, ob man bezüglich dieses Aspektes eher adaptiv vorgehen möchte oder erst für eine Teilgruppe eine ausgleichende Förderung vorsieht.

Bei den Entscheidungen über die methodische Umsetzung haben wir eine ganze Reihe von differenzierenden Maßnahmen beschrieben, die sich danach unterscheiden lassen, auf welcher **Differenzierungsebene** (Aufgaben, Methoden und Unterrichtsstrukturen) und dort wiederum in welchem **Differenzierungsformat** (offen oder geschlossen) sie umgesetzt werden. In diesen Entscheidungsfeldern sind vielfältige Varianten und Kombinationen denkbar, die man jeweils darauf befragen muss, inwiefern sie zu den Differenzierungszielen und -aspekten passen. Auch hier können Entscheidungen sich wechselseitig beeinflussen: Die Entscheidung, der Heterogenität durch langfristig angelegte individualisierende Unterrichtsstrukturen zu begegnen, ermöglicht vielleicht eine adaptive Förderung, macht es aber nötig, die Heterogenität bei den Arbeitsweisen (z. B. beim selbstständigen Arbeiten) stärker in den Blick zu nehmen.

Zusammenfassend bleibt festzuhalten, dass die aufgezeigten Entscheidungsfelder der Differenzierungsziele, -aspekte, -formate und -ebenen helfen können, um einen Differenzierungsansatz auszuwählen oder gezielt für die Bedarfe der eigenen Lerngruppe anzupassen. Damit das aber auch zweckmäßig geschieht und inhaltlich nicht ins Leere läuft, braucht der Differenzierungsansatz noch den „richtigen Fokus". Was das bedeutet, beschreibt der letzte Abschnitt dieses Kapitels.

1.4 Ausblick auf das Konzept der fokussierten Förderung

Im vorigen Abschnitt wurden die beiden Differenzierungsziele *Unterschieden gerecht werden* und *Unterschiede ausgleichen* beschrieben. Die beiden Differenzierungsziele beschreiben etwas genauer, was mit dem Gedanken der „individuellen Förderung" gemeint sein kann. Dieses Stichwort findet man zurzeit in vielen Erlasstexten und Veröffentlichungen, darin wird individuelle Förderung zu einem zentralen Qualitätskriterium für differenzierenden Unterricht erklärt.

Leider sind mit dem Gutwort „individuelle Förderung" zwei zentrale Fehlinterpretationen verbunden, auch wenn es sicher nicht in der Absicht dieser Texte liegt:

Missinterpretationen von individueller Förderung

Bei der ersten Fehlinterpretation wird individuelle Förderung auf das Betreuungsverhältnis bezogen: Individuell gefördert wird, so die implizite Annahme, am besten in der *Eins-zu-Eins-Betreuung*. Wer als Lehrkraft für eine ganze Klasse zuständig ist, kann nur abwinken angesichts dieses selten realistischen Szenarios. Eins-zu-Eins-Betreuung findet am konsequentesten im wachsenden Nachmittagsmarkt der Nachhilfe statt (und selbst dort werden oft auch große Gruppen unterrichtet), doch zeigen Studien, dass Eins-zu-Eins-Betreuung nicht automatisch lernwirksam sein muss, wenn zum Beispiel irrelevante Lerninhalte priorisiert werden, oder – noch schlimmer – wenn durch zusätzlichen Unterricht die Hausaufgaben bewältigt werden, ohne den Inhalt zu verstehen (Wittwer 2008).

Die zweite Fehlinterpretation bezieht individuelle Förderung auf die Sozialform, bei dem das Individuelle zum Teil sogar räumlich umgesetzt wird durch Isolation in Form von Einzelarbeitsplätzen. Wie in Abschnitt 1.2.2 bereits diskutiert wurde, hat jedoch die methodische Individualisierung ihre Grenzen und führt nur dann zum lernwirksamen Ausgleich, wenn sie fachdidaktisch entsprechend gestaltet ist (Moser Opitz 2009, Häsel-Weide/Nührenbörger 2013).

▶ **Beispiel** für eine „unfokussierte" individuelle Förderung (Kl. 5)

Herr Haft unterrichtet an der Hauptschule. Im letzten Schuljahr kam von der Schulbehörde ein Erlass „Diagnose und individuelle Förderung". Alle Schülerinnen und Schüler der fünften Klasse haben den Zugang zu einer Lernplattform, auf der sie ihr mathematisches Basiswissen testen können. Danach bekommt Herr Haft eine Übersicht über die Leistungen jedes einzelnen und kann individuell erzeugtes Fördermaterial ausdrucken und bearbeiten lassen.
Auswertung: Leistungsprofil der Lerngruppe (Förderbedarf)

Test: Ordne die folgenden Zahlen nach der Größe. Beginne mit der kleinsten Zahl.

789 798 987 97

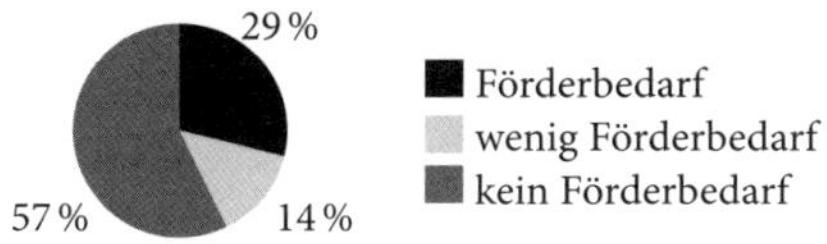

Klasse 5a
- Rico Altendorf
- Birgit Berger
- Dora Denkendorf
- Emil Fischer
- Eri Fukuzawa

Fördermaterial:

1. Bringe die Zahlen in die richtige Reihenfolge. Beginne mit der größten.

89 29 99 69
47 107 96 98

3. Setze das passende Zeichen ein: $<$, $>$ oder $=$

a) 123 ▢ 133
b) 82 ▢ 28
c) 57 ▢ 75
d) 1 233 ▢ 1 232

Auch wenn über zwei Wochen alle Lernenden individuell beschäftigt sind, hat Herr Haft den Eindruck, dass viele das Falsche lernen: Rico, der noch echte Verstehensdefizite bei den natürlichen Zahlen hat (Stellenwertverständnis), kann diese nicht richtig anordnen. Die Fördermaterialien geben ihm jedoch keine Lerngelegenheit, diese Defizite aufzuarbeiten, sondern bieten nur Trainingsaufgaben, weitere Zahlen anzuordnen. Dora hingegen hat eigentlich keine Schwierigkeiten und ist durch die vielen Aufgaben, die sie durcharbeiten muss, demotiviert.

Dieses Beispiel zeigt, wie eine „individuelle Förderung" ins Leere läuft, weil sie nicht an der richtigen Stelle ansetzt, d. h. weil sie nicht fokussiert fördert, sondern individuelle Förderung nur oberflächlich organisiert.
Trotz der individuellen Materialien und der individualisierten Arbeitsweise ist die so organisierte Förderung nicht „fachdidaktisch treffsicher", d. h. sie fokussiert nicht auf die wahren Bedarfe der Lernenden.

Nicht an den Sozialformen, sondern an der fachdidaktischen, also inhaltlichen Ausgestaltung muss sich also die Qualität der Förderung messen. Und dies kann durchaus auch nicht-individuell, sondern in Kleingruppen oder anderen Sozialformen erfolgen (vgl. Abb. 1.3 aus Prediger/Schink 2014).

Wie kann fokussierte Förderung erfolgen?

© A. Schink

… nicht nur Eins-zu-Eins-Betreuung … … nicht nur methodisch individualisiertes Lernen … … sondern auch in Kleingruppen und Klassenunterricht.

Abb. 1.3 Förderung entscheidet sich am Inhalt, nicht an der Sozialform

Definition von fokussierter Förderung

Um einengende Fehlinterpretationen zu vermeiden und die fachdidaktischen Anforderungen an individuelle Förderung ins Zentrum zu rücken, sprechen wir von *fokussierter Förderung* (Prediger/Schink 2014) und definieren diese durch zwei zentrale Qualitätskriterien:

1. **Fachdidaktische, also inhaltliche Treffsicherheit:** Welche Förderinhalte sind gemäß der fachdidaktisch-empirischen Forschung zentral, um die Hürden zu überwinden?
2. **Individuelle Adaptivität:** Wie gut ist die Förderung der zentralen Förderinhalte auf die individuellen Lernbedarfe der Einzelnen abgestimmt?

Ausblick auf die nächsten Kapitel

Die inhaltliche Treffsicherheit für den jeweiligen Differenzierungsaspekt muss man herstellen, um Unterschieden wirklich gerecht zu werden oder Unterschiede ausgleichen zu können. Dazu ist allerdings Hintergrundwissen über die spezifischen Formen solcher Unterschiede notwendig.

Daher wird im folgenden **Kapitel 2** ein Überblick über empirische Hintergründe zu den wichtigsten Heterogenitätsaspekten gegeben und damit Kriterien für die Auswahl von Differenzierungsaspekten angeboten. Dies erlaubt dann auch, im Einzelfall, d. h. bei einem konkreten Thema und einer konkreten Lerngruppe zu entscheiden, welche Differenzierungsziele man in den Vordergrund stellen will. Wie nun zu bestimmten Differenzierungsaspekten fokussiert gefördert werden kann, ist das Thema des **Kapitels 3**, das die wichtigsten Differenzierungsaspekte und ihre fokussierten Fördermöglichkeiten genauer beschreibt. **Kapitel 4** wird dann noch konkreter, indem es Möglichkeiten des Differenzierens auf der Ebene der Aufgaben erläutert. Im abschließenden **Kapitel 5** wird schließlich wieder die Perspektive des gesamten Unterrichts eingenommen: Dabei wird deutlich, wie die verschiedenen Differenzierungsansätze für verschiedene Unterrichtsphasen zu einem flexibel differenzierenden Unterricht kombiniert werden können.

2 Worin unterscheiden sich Lernende? Befunde zur Heterogenität

Dass sich Schülerinnen und Schüler in vielerlei Hinsicht unterscheiden, spüren Lehrkräfte im Unterricht jeden Tag. Zu einigen dieser Unterschiede gibt es inzwischen belastbare empirische Befunde, auch für das deutsche Schulsystem. Auf der einen Seite findet man mittlerweile eine Vielzahl von Studien, die mit teststatistischen Mitteln die Heterogenität der Lernenden erfassen. Auf der anderen Seite gibt es aber auch viele (oft eher qualitative) Studien, die sich stärker mit den individuellen Unterschieden beim Lernen ganz konkreter mathematischer Inhalte befassen. Von hoher Relevanz ist natürlich die Frage, wie man mit der festgestellten Heterogenität umgehen kann – auf Ebene von Klasse, Schule und Schulsystem. Auch hier findet man einige Hinweise aus der Schul- und Unterrichtsforschung, wir konzentrieren uns hier aber schwerpunktmäßig darauf, zunächst die Vielfalt der Lernenden zu beschreiben.

In diesem Kapitel werden wichtige Befunde exemplarisch zusammengestellt, also ohne Anspruch auf Vollständigkeit. Dabei zeigt sich, mit welchen Unterschieden wir es täglich zu tun haben:

- Welche Leistungsunterschiede gibt es zwischen und innerhalb von Lerngruppen auf Schulform- und Klassenebene? (→Abschnitt 2.1)
- Welche Unterschiede bzgl. anderer Heterogenitätsaspekte als Leistung sind empirisch belegt? (→Abschnitt 2.2)
- Welche Auswirkungen haben Hintergrundfaktoren auf die Leistungsunterschiede? (→Abschnitt 2.3)

Dieser Überblick dient als Hintergrund für die Kapitel 3 bis 5, in denen der konstruktive und treffsichere Umgang mit der Heterogenität im Vordergrund steht. Wer allerdings sogleich in die konkreten Konzepte einsteigen will, kann dieses Kapitel auch später hinzuziehen.

2.1. Leistungsunterschiede zwischen und innerhalb von Lerngruppen

Dass es nicht zu vernachlässigende Leistungsunterschiede zwischen Lernenden gibt, zeigen Leistungsvergleichsstudien wie PISA, TIMSS oder der IQB-Ländervergleich immer wieder. Sie konzentrieren sich dabei allerdings meist auf die Messung einer Variablen, der allgemeinen Mathematikleistung zu einem bestimmten Zeitpunkt, und sie erfassen große Stichproben, um Länder vergleichen zu können und auch kleine Gruppenunterschiede sichtbar zu machen. Diese Testung der Schulsysteme ist für die Bildungssteuerung optimiert, nicht für die Unterrichtspraxis. Gleichwohl bieten die Studien auch einiges Interessantes über die Heterogenitätsbedingungen des Unterrichtsalltags, insbesondere zu folgenden Fragen:

- Wie stark unterscheiden sich Leistungen der Lernenden innerhalb und zwischen den Schulformen? (→Abschnitt 2.1.1)
- Wie stark unterscheiden sich die Lernenden innerhalb von Klassen? (→Abschnitt 2.1.2)
- Wie wirkt sich Leistungsheterogenität auf die Lernzuwächse aus? (→Abschnitt 2.1.3)
- Welchen Anteil und welche Merkmale haben die Gruppen der Leistungsschwächsten und Leistungsstärksten? (→Abschnitte 2.1.4/2.1.5)

2.1.1 Leistungsunterschiede *zwischen* Schulformen

Schulformunterschiede, aber auch erhebliche Überschneidungen

Die großen Leistungsvergleichsstudien machen deutlich, dass die Einteilung der Schülerinnen und Schüler nach ihren Leistungen durch das vielgliedrige Schulsystem nur teilweise gelingt: Zwar zeigen sich beispielsweise bei PISA 2012 deutliche Differenzen zwischen den Schulformen für die *Mittelwerte* der Mathematikleistungen der getesteten fünfzehnjährigen Jugendlichen (vom Gymnasium mit 589 Punkten bis zur Hauptschule mit 424 Punkten, dabei entsprechen 30 Punkte in etwa dem Lernfortschritt eines Schuljahres, vgl. SÄLZER/REISS/SCHIEPE-TISKA/PRENZEL/HEINZE 2013, 87). Wie Abb. 2.1 zeigt, gibt es aber auch erhebliche Überlappungen: Beispielsweise zeigen mehr als 10 Prozent der Jugendlichen an Realschulen höhere Leistungen als der Durchschnitt der Gymnasien (s. gestrichelter Kasten in Abb. 2.1; ähnlich auch bei der Ländervergleichsstudie des IQB, PANT ET AL. 2013, 159–248).

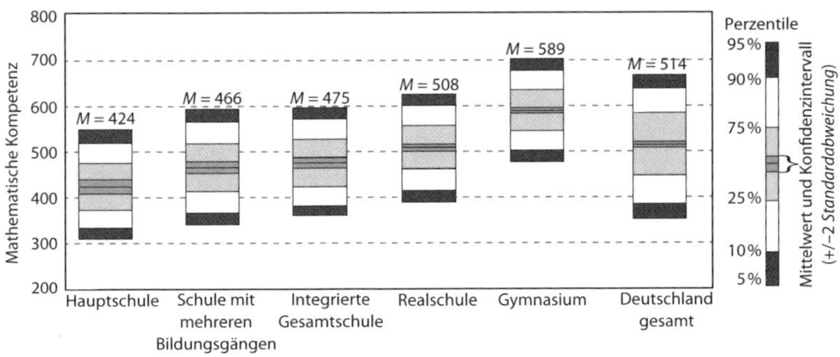

ABB. 2.1 Perzentilbänder zu den Mathematikleistungen nach deutschen Schulformen in PISA 2012 (SÄLZER ET AL. 2013, 87)

Typisch für Deutschland ist auch, dass Leistungsschwache in verschiedenen Schulformen anzutreffen sind, während die Leistungsspitze am Gymnasium zu finden ist (vgl. Hamburger Längsschnittstudie KESS Ende der Klasse 8, GUILL ET AL. 2010, 39). Die Hamburger Gymnasien zeigen sich in KESS aber auch als Schulform mit der größten Leistungs*streuung* (ebd., 40). Wenn also Bildungspolitiker das mehrgliedrige Schulsystem durch die äußere Differenzierung nach Leistungen rechtfertigen wollen, vermitteln sie ein schiefes Bild.

Schulformen führen zu unterschiedlichen Entwicklungen

Interessant in Bezug auf das vielgliedrige Schulsystem ist auch die unterschiedliche Entwicklung der Leistungen in den Schulformen: Lernende mit vergleichbaren Startbedingungen entwickeln sich je nach Schulform unterschiedlich weiter, das Gymnasium bildet das lernförderlichste Entwicklungsmilieu. So zeigen etwa die Ergebnisse der BIJU-Studie (BAUMERT/SCHNABEL/KÖLLER 2000), dass die Entwicklung der Mathematikleistungen von Beginn der Klasse 7 bis zum Ende der Klasse 10 erheblich von der besuchten Schulform abhängt. Bei gleichen intellektuellen und sozialen Bedingungen wächst in diesem Zeitraum der zusätzliche Leistungsgewinn in Mathematik am Gymnasium gegenüber der Gesamtschule um mehr als zwei Schuljahre (für PISA ähnlich bei BAUMERT/WATERMANN/SCHÜMER 2003).

Leistungsvergleichsstudien können durch ihre punktuellen Leistungsmessungen und das reine Korrelieren von Daten keine *Ursachen* für diese unterschiedlichen Entwicklungen benennen. Es wird daher noch kontrovers diskutiert, ob sie eher an der Klassenzusammensetzung, der Unterrichtsqualität, den Kompetenzen der Lehrkräfte, den Arbeitsbedingungen oder an anderen Faktoren liegen.

2.1.2 Leistungsunterschiede *innerhalb* von Klassen

Beim Vergleich ganzer Schulformen bleibt zunächst außer Acht, dass innerhalb einer Schulform natürlich die einzelnen Schulen und Klassen nicht alle das gleiche Leistungsspektrum haben. Mit welcher Heterogenität man als Lehrperson im Unterrichtsalltag umgehen muss, entscheidet sich ja vor allem anhand des Leistungsspektrums der *einzelnen* Klasse. Wie stark sich Leistungen *innerhalb* und *zwischen Klassen* unterscheiden können, zeigt das Diagramm in Abb. 2.2. aus der Brandenburger Studie QUASUM (LEHMANN ET AL. 2000). Jede vertikale Linie beschreibt die Leistungsverteilung in einer der getesteten Klassen 9. Zwischen den Klassen derselben Schulform zeigen sich jeweils erhebliche Unterschiede, und zwischen verschiedenen Schulformen große Überschneidungen.

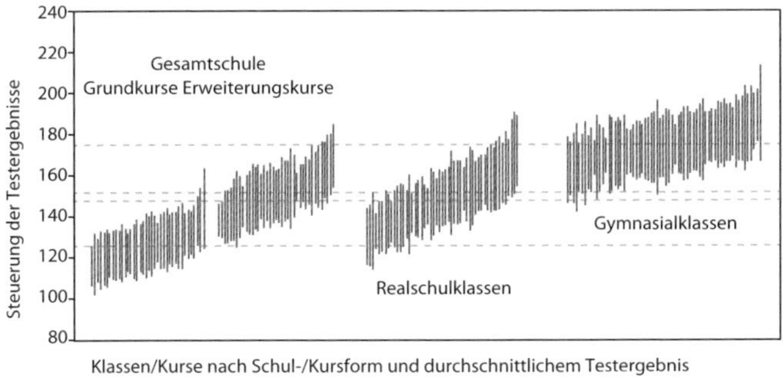

ABB. 2.2 Leistungsstreuung innerhalb von Klassen: Ergebnisse der QUASUM-Studie Klasse 9 (LEHMANN ET AL. 2000, 62)

Erhebliche Leistungsstreuung in jeder Klasse zeigt Grenze der äußeren Differenzierung

Noch eindrucksvoller sind jedoch die Unterschiede innerhalb der Klassen: Zwar umspannt keine Klasse das gesamte Leistungsspektrum der Schulform, dennoch weist jede Klasse eine beträchtliche Leistungsstreuung auf – beinahe die Hälfte der Streuung aller Schülerinnen und Schüler über die Schulformen hinweg (LEHMANN ET AL. 2000, 62). Mit dieser Leistungsstreuung muss jede Lehrkraft zurechtkommen. Sie markiert die begrenzte Reichweite jeder äußeren Differenzierung, ob auf Schulsystemebene (z. B. nach Realschule und Gymnasium) oder durch äußere Fachleistungsdifferenzierung (z. B. in Grund- und Erweiterungskursen der Gesamtschule).

2.1.3 Einfluss von Leistungsunterschieden auf Lernzuwächse

Auswirkung der Leistungsstreuung auf die Leistungsentwicklung?

Große Leistungsstreuungen fordern Lehrkräfte jeden Tag heraus, und gerade Eltern befürchten oft, dass dies für die Kinder nicht förderlich sein kann. Gleichwohl darf man nicht direkt auf Nachteile für die Lernenden schließen. Die Frage, welche Vor- und Nachteile eher homogene Leistungsgruppen haben, ist weltweit bedeutsam und wurde auf unterschiedliche Weise insbesondere für das Fach Mathematik beforscht (BOALER 2014): Zunächst zeigt der internationale Vergleich, dass viele Länder sich gegen eine äußere Differenzierung nach Leistung entscheiden und daher mit dem kompletten Leistungsspektrum umgehen (darunter die im weltweiten Vergleich am besten abschneidenden asiatischen Länder oder Finnland, doch gibt es auch segregierte Schulsysteme unter den Wettbewerbssiegern). Auch wenn sich einfache Kausalschlüsse verbieten und einfache Übertragungen kultureller Praxen nicht funktionieren, so zeigt dies doch die *Möglichkeit* eines erfolgreichen Umgangs auch mit maximaler Heterogenität auf.

Heterogene Lerngruppen bringen keine Nachteile für starke Lernende und Vorteile für schwache

In den angelsächsischen Ländern, in denen ganz verschiedene Formen äußerer Differenzierung praktiziert werden, wurden in vielen empirischen Studien die Lernzuwächse zwischen heterogen zusammengesetzte Gruppen einerseits und nach Leistung aufgeteilten Gruppen andererseits verglichen. Es zeigt sich durchgehend, dass leistungsstärkere Schülerinnen und Schüler innerhalb von heterogenen Lerngruppen keine Nachteile haben. Lernende auf mittlerem und niedrigem Leistungsniveau hingegen zeigen in heterogenen Gruppen sogar eher stärkere Leistungszuwächse (vgl. Boaler 2014, 3).

Eine der wenigen Untersuchungen im deutschsprachigen Raum zum Zusammenhang von Leistungsstreuung und Leistungszuwachs (Scharenberg 2012) zeigt: Je größer die Leistungsstreuung innerhalb der Schulklassen, desto größer die durchschnittlichen Leistungszuwächse in der Klasse, dies gilt sowohl für Klasse 4 (ebd., 160), als auch für Klasse 5/6 (ebd., 171) und Klasse 7/8 (ebd., 173), wobei letztere vermutlich vor allem auf die großen Leistungszuwächse in heterogenen Gymnasialklassen zurückzuführen sind.

Diese ermutigenden Befunde geben noch keinerlei Auskunft darüber, wie ein Unterricht in heterogenen Lerngruppen organisiert sein muss, um erfolgreich zu sein. Angesichts von anderen Vorteilen des gemeinsamen Lernens im sozialen und emotionalen Bereich spornt dies jedoch an, die Chancen innerer Differenzierung auszuschöpfen.

2.1.4 Anteil und Merkmale der Leistungsschwächsten

Bedenklich großer Anteil mathematikschwacher Jugendlicher

Die Leistungsvergleichsstudien haben die Aufmerksamkeit auch auf die Gruppe der Leistungsschwächsten gelenkt, die sogenannte „Risikogruppe“. Sie wird in PISA definiert als diejenigen fünfzehnjährigen Jugendlichen, die innerhalb des Kompetenzstufenmodells auf oder unter Kompetenzstufe I abschneiden. Es wird allgemein angenommen, dass „Schülerinnen und Schüler, die Stufe I nicht überschreiten, […] vermutlich Probleme bei der Suche nach einem Ausbildungsplatz und bei der Berufsfindung haben“ werden (Neubrand/Klieme 2002, 100) – daher die politisch schlagkräftige Bezeichnung „Risikogruppe“. *Dass* es Jugendliche auf der Kompetenzstufe I gibt, ist die triviale Konsequenz aus der Methode, die Gesamtstichprobe aller OECD-Staaten etwa gleichmäßig auf die Kompetenzstufen zu verteilen (OECD-weit sind 23 % auf Stufe 1 und darunter). Interessant ist jedoch der Anteil der deutschen Jugendlichen im Vergleich zu denen anderer Länder: Die deutsche Risikogruppe ist in PISA 2012 zwar mit 18 % kleiner als im OECD-Durchschnitt. Dennoch ist sie größer als in den Niederlanden (15 %), Polen (14 %) und der Schweiz (12 %), denen die Sicherung von Mindeststandards besser zu gelingen scheint (Sälzer et al. 2013, 75).

Dabei konzentrieren sich die Leistungsschwächsten an den nicht-gymnasialen Schulformen: Der Anteil von Fünfzehnjährigen unter Kompetenzstufe II ist an den Hauptschulen (49 %) höher als an Schulen mit mehreren Bildungsgängen (28 %), an Integrierten Gesamtschulen (23 %) und an Realschulen (11 %) (Sälzer et al. 2013, 87).

Für die Praxis wichtiger als die Größe der Gruppen ist die Frage: Was können Jugendliche auf den unteren Kompetenzstufen tatsächlich, was nicht? In PISA wird die Kompetenzstufe I grob charakterisiert als ein „Mathematikverständnis[, das] allenfalls den Anforderungen der letzten Grundschulklasse entspricht." (Sälzer et al. 2013, 73).

Diese sehr grobe Charakterisierung kann durch spezifischere Untersuchungen der Kompetenzen und Schwierigkeiten dieser Gruppe ausdifferenziert werden (Moser Opitz 2007, Humbach 2008). Dann zeigt sich die oft zitierte Beschreibung „Arbeiten auf Grundschulniveau" als ausgesprochen missverständlich. Die Schwierigkeiten der Mathematikschwachen sind nämlich gerade dadurch charakterisiert, dass sie wesentliche Konzepte der Grundschule eben *nicht* beherrschen: Moser Opitz (2007) zeigte für Lernende der Klassen 5 und 8, Humbach (2008) für Lernende der Klasse 10, dass niedrige Leistungen in Tests der Mittelstufe stets einhergingen mit Lücken in zentralen Inhalten der Grundschulmathematik. Hierzu gehören das Verständnis des Dezimalsystems, das Verständnis der Grundoperationen, das Zählen in Schritten und der Umgang mit Sachaufgaben (vgl. Abschnitt 3.1 für Details). Kurz gesagt: Diese Verstehensgrundlagen entscheiden über Schulleistung der späteren Klassen im Fach Mathematik (Moser Opitz 2007, 217ff; Humbach 2008, 105f). Sie bilden somit eine notwendige, wenn auch nicht hinreichende Bedingung für Lernerfolg in der Sekundarstufe I (Humbach 2008, 175).

Rechenschwäche als fehlende Verstehensgrundlagen

Diese empirischen Befunde haben Konsequenzen für die Entscheidung, in welcher Weise mathematikschwache Lernende gefördert werden können: Sie relativieren die von einigen Therapieinstituten forcierte Definition von Rechenschwäche als Krankheitsbild (vgl. Moser Opitz 2007 für eine kritische Diskussion). Nicht Dyskalkulie als angeborene „Nicht-Begabung" oder gar „Krankheit", sondern einzelne verpasste Verstehensgrundlagen sind bei vielen mathematikschwachen Lernenden die Ursache für ausbleibenden Leistungserfolg. Eine „Therapie" erfordert daher eine fokussierte Förderung in genau diesen fehlenden Inhalten (vgl. Abschnitt 3.1).

2.1.5 Anteil und Merkmale der Leistungsstärksten

Gruppe der Leistungsstarken in Deutschland durchaus groß, doch mehr Förderung ist möglich

Im internationalen Vergleich besitzt Deutschland durchaus eine große Gruppe leistungsstarker Schülerinnen und Schüler (vgl. Abb. 2.3): 18 % der Jugendlichen arbeiten auf Kompetenzstufe V oder VI, am Gymnasium sogar über 40 %. Dies ist überdurchschnittlich im Vergleich zu den OECD-Staaten (mit 13 %). Allerdings zeigt sich hier wiederum, dass nicht nur Staaten wie Korea (31 %) und Japan (24 %) eine erfolgreichere Talentförderung betreiben, sondern auch Staaten in unserer unmittelbaren Nachbarschaft (Schweiz 21 %, Niederlande 19 %). Beide Länder werden als Beispiele angeführt „für eine erfolgreiche Förderung im unteren Leistungsbereich und zugleich in der Spitze" (SÄLZER ET AL. 2013, 75). Allerdings gilt auch bei den Leistungsstärksten: Eine Beschreibung einer Gruppe über eine willkürliche Grenze auf einer eindimensionalen Leistungsskala erlaubt zwar internationale Anteilsvergleiche, gibt aber noch wenig Auskunft über die Art der Stärken und die Zusammensetzung dieser Gruppe.

Merkmale mathematischer Begabung

Dies ist der Forschung besser bei der kleineren Leistungsspitze der „mathematischen Begabten" gelungen, mit denen je nach Auffassung 5 % oder 1 % des Jahrgangs bezeichnet werden. In der Begabtenforschung werden „mathematisch Begabte" anhand verschiedener Merkmale ihres mathematischen Arbeitens beschrieben (KRUTETSKII 1976; KÄPNICK 1998). Meist genannt werden hier ausgeprägte Fähigkeiten in den Bereichen Erkennen von Mustern und Strukturieren, Flexibilität mentaler Prozesse (z. B. Richtungswechsel der Gedankengänge, Wechseln von Repräsentationsebenen), logisches Denken und Schlussfolgern, mathematisches Gedächtnis und bei älteren Schülerinnen und Schülern Verallgemeinerung und Denken in abstrakten, formalisierten Strukturen. Daneben werden oft auch Persönlichkeitseigenschaften genannt wie Kreativität und Fantasie, Zielstrebigkeit und Leistungsmotivation, Selbstständigkeit, hohes Lernbedürfnis und intellektuelle Neugier sowie Freude am Problemlösen (HEINZE 2005). Betont wird auch, dass mathematisch Begabte keine homogene Gruppe bilden, sondern anhand ihrer Denk- und Arbeitsweisen eher unterschiedliche Typen darstellen.

Fördermodelle für mathematisch Begabte

Im Umgang mit mathematischer Begabung findet man im Sekundarbereich meist Ansätze, in denen mathematische Begabung als Indiz für eine mögliche künftige Forschungstätigkeit identifiziert und in äußerer Differenzierung gefördert wird. Dies geschieht durch Maßnahmen der *Akzeleration* (zeitlich vorgezogene Einordnung in höhere Altersgruppen) oder des *Enrichments* (inhaltliche Zusatzangebote).

Konkurrierend wird eine integrierte Förderung im Rahmen des regulären Unterrichts vorgeschlagen (SHEFFIELD 2003), und zwar aus zwei Gründen: Erstens charakterisieren die oben genannten Merkmale mathematisch Begabte nicht durch spezifische Alleinstellungsmerkmale, sondern eher durch ein Bündel von Fähigkeiten, die in unterschiedlichen Ausprägungen bei *allen* Lernenden vorliegen und generelle Ziele des Mathematiklernens darstellen. Zweitens ist Begabung als eine sich dynamisch entwickelnde Eigenschaft anzusehen, zu welcher viele Lernende das Potenzial besitzen, daher empfiehlt sich (auch) eine integrierte adaptive Förderung. Dabei spielt das gemeinsame Lernen mit selbstdifferenzierenden Aufgabenformaten eine wichtige Rolle (Sheffield 2003, 6).

2.2 Nicht nur Leistung allein, sondern Unterschiede in vielen Heterogenitätsaspekten

Lernende unterscheiden sich nicht nur in ihren Leistungen, sondern auch in anderen Heterogenitätsaspekten. Zu den folgenden fünf werden hier einige Befunde zusammengetragen zu Unterschieden

- in den inhaltsbezogenen und prozessbezogenen Kompetenzprofilen (→Abschnitt 2.2.1),
- in den themenspezifischen Lösungswegen, Vorstellungen und Strategien (→Abschnitt 2.2.2),
- in übergreifenderen Zugangsweisen und Denkstilen (→Abschnitt 2.2.3),
- in affektiven Faktoren wie Motivation und Haltungen (→Abschnitt 2.2.4),
- durch Behinderungen bzw. sonderpädagogisch attestierte Förderbedarfe (→Abschnitt 2.2.5).

Weitere Heterogenitätsaspekte, insbesondere Gender, Herkunft und Sprache, werden in Abschnitt 2.3 in ihrer Beziehung zur Mathematikleistung erläutert.

Diese entstammen oft nicht großen Leistungsvergleichsstudien, weil diese nicht die richtigen Instrumente besitzen, um Aussagen über konkrete Lernprozesse und spezifischere Kompetenzen zu treffen.

2.2.1 Unterschiede in inhalts- und prozessbezogenen Kompetenzprofilen

Kompetenz ist facettenreich, Kompetenzunterschiede folglich auch

Leistungsvergleichsstudien, wie die in Abschnitt 2.1 beschriebenen, erfassen die mathematische Leistung meist auf einer einzelnen Skala, die als mathematische Kompetenz aufgefasst wird. Dabei werden verschiedene Kompetenzbereiche (inhaltliche wie Daten und Zufall, oder prozessbezogene wie Modellieren oder Problemlösen) durch verschiedene Aufgaben repräsentiert, sodass es durchaus möglich ist, spezifischere Leistungsprofile zu erstellen. Für den Vergleich ganzer Länder (vgl. Abschnitt 2.1) oder die Korrelation mit anderen Merkmalen (vgl. Abschnitt 2.3) ist es allerdings methodisch einfacher, wenn mathematische Leistung nur als eine Variable betrachtet wird.

Im Unterrichtsalltag dagegen ist völlig klar, dass mathematische Kompetenz kein eindimensionales Konstrukt ist, sondern jeweils ein facettenreiches Kompetenzprofil umfasst. Empirische Studien, die sich vertieft mit einem Themenbereich befassen, zeigen dass Schülerinnen und Schüler Stärken und Schwächen in unterschiedlichen Bereichen haben können (LEUDERS 2014a).

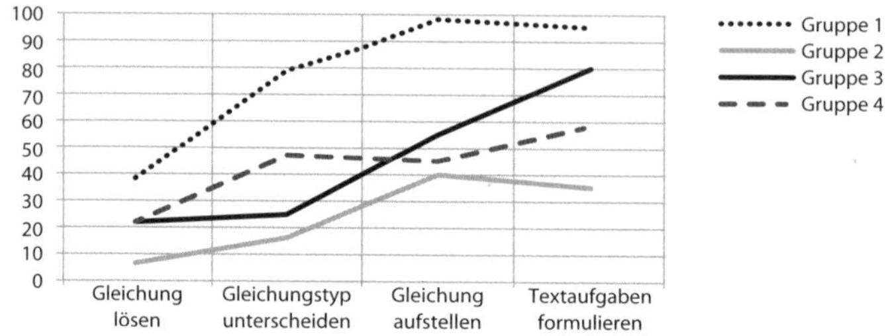

ABB. 2.3 Fähigkeitsprofile beim Umgehen mit einfachen Gleichungen. Lösungsquoten von vier Gruppen von Lernenden in Prozent bei vier verschiedenen Untertests (HUMBERSTONE/REEVE 2008)

Abb. 2.3 zeigt für das Beispiel des Umgehens mit einfachen Gleichungen Profile von vier Gruppen von Lernenden: Es gibt Gruppen mit durchgehend hohen bzw. niedrigen Fähigkeiten (Lösungsquoten) (Gruppe 1 bzw. 2) und wieder andere Gruppen, die ihre Stärken und Schwächen in verschiedenen Bereichen haben: Gruppe 3 ist beim Formulieren von Textaufgaben stärker, Gruppe 4 hingegen beim rein symbolischen Unterscheiden von Gleichungstypen (HUMBERSTONE/REEVE 2008).

Ein weiteres Beispiel aus dem Bereich prozessbezogener Kompetenzen bezieht sich auf Problemlösefähigkeiten (LEUTNER ET AL. 2004). Problemlösen bei Mathematikaufgaben (wie bei dem überwiegenden Teil der PISA-Aufgaben) einerseits und alltägliches Problemlösen (z. B. einen technisches Problem bei einem Gefrierschrank anhand der Betriebsanleitung lösen) andererseits liegen dabei, so die Befunde, nahe beieinander. Ganz anders scheint die Fähigkeit des dynamischen Problemlösens, d. h. des flexiblen Explorierens von interaktiven Aufgaben am Computer geartet zu sein. In unterschiedlichen Schulsystemen findet man ganz unterschiedliche Profile, mal sind die mathematischen, mal die allgemeinen Problemlösefähigkeiten eher hoch. In Deutschland gilt vor allem für die mathematisch schwächeren Schülerinnen und Schüler, dass sie eher besser im Lösen alltäglicher Probleme sind als anhand ihrer schulischen Fähigkeiten zu erwarten ist. Viele Lehrkräfte, die einen Problemlöseunterricht auch in leistungsschwächeren Klassen durchführen, bestätigen die Wahrnehmung, dass

Lernende hier überraschend gute Leistungen zeigen. Hier gibt es also offensichtlich noch Chancen für den Mathematikunterricht, solche Potentiale besser zu nutzen.

Obwohl in vielen Kompetenzbereichen solche Profile der als „mehrdimensionalen Heterogenität" aufgedeckt wurden, liefern viele Verfahren der Kompetenzmessung bislang noch zu wenig detaillierte und messgenaue Hinweise und noch weniger praxisnahe Testinstrumente, als dass man hierauf aufbauend schon differenzierende Förderentscheidungen treffen könnte (vgl. LEUDERS 2014a).

2.2.2 Unterschiede in themenspezifischen Lösungswegen, Vorstellungen und Strategien

Leistungsstudien konzeptualisieren „mathematische Kompetenz" als die Fähigkeiten von Schülerinnen und Schülern, in bestimmten Bereichen bestimmte Arten von Problemen mit einer gewissen Sicherheit zu lösen (NISS/HØJGAARD 2011). De facto sind die Lösungswege bei Aufgaben, wie sie im Mathematikunterricht vorkommen, jedoch vielfältiger und komplexer, als diese Kompetenzdefinition es widerspiegelt. SELTER/SPIEGEL (1997) haben diese Vielfalt der unterschiedlichen Lösungswege und Strategien von Lernenden auf ein schlichtes, aber aussagekräftiges Motto verdichtet: „Kinder rechnen anders" und dieses in vier Perspektiven ausdifferenziert (ebda., 10-17):

1. Kinder rechnen meist anders, als wir selbst (also die Erwachsenen) es tun.
2. Kinder rechnen oft anders, als die Lehrkräfte es von ihnen erwarten.
3. Kinder rechnen anders als andere Kinder, d. h. bei vielen Aufgaben wird eine Klasse eine Vielfalt von Lösungswegen produzieren.
4. Kinder rechnen anders, als eben noch bei derselben Aufgabe, insbesondere weil die Situation und das Umfeld einer Aufgabe einen großen Einfluss hat.

Diese Perspektive ist für einen differenzierenden Unterricht insofern wichtig, als sie den Blick von globalen Leistungsunterschieden auf andere Heterogenitätsaspekte erweitert und damit einen potentiellen Reichtum für den Mathematikunterricht fördert.

In Bezug auf Heterogenität ist die dritte Perspektive die wichtigste: „Kinder rechnen anders als andere Kinder". Sie verweist auf die Vielfalt möglicher Lösungswege und dahinter liegenden Vorstellungen und Strategien zur Bearbeitung einer einzigen Aufgabe.

▶ Beispiel 2.1: Vielfältige Wege vom Anteil zum Ganzen (Schink 2013, 211)

Aufgabe:

Ich habe 6 Bonbons gegessen. Das sind $\frac{2}{3}$ von allen, die ich gekauft habe.
Wie viele habe ich gekauft?

Tragfähige Lösungswege

Max:	$\frac{1}{3}$ = 3 Bonbons $\frac{3}{3}$ = 9 Bonbons	Hoch- und Runterrechnen mit relativen Anteilen: $\frac{1}{3}$ sind 3, also sind $\frac{3}{3}$ dann 9. (Vorstellung: relativer Anteil)
Can:	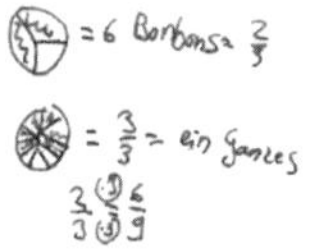	Lösung durch Zeichnen und Erweitern: 6 als Zähler eines erweiterten Bruches (Vorstellung in „absoluten Anteilen“: 6 von ? als gleichwertig zu 2 von 3)
Lea:	[illegible] sind von 6 dann fehlt noch $\frac{1}{3}$ also 9 Bonbons	Betrachtung des fehlenden Anteils $\frac{1}{3}$ (Anteils-Vorstellung für Stammbrüche)
Maja:	$6 : \frac{2}{3} = \frac{6 \cdot 3}{2} = \frac{18}{2} = 9$	Rechnerische Lösung durch Umkehrung der Multiplikation „von“ in Division (Operatorvorstellung: $\frac{2}{3}$ von ? ist 6, also $\frac{2}{3} \cdot ? = 6$)

Nicht tragfähige Lösungswege

Elif:	$6 \cdot 3 = 18$ $18 \cdot 2 = 36$	Ganzes zu Dritteln erhält man durch „mal 3“, dann Zähler umgekehrt berücksichtigt
Jonah:	$6 \cdot 3 = 18$	Zähler nicht berücksichtigt
Sam:	Ich ~~hatte meine~~ habe die 6 Bonbons mal $\frac{2}{3}$ gerechnet.	Teil mal Anteil statt Teil durch Anteil

und 11 weitere Lösungswege …

Vielfältige Vorstellungen, Strategien, Rechenwege für viele Themen empirisch erfasst

Im Beispiel 2.1 sind vielfältige Lösungen zu einer Nicht-Routineaufgabe zur Bruchrechnung dargestellt. Gefragt ist nicht eine Berechnung, wie „Bestimme $\frac{2}{3}$ von 9.“, sondern die Umkehraufgabe: „6 sind $\frac{2}{3}$, wie viel ist das Ganze?“. Bei den 153 Bearbeitungen von Siebtklässlerinnen und Siebtklässlern wurden insgesamt 17 verschiedene Lösungswege identifiziert (Schink 2013, 211). Die sechs davon abgedruckten Beispiele zeigen, dass hinter den Lösungswegen unterschiedliche Vorstellungen zu Brüchen durchschimmern.

Die mathematikdidaktische empirische Forschung der letzten vierzig Jahre hat für viele mathematische Inhalte eine Vielfalt individueller Lösungswege und dahinter liegender (tragfähiger und weniger tragfähiger) Strategien und Vorstellungen identifiziert (Überblicke für die Arithmetik geben etwa Padberg/Benz 2011, für die elementare Algebra Malle 1993, für die Bruchrechnung Padberg 2009, umfassender in Forschungshandbüchern wie Lester 2007).

Viele Lehrkräfte, die zunächst vor allem an ihre eigenen Lösungswege, Vorstellungen und Strategien denken, sind überrascht über die Vielfalt in der Klasse. Dabei zeigt sich, dass es oft gar nicht sinnvoll ist, die vielfältigen Wege auf einen einzigen zu normieren, sondern die Vielfalt zuzulassen, eventuell sogar zu stärken, um die Flexibilität der Schülerinnen und Schüler im Umgang mit Mathematik zu erhöhen. Daher ist die Öffnung von Aufgaben für viele Wege ein zentraler Differenzierungsansatz, der in Kapitel 4 ausgeführt wird.

Manche individuelle Lösungswege sind zunächst nur partiell tragfähig, z. B. Elifs und Jonahs Wege im Beispiel 2.1, die zwar mit dem Drittel schon richtig umgehen, aber noch nicht mit dem Zähler. Solche vorläufigen Strategien sollten aufgegriffen und weiterentwickelt werden. Denn wer stattdessen nur Standardwege lehrt, riskiert, dass Lernende nach kurzer Zeit auf ihre alten Wege zurückfallen (Smith/diSessa/Roschelle 1993, Lengnink/Prediger/Weber 2011).

Im Hinblick auf die Heterogenität der Lösungswege und Strategien geht es also vor allem um die folgenden zwei Differenzierungsziele: Vielfalt zulassen und wertschätzen und Vielfalt anregen und nutzen (vgl. Abschnitt 1.3.1).

2.2.3 Unterschiede in übergreifenden Zugangsweisen und Denkstilen

Zur Erklärung der Vielfalt der möglichen individuellen Herangehensweisen an konkrete, einzelne Aufgaben oder Probleme zieht man zuweilen übergreifendere, in verschiedenen Situationen wiederkehrende Zugangsweisen von Lernenden heran. Möglicherweise hat man den Eindruck, dass einzelne Lernende typische Zugangsweisen oder „Denkstile“ besitzen (Sternberg 1997; Coffield et al. 2004), wie sie im Beispiel 2.2 konkretisiert sind. Außer der autoritativen Zugangsweise („Das geht so, weil die Lehrerin es gesagt hat.“), sind alle mathematisch tragfähig und wichtig. Es gibt verschiedene Modelle, die diese Stile zu beschreiben versuchen, und die wichtigsten davon sollen hier angedeutet werden.

Lernende haben mitunter präferierte Zugangsweisen, d. h. die einen arbeiten lieber mit Bildern, die anderen mit Formeln, die nächsten in Tabellen. Damit ist allerdings keineswegs gesagt, wie stabil diese übergreifenden Zugangsweisen und Denkweisen für die einzelnen Individuen wirklich sind: Arbeitet Lisa immer lieber mit Tabellen, oder bei der nächsten Aufgaben lieber mit Bildern? Hängt die individuelle Entscheidung von Lernenden für den einen oder anderen Weg von stabilen Präferenzen ab, oder kann sie auch von Aufgabe zu Aufgabe wechseln?

▶ Beispiel 2.2: Vielfältige Zugänge zum Vergleichen von Termen

Frage: Sind diese zwei Terme gleichwertig?

Term A	**Term B**
$3 \cdot x + 3 \cdot 2$	$3 \cdot (x + 2)$

<table>
<tr><td>Autoritative Zugangsweise:</td><td>Ja, denn das hat die Lehrerin gesagt.</td></tr>
<tr><td>Symbolische Zugangsweise:</td><td>Gleichwertig sind zwei Terme, wenn ich sie umformen kann, das geht hier mit Distributivgesetz: $3 \cdot x + 3 = 3 \cdot (x+2)$</td></tr>
<tr><td>Grafische Zugangsweise:</td><td>Gleichwertig sind Terme, wenn sie dasselbe Bild beschreiben, und das tun sie: 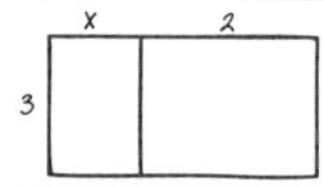</td></tr>
<tr><td>Verbal-situative Zugangsweise:</td><td>Gleichwertig sind Terme, wenn sie dieselbe Situation beschreiben, und das tun sie:
Familie Schütz kauft drei gleichgroße Fenster. Jedes Fenster kostet x Euro. Hinzu kommen noch zwei Euro pro Fenster für Verpackungsmaterial.
Das berechne ich auf zwei Wegen ...</td></tr>
<tr><td>Numerisch-tabellarische Zugangsweise:</td><td>Gleichwertig sind Terme, wenn sie einsetzungsgleich sind, wenn also beim Einsetzen immer dieselben Werte herauskommen. (könnte stimmen)
<table><tr><td>x</td><td>3 · x + 3 · 2</td><td>3 · (x+2)</td></tr><tr><td>1</td><td>7</td><td>7</td></tr><tr><td>3</td><td>15</td><td>15</td></tr><tr><td>5</td><td>21</td><td>21</td></tr><tr><td>...</td><td></td><td></td></tr></table></td></tr>
</table>

(Mathewerkstatt 8, Hußmann/Leuders/Prediger/Barzel 2015, 103)

Oft wird auch von sogenannten Denkstilen gesprochen, was noch übergreifendere Herangehensweisen meint, z. B. eine eher probierende, dynamische oder eine eher strukturdurchdringende, statische Denkweise. Diese beiden Denkweisen werden auch als „funktional" oder „prädikativ" bezeichnet. Sie können bei Einzelnen sowohl mit bestimmten Präferenzen, aber auch kombiniert je nach Aufgabe auftreten (Schwank 2003).

Zuweilen wird unter dem Schlagwort „Lerntypen" populistisch behauptet, man müsse jedem Kind seine individuelle Zugangsweise ermöglichen, weil dies für den Lernfortschritt effektiver sei. Ein Forschungsüberblick zu einer Vielzahl von empirischen Studien zeigt allerdings, dass eine Differenzierung nach solchen Präferenzen durch systematische Unterrichtsstrukturen kaum Effekte für den Lernzuwachs hat (Pashler et al. 2008).

Vielfältige Zugangsweisen nutzen für flexible und vernetzte Mathematik

Gleichwohl lohnt sich eine Differenzierung nach Zugangsweisen, und zwar nicht für das Differenzierungsziel der adaptiven Förderung, sondern für das Nutzen von Vielfalt: Wer im Klassenzimmer die Verschiedenheit der individuellen Zugangsweisen und Denkstile immer wieder für alle explizit macht, nutzt die Vielfalt der Lernenden zum Aufbau eines flexiblen und vernetzten Umgangs mit Mathematik (Lesh 1979, mehr dazu im Abschnitt 4.3.8).

2.2.4 Unterschiede in affektiven Faktoren wie Motivation und Selbstwirksamkeitserwartung

Neben den verschiedenen kognitiven Bereichen (d.h. des Wissens und Könnens), gibt es andere, eher affektive Bereiche, in denen wir einerseits große Heterogenität antreffen und die andererseits relevant für das erfolgreiche Lernen sind. Typisch für diese Faktoren ist, dass sie sowohl bedeutsame *Voraussetzungen* für das Lernen sind, als auch *Konsequenzen* aus dem erlebten Mathematikunterricht bilden. Sie sind somit auch in gewissem Maße durch Unterricht beeinflussbar:

- Die **Motivation** beschreibt die Stärke des Antriebs, sich mit mathematischen Problemen oder dem Mathematiklernen zu beschäftigen. Sie kann eher intrinsisch (durch die Freude an der Tätigkeit oder Interesse am Gegenstand) oder extrinsisch (z.B. durch die Erwartung guter Noten) bestimmt sein (Deci/Ryan 2002). Bei Selbstauskünften in Fragebögen (z.B. Pekrun et al. 2007) findet man sehr unterschiedliche Grade von Motivation, die im Laufe der Sekundarstufe etwas sinken.
- Eng mit der Motivation verbunden sind das **mathematische Selbstbild** („In Mathematik bin ich gut.") und die **Selbstwirksamkeitserwartung** als „die subjektive Gewissheit, neue oder schwierige Anforderungssituationen [also z.B. unbekannte Mathematikaufgaben] auf Grund eigener Kompetenz bewältigen zu können" (Schwarzer/Jerusalem 2002, 35). Auch hier findet man eine große Heterogenität bei den Schülerinnen und Schülern.
- Es gibt aber auch wesentlich emotionaler gefärbte Affekte, wie z.B. **Mathematikangst** (Hannula 2014), aber auch Neugier oder Freude (DeBellis/Goldin 2006), die sehr unterschiedlich ausgeprägt sein können, und die sich unter anderem auf Zugangsweisen zum Problemlösen oder das Durchhaltevermögen auswirken.
- Ebenfalls bedeutsam sind Unterschiede in den Fähigkeiten zur **Selbststeuerung**, wie z.B. in der Anwendung von **Lernstrategien** (z.B. Tiefenstrategien, wie „Verbindungen herstellen" oder Oberflächenstrategien wie z.B. „häufiges Wiederholen"). Bei der empirischen Untersuchung solcher Strategien mithilfe von Selbstauskünften besonders bei jüngeren Schülerinnen und Schülern deuten sich auch hier große Unterschiede an (Lingel et al. 2010).

Aus Sicht des Mathematikunterrichts ist die umfangreiche Forschung zu Problemlöseprozessen von Schülerinnen und Schülern ergiebiger als der Vergleich von Selbstauskünften: Hier zeigen sich enorme Unterschiede in der Fähigkeit der systematischen Kontrolle der eigenen Lösungsprozesse, sogenannte „Metakognitionen" (SCHOENFELD 1992). Während die einen bei der Suche nach einer mathematischen Struktur ziellos zwischen Vermutungen und Beispielen hin- und herwechseln, bauen andere Lernende systematisch auf Zwischenergebnisse auf und erreichen so ihr Ziel (z. B. ROTT 2014).

Affektive Faktoren können Leistungszuwachs beeinflussen

In Bezug auf Heterogenität in solchen motivationalen Faktoren ist nicht nur die Feststellung interessant, dass Lernende sich unterscheiden können und sich dies auf die Mathematikleistung auswirken kann. Es ist auch bekannt, dass dies mit über die Jahre unterschiedlichen Leistungsentwicklungen zusammenhängt. So zeigte die Längsschnittstudie PALMA, dass Lernzuwächse, aber auch affektive Merkmale sich sehr unterschiedlich entwickeln, wie z. B. die wahrgenommene Kontrolle („Wenn ich mich in Mathe anstrenge, bin ich besser."), die intrinsische Motivation und die selbst angegebene Verwendung von Lernstrategien. Beispielsweise zeigten Lernende, die eher Oberflächenstrategien verwendeten, eine eher negative Lernentwicklung (MURAYAMA ET AL. 2013). Die ebenfalls erfasste Intelligenz hatte hingegen zu keinem Messzeitpunkt einen signifikanten Einfluss auf die Leistungsentwicklung (ebd., 1486).

2.2.5 Unterschiede durch Behinderungen bzw. sonderpädagogisch attestierte Förderbedarfe

Zusammensetzung der Gruppe mit sonderpädagogischem Förderbedarf

Laut dem Bildungsbericht (Autorengruppe Bildungsbericht 2014) wurde im Schuljahr 2012/13 bei etwa 493 000 Kindern und Jugendlichen in Deutschland ein sonderpädagogischer Förderbedarf festgestellt, das sind 6,6 % der Gesamtschülerschaft (ähnlich angegeben mit 6,4 % im Inklusionsbericht von KLEMM 2012). Die Zahlen schwanken zwischen den Bundesländern deutlich, von 4,9 % in Rheinland-Pfalz bis 10,5 % in Mecklenburg-Vorpommern (Bildungsbericht 2014, 179), was als Folge einer Abhängigkeit von regionalen Rahmenbedingungen und Diagnoseverfahren gewertet werden kann.

Abb. 2.4 zeigt die Verteilung der Lernenden auf die verschiedenen Förderschwerpunkte, die hier nachfolgend auch inhaltlich kurz charakterisiert werden (gemäß der Festlegung der KMK 1994):

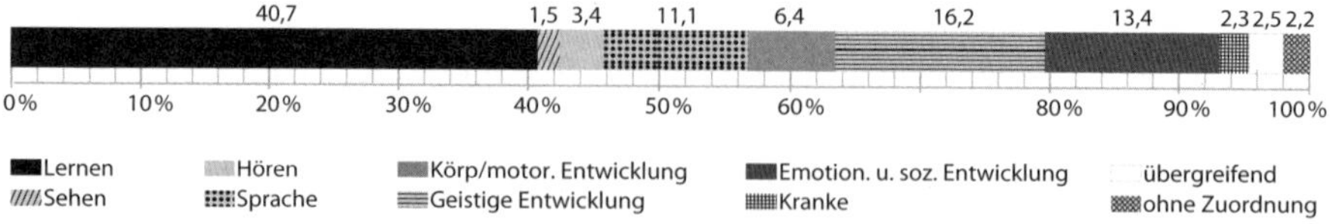

ABB. 2.4 Verteilung der Lernenden mit attestiertem Förderbedarf auf einzelne Förderschwerpunkte 2011/12 (nach KLEMM 2012, 11)

- **Förderschwerpunkt Lernen** (40,7 % aller Lernenden mit attestiertem Förderbedarf): Diese Lernenden können auch mit zusätzlicher Unterstützung der allgemeinen Schule (z. B. Förderunterricht) nicht dem Lehrplan der allgemeinen Schule folgen. Im inklusiven Mathematikunterricht arbeiten sie häufig an Themen, die für den Großteil der Klasse ein oder mehrere Jahre zurückliegen.
- **Förderschwerpunkt Geistige Entwicklung** (16,2 %): Diese Lernenden benötigen meist aufgrund einer Hirnschädigung besondere Hilfen bei der Entwicklung von Wahrnehmung, Sprache, Denken und Handeln. Ihre Fähigkeiten im mathematischen Bereich variieren stark, meist arbeiten sie an Themen, die von nicht behinderten Lernenden der Klasse mehrere Jahre zuvor behandelt wurden.
- **Förderschwerpunkt emotionale und soziale Entwicklung** (13,4 %): Diese Lernenden benötigen sonderpädagogische Unterstützung für die Ausbildung von angemessenem emotionalem Erleben und sozialem Handeln. Sofern keine zusätzliche kognitive Einschränkung vorliegt, können sie dem Lehrplan für allgemeine Schulen folgend unterrichtet werden, benötigen aber oft Hilfe in den Bereichen Aufmerksamkeit, Konzentration und Motivation.
- **Förderschwerpunkt Sprache** (11,1 %): Defizite beim Spracherwerb, bei sinnhaftem Sprachgebrauch oder Sprechtätigkeit beeinträchtigen die Teilnahme am Unterricht so, dass sonderpädagogische Unterstützung notwendig wird. Schwierigkeiten beim Leseverstehen, Hörverstehen oder Störungen bei der Sprechtätigkeit erschweren häufig die Kommunikation mathematischer Konzepte und führen zu unterschiedlichem Lernstand in Mathematik.
- **Förderschwerpunkte Körperliche Entwicklung** (6,7 %): Bei Störungen ausschließlich der Bewegungsmöglichkeiten ist ein Unterricht auf der Basis des allgemeinen Lehrplans gut möglich. Herausforderungen ergeben sich z. B. beim Schreiben, dem Handeln mit Veranschaulichungen oder durch ein verringertes Arbeitstempo.
- Lernende mit **Hörschädigung** (3,4 %) sind insbesondere in der Kommunikation beeinträchtigt und benötigen Hörhilfen, Gebärdensprachdolmetscher oder Lippenlesefähigkeiten. Zudem kann durch die Hörschädigung auch die Sprachentwicklung beeinträchtigt sein. Dies beeinträchtigt die Kommunikation mathematischer Konzepte der Lernenden mit Lehrkräften und den anderen Lernenden.
- Lernende mit **Sehbehinderung** (1,5 %) benötigen zusätzliche Sehhilfen, wie z. B. Lupen oder Bildschirmlesegeräte. Bei blinden Lernenden ist der Einsatz von nicht-visuellen Wahrnehmungswegen notwendig, also Tasten und Hören. Für den Mathematikunterricht bedeutet dies vor allem, dass angepasste

Lernmaterialien notwendig sind (z. B. in Großdruck oder Brailleschrift). Mathematische Lernschwierigkeiten können entstehen, wenn aufgrund fehlender Erfahrungen oder Vorstellungen kein Verständnis aufgebaut werden kann. Das Arbeitstempo beim Umgang mit Veranschaulichungen, beim Lesen und beim Schreiben ist oft verringert.

Wenig bekannt über Mathematikleistungen der Lernendengruppe

Da die individuellen Mathematikleistungen der Lernenden mit attestiertem Förderbedarf sehr unterschiedlich sind und für einige Förderschwerpunkte auch schwer zu erheben sind, gibt es für diese Lernendengruppen kaum belastbare Leistungsdaten (für den Förderschwerpunkt ‚geistige Entwicklung' vgl. MOSER OPITZ/GARROTE/RATZ 2014). Für den Förderschwerpunkt ‚Lernen' zeigen sich in der Praxis (allerdings bislang kaum in systematischen Studien) viele Überschneidungen im Leistungsspektrum mit denen von Haupt- und Gesamtschulen. Dies weist darauf hin, dass eine Trennung dieser Schulformen aufgrund von Diagnoseunschärfen kaum zu rechtfertigen ist.

Empirisch durch Tiefenanalysen belegt ist für den Förderschwerpunkt ‚Lernen', dass die Lernprozesse **zwar verzögert, aber meist nicht qualitativ anders** verlaufen (MOSER OPITZ 2007, PELTENBURG/VAN DEN HEUVEL-PANHUIZEN/ROBITZSCH 2012, SCHERER 1995). Dies ist für die gezielte Förderung dieser Gruppe ein zentraler Befund (vgl. Abschnitt 3.5).

Zunehmende Inklusion an Regelschulen

Derzeit wird in Deutschland die Inklusion möglichst vieler Lernender mit Förderbedarf an Regelschulen vorangetrieben. Der Verlauf der sehr schnellen (und nicht überall gut organisierten) Schulentwicklung zeigt sich an stark steigenden Inklusionsquoten: In 2006 wurden 16 % der Lernenden an Regelschulen inkludiert, in 2013 bereits 28 %. Diese Zahlen schwanken je nach Förderschwerpunkt: ‚emotionale und soziale Entwicklung' hat eine Inklusionsquote von 47 %, ‚Lernen' 31 % und ‚geistige Entwicklung' nur 7 % (Bildungsbericht 2014, 179). Da die Gruppen zusätzlich unterschiedlich groß sind (vgl. Abb. 2.4), treffen Regelschullehrkräfte also vor allem auf Lernende mit den attestierten Förderschwerpunkten ‚Lernen' und ‚emotionale und soziale Entwicklung'.

Für den Förderschwerpunkt ‚Lernen' zeigen erste querschnittliche Befunde, dass Förderkinder in Inklusionsklassen höhere Lernzuwächse haben als in reinen Förderklassen (KOCAJ/STANAT ET AL. 2014), während längsschnittliche Untersuchungen die Abhängigkeit von der konkreten Ausgestaltung, nicht der Rahmenbedingungen betonen (WILD ET AL. 2015). Auch wenn gerade die querschnittlichen Ergebnisse durch die Selektivität der Inklusionsentscheidungen verzerrt sein könnten, werden diese Befunde von Studien anderer Länder gestützt. Untersuchungen zur Mathematikleistung müssen dabei noch weiter ausgebaut werden, um belastbare Aussagen zu erhalten.

Insgesamt gibt es noch viele organisatorische, personelle und didaktische Fragen, die z. T. das Gelingen der Inklusion in Frage stellen. Die Herausforderungen für die beteiligten Lehrkräfte sind groß und je nach Art des Förderbedarfs sehr unterschiedlich (z. B. lernzielgleiche vs. lernzieldifferente Inklusion).

2.3 Auswirkungen von Hintergrundfaktoren auf Leistungsunterschiede

Während die in den Abschnitten 2.1 und 2.2 vorgestellten Heterogenitätsaspekte im Unterricht unmittelbar Berücksichtigung finden sollten, gibt es auch Formen der Heterogenität, die indirekt auf den Unterricht wirken, weil sie in starkem Zusammenhang mit mathematischen Leistungen bzw. deren Entwicklung stehen, wir nennen sie Hintergrundfaktoren. Der Abschnitt diskutiert Auswirkungen von

- genderbezogenen Unterschieden (→Abschnitt 2.3.1),
- herkunftsbezogenen Unterschieden (→Abschnitt 2.3.2),
- sprachbezogenen Unterschieden (→Abschnitt 2.3.3).

2.3.1 Genderbezogene Unterschiede

Seit einigen Jahren sind Mädchen in Deutschland bzgl. der Bildungsbeteiligung und der Schulabschlüsse erkennbar erfolgreicher als Jungen. So führt Abb. 2.5 etwa 6 Prozentpunkte mehr Jungen als Mädchen auf Haupt- und Förderschulen auf, umgekehrt sind 5,5 Prozentpunkte mehr Mädchen auf Gymnasien.

Schulart	Jungen		Mädchen	
	Anzahl	Anteil in %	Anzahl	Anteil in %
Hauptschulen	86 228	20,3	66 330	16,4
Schularten mit mehreren Bildungsgängen	35 446	8,3	30 732	7,6
Realschulen	105 216	24,8	102 889	25,5
Gymnasien	133 399	31,4	149 085	36,5
Integrierte Gesamtschulen	40 014	9,4	37 977	9,4
Freie Waldorfschulen	3 035	0,7	3 392	0,8
Förderschulen	21 468	5,1	13 268	3,3

Quelle: Auszug aus der Tabelle 3.4-2010 der Fachserie 11 für das Schuljahr 2010/2011 des Statistischen Bundesamtes (2011).

ABB. 2.5 Bildungsbeteiligung von Mädchen und Jungen (PANT ET AL. 2013, 175)

Obwohl die allgemeinen Bildungsverlierer tendenziell also eher Jungen sind, zeigen sich bzgl. mathematischer Kompetenzen in nahezu allen Untersuchungen der Sekundarstufe in Deutschland nach wie vor leichte Vorteile für Jungen: Während am Ende der ersten Klasse noch keine Geschlechtsunterschiede im Rechnen existieren (Schwenck/Schneider 2003), tauchen sie zum Ende der Grundschulzeit auf, und zwar vor allem im oberen Leistungsbereich (z. B. in TIMSS 2011, Brehl/Wendt/Bos 2012, 208ff). Die Differenzen stabilisieren sich im Laufe der Mittelstufe, wie die Daten aus PISA 2012 (Sälzer et al. 2013, 77) oder dem IQB-Ländervergleich 2012 (Pant et al. 2013, 263f) belegen. Gerade im Bereich der als begabt bezeichneten Lernenden sind die Mädchen deutlich unterrepräsentiert (Benölken 2013).

Allerdings sind diese geschlechtsbezogenen Leistungsunterschiede nicht biologisch bedingt, sondern beruhen vor allem auf kulturellen Rollenkonstruktionen, deswegen spricht man auch eher von Gender (als soziale Konstruktionen) statt von biologischen Geschlechtern (vgl. Jungwirth 1991). Die Kulturbedingtheit zeigt der Ländervergleich zu Differenzen in den PISA-Mathematik-Leistungen von Jungen und Mädchen in Abb. 2.6. Darin zeigen sich viele Länder mit geringeren Differenzen, drei Länder sogar mit umgekehrten Tendenzen.

OECD-Staaten	Mädchen M	Mädchen (SE)	Jungen M	Jungen (SE)	Differenz Jungen – Mädchen
Island	496	(2,3)	490	(2,3)	
Finnland	520	(2,2)	517	(2,6)	
Türkei	444	(5,7)	452	(5,1)	
OECD-Durchschnitt	489	(0,5)	499	(0,6)	
Deutschland	507	(3,4)	520	(3,0)	
Spanien	476	(2,0)	492	(2,4)	
Luxemburg	477	(1,4)	502	(1,5)	

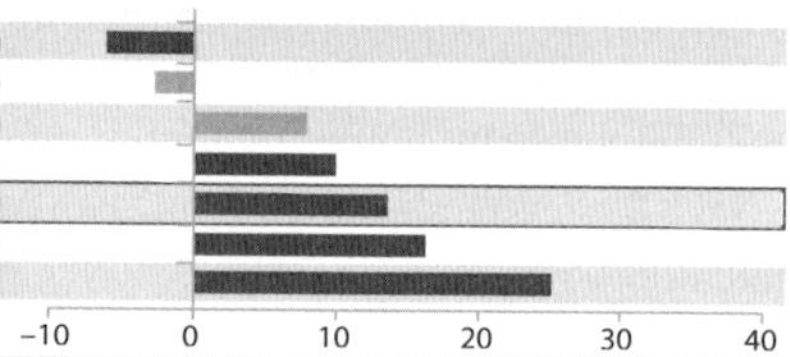

Abb. 2.6 Mittelwerte mathematischer Kompetenz in PISA 2012 von Jungen und Mädchen (Quelle: Sälzer et al. 2013, 76)

Insgesamt lässt sich aus den Ergebnissen schließen, dass das deutsche Schulsystem gezielter die Jungen im unteren Leistungsbereich fördern sollte und die Mädchen im oberen Leistungsbereich. Vor einer gezielten Förderung ist jedoch wiederum eine genauere Analyse der Hintergründe dieser Unterschiede notwendig. Eine entscheidende Rolle in der Erklärung geschlechtsbezogener Unterschiede spielen geschlechtsspezifische soziale Zuschreibungen und affektive Faktoren, insbesondere das Selbstkonzept und die Einstellung gegenüber dem Fach: Jungen haben in Deutschland ein höheres Selbstkonzept als Mädchen, darin wird in PISA 2012 die größte Differenz zwischen Jungen und Mädchen festgemacht (Schiepe-Tiska/Schmidtner 2013, 109), ebenso für die Klasse 4 in TIMSS 2011 (Brehl/Wendt/Bos 2012, 221). Jungen verfügen auch über höhere Selbstwirksamkeitserwartungen (ebda.) und ein günstigeres Attributionsverhalten, d. h., sie schreiben ihre Erfolge eher ihren Leistungen und Misserfolge äußeren Bedingungen zu als Mädchen dies tun. Zudem zeigen Jungen auch eine positivere Einstellung gegenüber dem Fach Mathematik (BREHL/WENDT/BOS 2012, 220). Wie solche Unterschiede von Selbstkonzepten und Interessenidentitäten auch im Unterricht durch stereotypisierende Zuschreibungen zusätzlich verstärkt werden können, zeigen Videoanalysen von Unterrichtsgesprächen (JUNGWIRTH 1991).

Ein günstiges Selbstkonzept und die Einstellung zum Fach beeinflussen die Leistung maßgeblich. Daher muss eine Förderung der Mädchen am Selbstkonzept und der Einstellung zur Mathematik ansetzen (JAHNKE-KLEIN 2001). Dies wird in Abschnitt 3.3 unter der Förderung bei affektiven Hürden ausgeführt.

2.3.2 Herkunftsbezogene Unterschiede

Unterschiede in Testleistungen und Schulerfolg hängen in Deutschland im starken Maße von der Herkunft der Kinder und Jugendlichen und ihrer Familien ab, dies haben die Leistungsstudien der letzte Jahre deutlich gezeigt. Dies ist darauf zurückzuführen, dass Schulerfolg neben den Leistungen auch von Durchhaltevermögen, Disziplin, Fremdeinschätzungen, Chancenzuweisungen u. v. m. geprägt ist.

Ungerechte Disparitäten sollen ausgeglichen werden

Unterschiede, die auf herkunftsbedingte Faktoren zurückzuführen sind, werden unter dem Stichwort der Disparitäten intensiv untersucht, weil sie Ausdruck einer sozialen Ungerechtigkeit der Gesellschaft sind, die das deutsche Schulsystem zu wenig ausgleichen kann.

Als wichtige Aspekte der Herkunft werden sowohl der Migrationshintergrund gefasst (Ist mindestens ein Elternteil oder der Jugendliche selbst im Ausland geboren und dann eingewandert?) als auch der sozioökonomische Status der Eltern (Welche Berufe üben die Eltern aus? Wie bildungsnah bzw. -fern ist das Elternhaus?).

Unterschiede nach Migrationshintergrund

Insgesamt 25 % der Jugendlichen an deutschen Schulen hatten in PISA 2012 einen Migrationshintergrund, die Tendenz ist steigend. Sie erreichten durchschnittlich 485 Punkte, Jugendlichen ohne Migrationshintergrund 531 Punkte, dieser Unterschied entspricht etwa dem Leistungszuwachs zweier Schuljahre.

Kompetenzstufen in Mathematik	Stufe I/unter I	Stufe II	Stufe III oder IV	Stufe V oder VI
Ohne Migrationshintergrund (74 %)	12,8 %	17,1 %	47,9 %	22,1 %
2. Generation (Eltern eingewandert)	28,7 %	22,1 %	41,6 %	7,5 %
1. Generation (selbst eingewandert)	37,8 %	22,7 %	29,1 %	10,5 %

ABB. 2.7 Verteilung der Kompetenzstufen nach Migrationshintergrund in PISA 2012 (nach GEBHARDT ET AL. 2013, 299)

Abb. 2.7 zeigt die ungleiche Verteilung von Lernenden mit und ohne Migrationshintergrund auf die verschiedenen Kompetenzstufen, die auch viele Migrantinnen und Migranten der 2. Generation erfasst. Dass deutlich mehr Jugendliche mit Migrationshintergrund auf oder unter Stufe I arbeiten, bewerten GERHARDT ET AL. (2013, 306) als „besonders besorgniserregend". Gleichzeitig liegen aber gerade bei selbst eingewanderten Jugendlichen (auch) Potentiale auf hohen Kompetenzstufen.

Unterschiede nach sozioökonomischen Status

Auch Jugendliche ohne Migrationshintergrund können von herkunftsbedingten Disparitäten betroffen sein, denn der sozioökonomische Status des Elternhauses (gemessen durch das Einkommen und den Bildungshintergrund und die Bildungsnähe des Elternhauses) spielt ebenfalls eine große Rolle: Die Mathematikleistung der Kinder der Klasse 4 aus bildungsnahen Elternhäusern (schlicht erfasst als Haushalt mit mehr als 100 Büchern) ist mit 43 Punkten Vorsprung erheblich höher als derer aus bildungsfernen Elternhäusern (weniger als 100 Bücher); eine ähnliche Differenz ergibt sich beim Vergleich der Einkommen (Differenz zwischen armutsgefährdeten und nicht armutsgefährdeten Haushalten von 37 Punkten, vgl. STUBBE/TARELLI/WENDT 2012, 243), ebenso für die Fünfzehnjährigen in PISA 2012 (MÜLLER/EHMKE 2013).

Die sozioökonomisch bedingten Disparitäten sind in Deutschland höher als in anderen OECD-Staaten: Deutschland erzielt zwar höhere Durchschnittsleistungen als der OECD-Durchschnitt, ist aber hinsichtlich der soziale Disparitäten eher über dem mittleren Niveau der OECD. Das erreichte Kompetenzniveau wird also in relativ hohem Maß durch die soziale, kulturelle und ökonomische Herkunft vorhergesagt (MÜLLER/EHMKE 2013, 257).

So wichtig diese Befunde auf Ebene der Bildungssteuerung sind, so wenig können sie Unterrichtsentwicklung anleiten, denn weder der Migrationshintergrund noch der sozioökonomische Status sind durch didaktische Maßnahmen veränderbar. Leider ergeben sich aus den zitierten statistischen Zusammenhängen auch keine Ansatzpunkte, mit welcher Art von Förderung man Startnachteile möglicherweise kompensieren kann. Dies stellt sich bei der im nächsten Abschnitt behandelten Sprachkompetenz ganz anders dar.

2.3.3 Sprachbezogene Unterschiede

Sprachkompetenz als ein zentraler Schlüssel für Verringerung herkunftsbedingter Disparitäten

Dass Lernende mit Migrationshintergrund durchschnittlich schwächere Leistungen zeigen, hängt mit den von ihnen gesprochenen Sprachen zusammen: In PISA 2006 erzielten Lernende, die zu Hause nicht deutsch sprachen, im Schnitt 85 Punkte weniger als diejenigen aus deutschsprachigen Familien (OECD 2007,

120). Dieser Unterschied ist in etwa so groß, wie der mittlere Leistungsunterschied zwischen Realschule und Hauptschule bzw. der zwischen Gymnasium und Realschule.

Doch nicht nur mehrsprachige Kinder und Jugendliche haben Schwierigkeiten in Mathematik: Neuere Studien zeigen, dass die **Sprachkompetenz im Deutschen** für alle Schülerinnen und Schüler der wichtigste Faktor ist, er hat nachweislich einen noch stärkeren Zusammenhang mit den Mathematikleistungen als Mehrsprachigkeit, Migrationshintergrund oder der sozioökonomische Status (PREDIGER ET AL. 2015; UFER ET AL. 2013). Konkret bedeutet das zum Beispiel in den nordrhein-westfälischen Zentralen Prüfungen der Klasse 10 in 2012, dass das sprachlich schwache Drittel der Schülerinnen und Schüler der zehnten Klasse im Durchschnitt eineinhalb Noten schlechter abgeschnitten hat als das sprachlich starke Drittel (PREDIGER ET AL. 2015). Mehrsprachige Lernende mit hinreichender deutscher Sprachkompetenz dagegen hatten weniger Probleme.

Dieser Befund legt nahe, die Sprachkompetenz **auch für einsprachige Lernende** konsequenter in den Blick zu rücken, denn wenn dieser Hintergrundfaktor für die Mathematikleistung so wichtig ist, dann liegt hier vielleicht auch ein Ansatzpunkt, um die Nachteile von Kindern aus bildungsfernen Familien auszugleichen und damit ihre Bildungschancen zu erhöhen.

Lesehürden und konzeptuelle Hürden

Die Ursache für einen solchen Einfluss der Sprachkompetenz auf die Prüfungsleistung in Mathematik liegt nur zu einem Teil in der Lesekompetenz (BOS ET AL. 2012, 237ff). Denn es zeigt sich, dass sprachlich schwache Lernende nicht nur an Lesehürden in Textaufgaben scheitern, sondern vor allem an konzeptuellen oder prozessualen Hürden (PÖHLER/PREDIGER/WEINERT 2015, PREDIGER ET AL. 2015). Dies bedeutet: Sprachlich schwache Lernende scheitern auch an lese-leichten Aufgaben, wenn diese konzeptuelles Verständnis erfordern, d.h. wenn es um das Verständnis langfristig aufgebauter mathematischer Konzepte geht, für dessen Aufbau Sprache wesentlich ist.

Diese Rolle der Sprachkompetenz im längerfristigen Lernprozess zeigt auch die längsschnittliche Studie SOKKE (HEINZE ET AL. 2007): Das Maß der Lernzuwächse von Erstklässlern über ein ganzes Schuljahr korrelierte am stärksten (neben der immer bedeutsamen Intelligenz) mit ihren Sprachkompetenzen. Am stärksten wirkten sich sprachliche Einschränkungen wieder auf solche Testaufgaben aus, für die konzeptuelles Verständnis notwendig ist. Das reine Rechnen dagegen lernten sprachlich schwache und starke Kinder ähnlich gut dazu (UFER ET AL. 2013). Dies zeigt, dass sich „sprachliche Defizite kumulativ negativ auf die Lernzuwächse in den Sachfächern aus[wirken]" können (HERWARTZ-EMDEN 2003, 692).

Sprachkompetenz kann durch Unterricht gefördert werden

Sprachkompetenz hat also unter den herkunftsbedingten Hintergrundfaktoren eine besondere Bedeutung: Sie erweist sich nicht nur als bedeutsamer als Mehrsprachigkeit, sozioökonomischer Status und Migrationshintergrund, sie ist im Gegensatz zu diesen auch ein Merkmal, das durch Unterricht – im Gegensatz zu Familienhintergründen – tatsächlich beeinflusst werden kann. Eine ausgleichende Förderung der Sprachkompetenzen kann somit zur Reduzierung von Bildungsungerechtigkeiten beitragen. Ihr wird daher ein eigener Abschnitt 3.4 gewidmet.

2.4 Fazit: Differenzierungsziele für unterschiedliche Differenzierungsaspekte

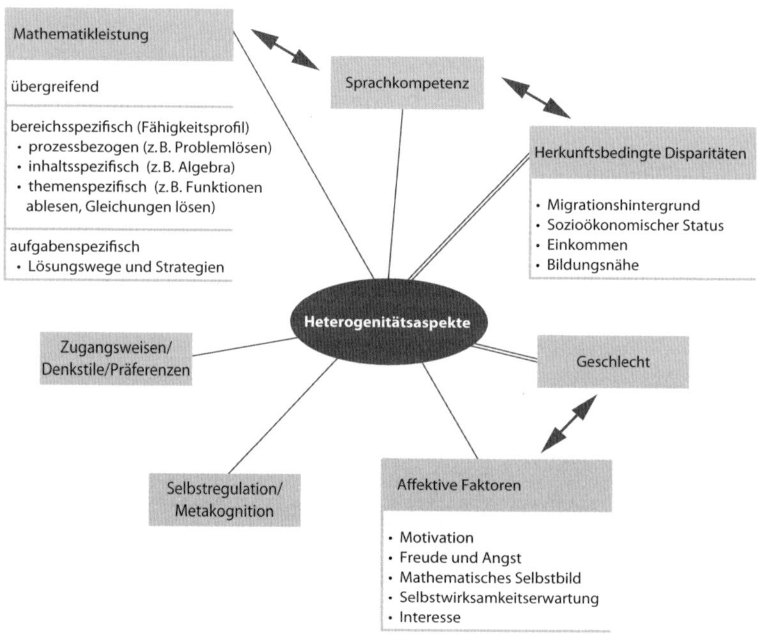

ABB. 2.8 Vielfältige Heterogenitätsaspekte erfordern unterschiedliche Differenzierungsziele und -ansätze

Jede Klasse ist in vielerlei Hinsicht bunt, wie Abb. 2.8 zusammenfasst. Abschnitt 2.1 hat gezeigt, dass äußere Differenzierung allein nicht funktionieren kann, sogar bei Beschränkung auf den Heterogenitätsaspekt Leistung ist jede Lerngruppe für sich bereits ausgesprochen heterogen. Abschnitt 2.2 hat deutlich gemacht, dass neben der Leistungsheterogenität weitere Unterschiede zu berücksichtigen sind, insbesondere in den themenspezifischen Lösungswegen, Vorstellungen und Strategien, in übergreifenderen Zugangsweisen und Denkstilen sowie in affektiven Faktoren wie Motivation und Haltungen. Spätestens durch die Inklusion von Menschen mit sonderpädagogisch attestierten Förderbedarfen werden die Lerngruppen nun auch für alle sichtbar bunter. In Abschnitt 2.3 wurden die externen Heterogenitätsaspekte Geschlecht, Herkunft und Sprachkompetenz im Hinblick auf ihre Auswirkungen auf die Mathematikleistung diskutiert. Geschlecht ist im unteren und oberen Leistungsspektrum einflussreich, teilweise vermittelt über affektive Faktoren wie dem Selbstkonzept. Der Einfluss der migrationsbedingten und sozioökonomischen Herkunft auf Leistung scheint maßgeblich über Sprachkompetenz vermittelt. Wenn Selbstkonzept und Sprachkompetenz als Differenzierungsaspekte berücksichtigt werden, lassen sich Nachteile also ausgleichen.

Der genauere Blick auf diese Heterogenitätsaspekte hat bis hierhin nur andeutungsweise Aufschluss darüber gegeben, *wie* diese verschiedenen Differenzierungsaspekte im konkreten Unterricht berücksichtigt werden können. Hierauf gehen die nachfolgenden Kapitel ausführlich ein. Die Unterscheidung zwischen den unterschiedlichen Formen von Heterogenität hilft allerdings dabei, sich für jeden der Aspekte zu entscheiden, welche der folgenden Differenzierungsziele man anstrebt (beschrieben in Abschnitt 1.3.2):

Differenzierungsziele
- Unterschieden gerecht werden: adaptive Förderung aller Lernenden
- Unterschiede ausgleichen: ausgleichende Förderung für spezifische Gruppen
- Vielfalt zulassen und wertschätzen
- Vielfalt anregen und nutzen

Welches Differenzierungsziel für welchen Differenzierungaspekt?

Dazu zeigen wir einige Beispiele:

- **Leistungsunterschiede** in einer Klasse gehören sicherlich nicht zu den Aspekten, bezüglich derer man gezielt Vielfalt anregen möchte. Wertschätzung hingegen muss (jedoch) auch denen entgegen gebracht werden, die zu den Leistungsschwächeren gehören (und diese Wertschätzung auch durch Mitschülerinnen und Mitschüler ist auch ein wesentliches Erziehungsziel). Im Regelfall wird man im Unterricht versuchen, den Unterschieden durch adaptive Förderung gerecht zu werden (vgl. Kapitel 4 und 5). Manchmal ist auch eine ausgleichende Förderung notwendig, um zum Beispiel fehlende Verstehensgrundlagen fokussiert aufzuarbeiten (vgl. Abschnitt 3.1).

- Viele **geschlechtsbezogene Unterschiede** fallen unter das Differenzierungsziel „Vielfalt zulassen und wertschätzen". Geschlechterspezifische Interessen können im Unterricht zeitweise adaptiv berücksichtigt werden, zum Beispiel durch unterschiedliche Themen oder Kontexte in den Übungsaufgaben (vgl. Kapitel 4).
- Wenn es um Unterschiede in **affektiven, motivationalen oder selbstregulativen** Bereichen geht, so muss man sich die Frage stellen, ob sie die Lernenden behindern könnten. Dann ist an ausgleichende Förderung zu denken, zum Beispiel ein Konzentrationstraining für den zappeligen Paul oder eine Stützung des Selbstkonzepts durch Erfolgserlebnisse für Ceynep.
- **Herkunftsbedingte Unterschiede** fallen unter „Vielfalt zulassen und wertschätzen", zum Beispiel wenn interkulturelle Unterschiede in Erfahrungen, Einstellungen und Werten ihren Raum erhalten und genutzt werden (zum Beispiel im Vergleich von Spuren unterschiedlicher Zahlensysteme in unterschiedlichen Sprachen: quatre-vingt (frz. 4×20) versus achtzig (dt. 8×10)). Diese sinnvollen interkulturellen Motive sollten jedoch nicht die Notwendigkeit verdecken, auch fokussiert zu fördern, um Nachteile auszugleichen. Dazu ist allerdings der Umweg über die Sprachkompetenz notwendig.
- Auch **behinderungsbedingte Unterschiede** können eine erwünschte Vielfalt erzeugen („Vielfalt zulassen und nutzen"), wenn z. B. die Gebärden für mathematische Konzepte oder die nicht-visuellen Zugangsweisen blinder Lernender einbezogen werden. Im Fall der lernzielgleichen Inklusion steht häufig auch die ausgleichende Förderung (oft mit Unterstützung von Sonderpädagogen) im Vordergrund. Bei lernzieldifferenter Inklusion ist trotz Leistungsunterschieden eher von adaptiver Förderung zu sprechen, weil ein Ausgleich nicht realistisches Ziel des Unterrichts sein kann. Zudem ist die Wertschätzung der Erkenntnisse von lernzieldifferent unterrichteten Lernenden aus pädagogischer Sicht erstrebenswert.
- Die Vielfalt der **themenbezogenen Strategien, Vorstellungen und Lösungswege** bietet mathematikdidaktisch die wichtigste Quelle, Heterogenität auch als Chance zu nutzen. Denn vielfältige Wege im Unterricht zu kultivieren, stärkt nicht nur potentiell die Vernetzung und Flexibilität der Denkweisen, sondern macht auch ganz generell einen gehaltvollen, kommunikativen und anregenden Mathematikunterricht aus.

3 Fokussierte Förderung: Treffsicher und adaptiv Differenzieren für spezifische Differenzierungsaspekte

Kapitel 2 hat gezeigt, dass Unterricht auf sehr unterschiedliche Differenzierungsaspekte reagieren muss, wie z. B. auf Lernschwierigkeiten, auf Mathematikangst oder auf Sprachkompetenz. Um diesen Differenzierungsaspekten gerecht zu werden, reicht es nicht aus, wenn man die beiden Differenzierungsziele *Vielfalt zulassen und wertschätzen* und *Vielfalt anregen und nutzen* verfolgt, z. B. durch offene Lernangebote (vgl. Abschnitt 2.4). Vielmehr ist es für ein erfolgreiches Weiterlernen notwendig, die darüber hinausgehenden Differenzierungsziele *Unterschieden gerecht werden* und *Unterschiede ausgleichen* in den Blick zu nehmen.

Denn wenn zum Beispiel Sprachkompetenzen einen so nachweislichen Einfluss auf den Leistungserfolg in Mathematik haben, dann sollte sich Unterricht nicht damit begnügen, die schwache Sprachkompetenz zu berücksichtigen (z. B. durch einfachere Aufgabentexte und Vermeidung von Schreibaufträgen), sondern aktiv an ihrer Verbesserung arbeiten und damit *Unterschiede ausgleichen.* Um das zu tun, muss man aber auch Klarheit darüber haben, was genau sprachlich schwache Lernende überhaupt lernen müssen. Es gilt also, wie bereits in Kapitel 1.4 erläutert, das Prinzip der fokussierten Förderung:

Definition von fokussierter Förderung

Eine **fokussierte Förderung** lässt sich nicht allein über methodische Individualisierung oder individuelle Zuwendung herstellen, sondern muss zwei zentrale Kriterien erfüllen:
1. **Fachdidaktische, also inhaltliche Treffsicherheit:** Welche Förderinhalte sind gemäß der fachdidaktisch-empirischen Forschung zentral, um die Hürden zu überwinden?
2. **Individuelle Adaptivität:** Wie gut ist die Förderung der zentralen Förderinhalte auf die individuellen Lernbedarfe der Einzelnen abgestimmt?

In diesem Kapitel sollen daher einige Formen der fokussierten Förderung vorgestellt werden. Da es dabei um unterschiedliche Differenzierungsaspekte geht, haben diese Formen eine starke inhaltliche Ausrichtung. Fragen der Aufgabenkonstruktion und der methodisch-organisatorischen Umsetzung behandeln wir danach in Kapitel 4 und 5. Aus Platzgründen beschränken wir uns auf einige der wichtigsten Differenzierungsaspekte:

- Verstehenshürden (→Abschnitt 3.1),
- genderbedingte Unterschiede (→Abschnitt 3.2),
- affektive Hürden (→Abschnitt 3.3),
- sprachlich bedingte Hürden (→Abschnitt 3.4),
- sonderpädagogisch attestierte Förderbedarfe, insbesondere im inklusiven Unterricht (→Abschnitt 3.5).

Einige dieser Differenzierungsaspekte, wie z. B. die Verstehenshürden, sind so wesentlich für das Weiterlernen, dass sie bei größeren Defiziten einer ausgleichenden Förderung bedürfen. Bei anderen muss von Fall zu Fall überlegt werden, ob man den Unterschieden auch durch einen adaptiven Unterricht in der gesamten Lerngruppe gerecht werden kann. Im inklusiven Unterricht kann es zudem vorkommen, dass ein Ausgleich von Unterschieden im kognitiven Bereich gar nicht angestrebt ist.

Die Beispiele in den nachfolgenden Abschnitten werden zeigen, dass gerade der Punkt der inhaltlichen Treffsicherheit bei manchen Förderansätzen nicht hinreichend gewährleistet ist. In den folgenden Formen der fokussierten Förderung werden daher jeweils ähnliche Fragen in unterschiedlicher Reihenfolge und Gewichtung bearbeitet:

Wichtige Fragen zur fokussierter Förderung bei unterschiedlichen Differenzierungsaspekten

- Auf welchen Differenzierungsaspekt wird hier eingegangen?
- Welche Gruppe von Lernenden trifft das, und wie findet man sie?
- Inwiefern sind bestehende Ansätze zur Förderung ungenügend?
- Was weiß man aus der empirischen Forschung darüber, welche Förderinhalte besonders relevant sind? (Spezifizierung der Förderinhalte)
- Wie kann durch Ineinandergreifen von Diagnose und Förderung die individuelle Passung der Förderung gewährleistet werden?

Wie diese Ansätze zur fokussierten Förderung in das Unterrichtsmanagement der ganzen Klasse eingebunden werden können, ist dagegen Gegenstand des Kapitels 5.

3.1 Fokussierte ausgleichende Förderung bei Verstehenshürden

3.1.1 Differenzierungsaspekt und Zielgruppe

Bewusst wurde in Abschnitt 2.1.4 (zu den Leistungsschwächsten) nicht allein von Rechenschwachen gesprochen, sondern von Jugendlichen mit Verstehenshürden. Wie sehen solche Verstehenshürden aus und wie soll man mit ihnen umgehen?

Verstehenshürden in den jeweiligen Verstehensgrundlagen

Wie bei Luca aus dem Beispiel 3.1 gehen bei sehr vielen Jugendlichen die Verstehenshürden in der Sekundarstufe I zurück auf Lücken in den Verstehensgrundlagen aus der Grundschule (Moser Opitz 2007).

Wie in Abschnitt 2.1.4 bereits ausgeführt, fassen wir den Differenzierungsaspekt der sehr schwachen Mathematikleistungen nicht im Sinne einer Rechenschwäche als Krankheitsbild auf (vgl. Moser Opitz 2007 für eine kritische Diskussion), sondern als Verstehenshürden. Die Zielgruppe für eine fokussierte

Förderung besteht demnach in jedem Jahrgang aus denjenigen, die aufgrund verpasster Verstehensgrundlagen nicht erfolgreich am aktuellen Stoff mitarbeiten können. In der Regel sind dies in etwa 20 % der Lernenden, wie einige Studien zeigen (Abschnitt 2.1.4). Für diese Gruppe ist mit Blick auf das Weiterlernen das Ausgleichen von Unterschieden unbedingt angeraten.

Beispiel 3.1: Luca und die nicht helfende Hilfe

> „Mit Luca üben wir an den Hausaufgaben jeden Tag mindestens zwei Stunden, manchmal kann er es auch ein bisschen, aber so richtig kapiert er es nie. Zum Glück fragt ihn in Klasse 6 keiner mehr, ob 123 456 größer ist oder 8 944, das wüsste er nämlich nicht."
> Kritisch gefragt werden muss, ob Luca (Klasse 6, Gesamtschule) in den nächsten Jahren im Mathematikunterricht erfolgreich sein kann, auch wenn er mit viel Aufwand von seinen Eltern unterstützt wird. Denn Schülerinnen und Schülern, denen basale Verstehensgrundlagen zu Zahlen und Operationen fehlen, ist in der Regel ein Weiterlernen kaum möglich (Moser Opitz 2007).
> Wie soll Luca jemals verständig mit Dezimalzahlen umgehen, wenn er schon für natürliche Zahlen die Bedeutung der Stellenwerte nicht erfasst?

Das Beispiel 3.1 von Luca zeigt, wieso viele Förderbemühungen erfolglos bleiben: Obwohl die Eltern und Luca sehr viel investieren, bleibt die Förderung auf die falschen Lerninhalte gerichtet und greift daher nur kurzfristig, nicht aber langfristig.

Aus der empirischen Forschung zu Rechenschwächen ist eigentlich die Bedeutung dieser Lücken bekannt: „Fehlende Kompetenzen bezüglich spezifischer Elemente der Grundschulmathematik scheinen verantwortlich zu sein für die Schwierigkeiten beim Erwerb des aktuellen Schulstoffs. Wenn der basale Lernstoff ... erworben ist, gelingt ... der Erwerb von weiterführenden mathematischen Inhalten in höherem Maß" (Lorenz/Radatz 1993, 224).

Dass das Verstehen so aufeinander aufbaut, erklärt, warum eine Förderung, die auf die genannten Lücken nicht eingeht, sondern stattdessen zur kurzfristigen Reparatur am aktuellen Unterrichtsstoff arbeitet (wie etwa meistens der Nachhilfeunterricht), oft ineffektiv bleibt. Die individuelle kurzfristige Reparatur kann sogar zusätzlich die Schwierigkeit erzeugen, dass Lernende im Regelunterricht nicht mehr aufpassen und dann noch größere Lücken aufreißen.

Um fokussiert zu fördern, muss daher geklärt werden, was genau die Lernenden brauchen, also welche Lernhürden sie noch nicht überwunden haben. Dafür ist es wichtig, zu wissen, welche Vorstellungen und grafischen Darstellungen empirisch nachweislich für das Weiterlernen unverzichtbar sind (→Abschnitt 3.1.2) und wie durch das Ineinandergreifen von Diagnose und Förderung die individuelle Adaptivität der Förderung gewährleistet werden kann (→Abschnitt 3.1.3).

3.1.2 Relevante Förderinhalte bei Verstehenshürden

In diesem Abschnitt wird die Frage der fokussierten Förderung an einem mathematischen Bereich dargestellt, nämlich an den **Verstehensgrundlagen der natürlichen Zahlen**, wie sie zu Beginn der Klasse 5 von Bedeutung sind. Diese Konzentration ist nötig, wenn man genauer verstehen will, was inhaltliche Treffsicherheit bedeutet. Ähnliche Überlegungen gelten auch für andere Bereiche (vgl. Abschnittsende).

Verstehensgrundlagen in Klasse 5 betreffen Zahl- und Operationsverständnis

Verstehensgrundlagen für natürliche Zahlen in Klasse 5[1]

Als unverzichtbare Verstehensgrundlagen werden solche inhaltlichen Vorstellungen bezeichnet, die gerade Lernende mit Schwierigkeiten beim Mathematiklernen besitzen müssen, um weiter lernen zu können. Solche Vorstellungen sind bei Zahlen oft verbunden mit konkreten Darstellungen der Zahlen, so z. B. das Stellenwertverständnis mit der Stellentafel oder die Vorstellung von Zahlbeziehungen mit dem Zahlenstrahl. Eine mangelnde Vorstellung zeigt sich dann oft daran, dass Lernende mit den Darstellungen nicht richtig umgehen können.

Für den Übergang zur Sekundarstufe beziehen sich diese Verstehensgrundlagen zum einen auf Vorstellungen zu natürlichen Zahlen (Stellenwertverständnis und Zahlvergleich), zum anderen auf die Operationen mit natürlichen Zahlen (Grundvorstellungen für die Grundrechenarten) (vgl. Abschnitt 2.1.4 und Moser Opitz 2007). Bei diesen Grundlagen zeigen sich in Klasse 5 immer wieder typische Schwierigkeiten, die in *Kasten 3.1* exemplarisch zusammengestellt sind. Zu diesen Verstehensgrundlagen und typischen Fehlern passende Fördermöglichkeiten werden in den nachfolgenden Kästen aufgezeigt.

a) Stellenwertverständnis

Zwar können die meisten Schülerinnen und Schüler Standardfragen wie „Was bedeutet die Ziffer 2 in der Zahl 1234?" beantworten, doch bei etwas flexibleren Fragen wie in *Aufgabe 1a* (in *Kasten 3.1*) zeigt sich die Begrenztheit des Stellenwertverständnis: Selbst in Klasse 8 wird die *Aufgabe 1a* von 25 % der Lernenden mit Schwierigkeiten in Mathematik nicht richtig beantwortet (Moser Opitz 2007, 202).

Welche Auswirkungen dies auf das Rechnen und damit auch auf weitere aufbauende Inhalte haben kann, deuten die Subtraktionen in *Aufgabe 1b* an, für die man entbündeln können muss: Mehr als 80 % der Achtklässlerinnen und -klässler mit Schwierigkeiten in Mathematik lösen eine solche Aufgabe falsch (Moser Opitz 2007, 202), weil sie das Bündelungsprinzip nicht verstanden haben.

[1] Der Abschnitt folgt Prediger et al. (2013a).

Fehlende Verstehensgrundlagen:
Typische Beispiele von Fünftklässlerinnen und Fünftklässlern

Aufgabe 1:

Stellenwertverständnis und Entbündeln

a) Hier sind 57 schwarze Punkte.
Wie viele „Zehnerpäckchen“ oder Zehnerbündel kannst du machen?

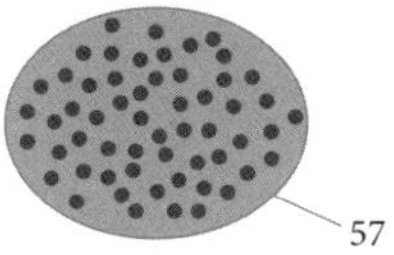

Antwort: 7

b) 10 000 – 1 = 9 000

10 000 – 10 = 8 000

Aufgabe 2:

Orientierung auf dem Zahlenstrahl

a) Welche Zahl ist am Zahlenstrahl markiert?
Kreuze die richtige Zahl im Kasten an.

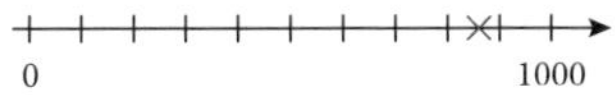

☐ 680
☐ 810
☒ 960
☐ 1086
☐ 860

Aufgabe 3:

Grundvorstellungen zur Multiplikation

a)

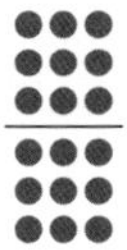

Schreibe eine Malaufgabe zu dem Bild.
Schreibe auch das Ergebnis dazu.

9 · 9 = 81

b) Finde eine Rechengeschichte zur Aufgabe
6 · 3 = 18.

Tina kauft sich 6 Zeitschriften.
Und am Nächsten Tag 3.
Wie viel hat sie in 2 Tagen ausgegeben

Aufgabe 4:

Umgang mit Textaufgaben

Ein ausgewachsenes Gorilla-Männchen frisst in einer Woche etwa 210 kg Früchte und Pflanzen.

a) Wie viele kg sind das etwa an 1 Tag?

b) Wie viele kg sind das etwa in 1 Monat?
Suche dir einen Monat aus.
Schreibe auf, wie du rechnest

Pauls Lösung zu b)

März 210kg + 31 Tage = 520kg

KASTEN 3.1 Zusammenstellung von Beispielen für fehlende Verstehensgrundlagen (nach PREDIGER ET AL. 2013a)

Kasten 3.2 zeigt, welche Teilaspekte daher in einer Förderung des Stellenwertverständnisses eine Rolle spielen müssen (VAN DER WALLE 2007). Auch wenn diese Aspekte aus curricularer Sicht in Klasse 2 zu verorten sind, also sehr elementar erscheinen, erfordert ihre Thematisierung mit Fünftklässlerinnen und Fünftklässlern mit Verstehenshürden erfahrungsgemäß mehrere Schulstunden.

Das Bündelungs- und Stellenwertprinzip wird mithilfe des Würfelmaterials erarbeitet, dabei sind insbesondere Nichtstandard-Darstellungen lehrreich, bei denen die Lernenden erst bündeln müssen (siehe linkes Foto in Kasten 3.2).

Förderung des Stellenwertverständnisses	
Zentrale Verstehensgrundlagen: • Bündelungs- und Stellenwertprinzip (Würfel-Material und Stellentafel) • Flexibles Bündeln • Entbündeln • Dezimale Analogien (z. B. 4 + 6 und 40 + 60)	Automatisierungsübungen: • (Quasi-) simultane Erfassung von Punktmengen am Hunderterfeld • Zahlzerlegungen • Additives Ergänzen zu 10 und 100
Beispielsituation für flexibles Bündeln: • Tausche und schreibe die Zahl in die Stellentafel. Wie heißt die Zahl? 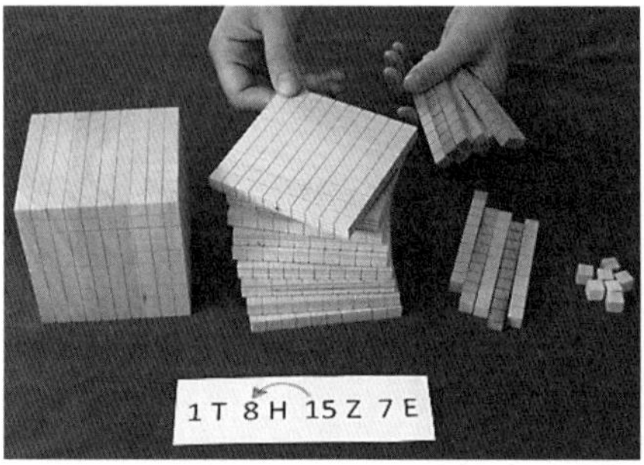 	Beispielsituation für Zahlzerlegungen: • Wie wurde die 100 zerlegt? Schreibe als Plusaufgabe. 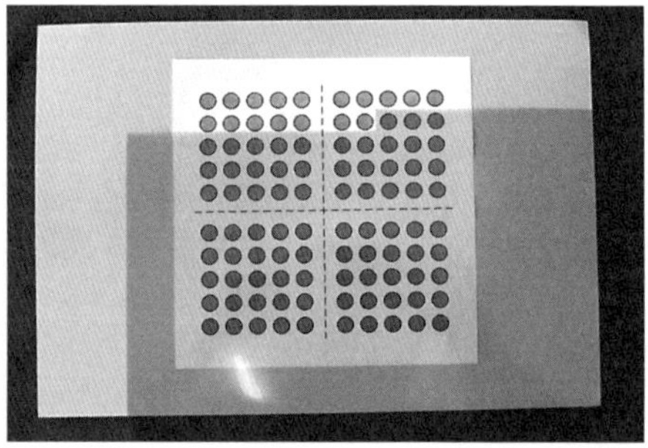

KASTEN 3.2 Inhalte und Beispiele für Lernwege zum Stellenwertverständnis

Der Aufbau inhaltlicher Vorstellungen und Darstellungen zum Stellenwertsystem wird durch Automatisierungsübungen ergänzt, die die Denkprozesse beim Rechnen entlasten sollen. Das rechte Foto in Kasten 3.2 zeigt zum Beispiel das Training additiver Zerlegungen der Hundert, die für Additionen mit Hunderterübergang wichtig sind, z. B. 283 + 48 = 283 + 17 + 31 = 300 + 31 = 331.

b) Orientierung im Zahlenraum

Beispiele wie in *Aufgabe 2* aus Kasten 3.1 zeigen, dass für einige Schülerinnen und Schüler ein nochmaliger gründlicher Aufbau des Verständnisses für Zahlbeziehungen durch eine Orientierung am Zahlenstrahl notwendig ist. In einer Stichprobe von ca. 600 Lernenden der Klasse 5 (Haupt-, Gesamt- und Förderschulen) wurde diese Aufgabe nur von 55 % der Schülerinnen und Schüler richtig gelöst.

Förderung der Orientierung am Zahlenstrahl

Zentrale Verstehensgrundlagen:

Von der Hunderterkette zum Tausenderstrahl

- Hunderterkette: Dekadischer Aufbau und Orientierungsübungen
- Übergang zum Hunderterstrahl und Tausenderstrahl: Dekadischer Aufbau und Orientierungsübungen
- Zahlenstrahl: Ausschnitte und Lupenblicke

Anschließende Automatisierungsübungen:

- Zählen in Schritten (erst schriftlich, dann mit Zählkartei mündlich in Partnerarbeit)

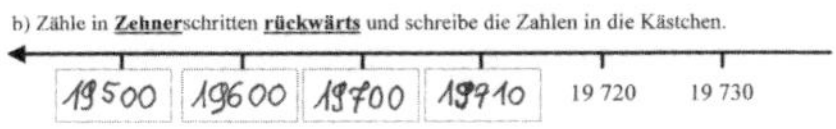

Beispielsituation zum Übergang von der Hunderterkette zum Zahlenstrahl:

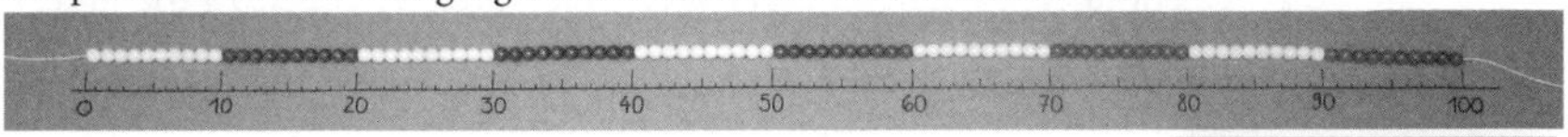

Beispielsituation zum dekadischen Aufbau des Tausenderstrahls:

- Wo auf dem Tausenderstrahl liegen die Hunderter, Zehner, Einer?
- Wo liegt die Zahl 359? Welche Nachbarzehner hat sie?

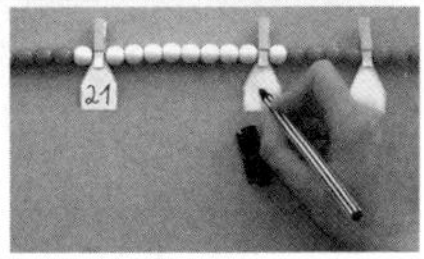

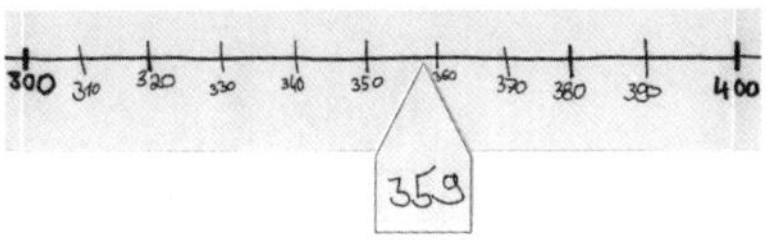

KASTEN **3.3** Spezifizierung von Inhalten und Beispiele für Lernwege zum Zahlenstrahl

Ohne Verständnis für die Zahlbeziehungen am Zahlenstrahl können weder flexible Rechnungen durchgeführt, noch später Funktionsgraphen im Koordinatensystem interpretiert werden.

Für die nochmalige Hinführung zum Zahlenstrahl (in mehreren Schritten, vgl. Kasten 3.3) hat sich der Übergang von der Hunderterkette zum Zahlenstrahl bewährt, weil er den oft unverstandenen Zusammenhang zwischen Kardinalzahlen und Ordinalzahlen sichtbar macht (Höhtker/Selter 1995). Auf dieser Basis können sich Lernende die dekadische Struktur des Zahlenstrahls, Beziehungen von Nachbarzahlen und somit auch Grundlagen des Rundens aneignen (z. B.: Welches ist der nächste Zehner zur 37?).

Für den Übergang zum Tausenderstrahl wird die Analogie zwischen Zehnern und Hundertern genutzt. So wird ein variables Skalieren („Hinein- und Herauszoomen") vorbereitet, das die Voraussetzung für ein flexibles Rechnen und ebenso für die spätere Einführung der Dezimalzahlen mit ihrer Idee der immer feineren Unterteilung des Zahlenstrahls ist.

c) Verständnis für die Operationen

Die meisten Lernenden in Klasse 5 haben zur Addition und Subtraktion schon tragfähige Grundvorstellungen aufgebaut, d. h. sie identifizieren die Handlungen des Zusammenfügens, des Wegnehmens, des Bestimmens von Unterschieden sicher mit geeigneten Operationen. Anders ist es bei der Multiplikation und Division, wie die Aufgabe 3 exemplarisch zeigt. Deswegen kann man bei einer ausgleichenden Förderung bei den meisten Fünftklässlerinnen und -klässlern auf die Vorstellungen zur Multiplikation und Division fokussieren (vgl. z. B. PREDIGER ET AL. 2013a).

Auch bei schwachen Lernenden, die noch Schwierigkeiten bei der Addition und Subtraktion zeigen, ist in der Regel kein *grundlegender* Neuaufbau der Grundvorstellungen notwendig. Gleichwohl lohnt es sich, an diesen Operationen die Beziehungen zwischen unterschiedlichen Darstellungen zu thematisieren: Was heißt es überhaupt, dass ein Bild, eine Handlung, eine Situation und eine Rechenaufgabe zusammenpassen sollen? Saba schreibt zum Beispiel als erste Rechengeschichte zur Aufgabe 3 + 4 = 7 den Text aus Abb. 1 (aus EIKENBUSCH/HANISCH 2011).

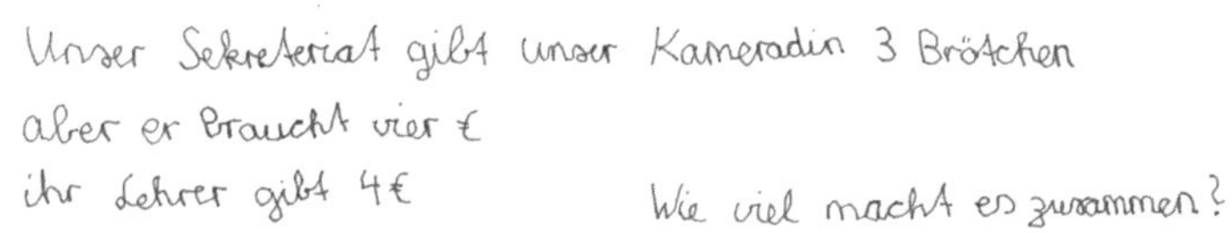
Unser Sekretariat gibt unser Kameradin 3 Brötchen
aber er braucht vier €
ihr Lehrer gibt 4€
Wie viel macht es zusammen?

ABB. 3.1 Nicht tragfähige Rechengeschichte zu 3 + 4 = 7

Zwar stellt Saba eine zur Grundvorstellung der Addition passende Frage („Wie viel macht es zusammen?"), doch fügt sie Brötchen mit Euro zusammen, was auf Lücken im Operationsverständnis hinweist, die erst durch wiederholte Wechsel zwischen Bildern, Handlungen, Situationen und Rechenaufgaben bearbeitet werden können.

Während also bei Addition und Subtraktion vor allem die symbolische, grafische und verbale Darstellung *vernetzt* werden muss, haben viele Kinder bei der Multiplikation und Division noch größeren Förderbedarf: Zwar haben viele nach Abschluss der Grundschule die Malreihen auswendig gelernt, eine *Bedeutung* können sie den beiden Operationen jedoch nicht zwangsläufig zuschreiben, wie die Lösungen zur *Aufgabe 3a* und *b* in Kasten 3.1 exemplarisch zeigen. In der Untersuchung von MOSER OPITZ (2007, 206) konnten mehr als zwei Drittel der rechenschwachen Fünftklässlerinnen und -klässler eine Aufgabe wie 3 · 7 nicht mit Material zeigen oder dazu eine Rechengeschichte erfinden, bei einer Divisionsaufgabe wie 8 : 2 waren es sogar 80 %, und dies liegt nicht nur an eingeschränkten Ausdrucksmöglichkeiten der Kinder, auf die wir in Abschnitt 3.4 zurück kommen.

Förderung der Grundvorstellungen zu den Grundrechenarten

Zentrale Verstehensgrundlagen:

- Erarbeitung/Festigung der relevanten Grundvorstellungen:
  - Addieren als Hinzufügen, Zusammenfügen
  - Subtrahieren als Wegnehmen und Ergänzen
  - Multiplizieren als Zählen gleicher Bündel, auch in räumlich-simultaner Vorstellung am Rechteckfeld oder zeitlich-sukzessiver Vorstellung der fortgesetzten Addition am Zahlenstrahl
  - Dividieren als Verteilen, Passen-in und Umkehren des Multiplizierens
- Vernetzung von Darstellungen (Handlungen, Bilder, Rechengeschichten, Aufgaben)

Erarbeitung der Vorstellungen:

- Beziehung zwischen Addition und Subtraktion

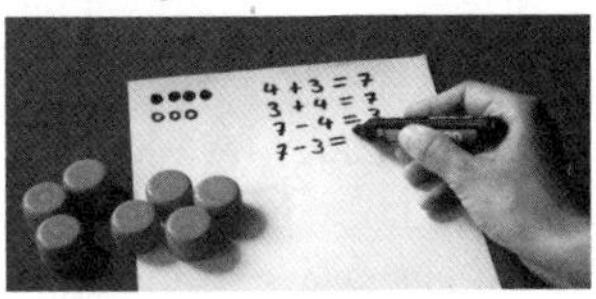

- Verteile 20 Deckel auf vier Kinder. Wie viel bekommt dann jeder?
- Welche Aufgabe passt dazu?

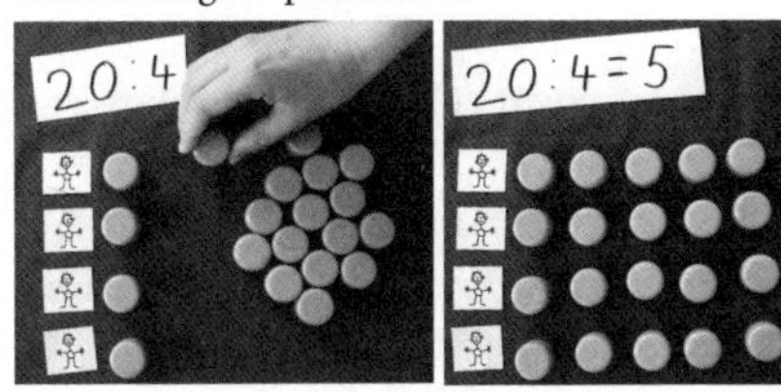

Übung durch Darstellungsvernetzung:

- Zuordnungsstreifen:

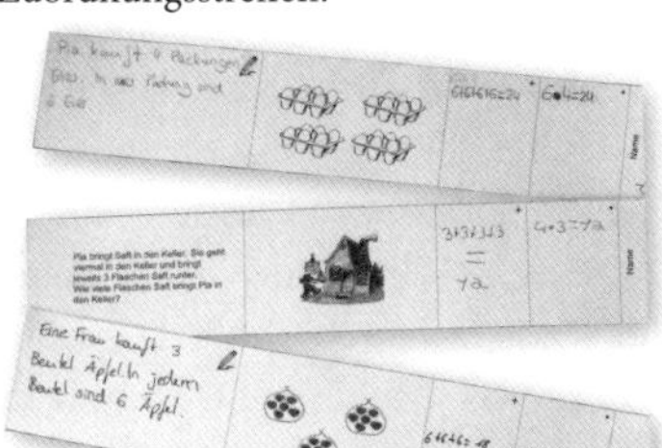

- Finde viele Mal- und Geteilt-Aufgaben zu diesen Deckeln

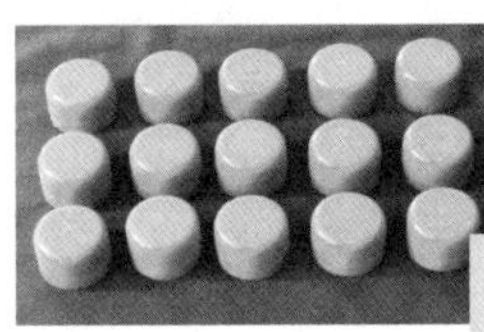

$3 \cdot 5 = 15$

$15 : 5 = 3$

KASTEN 3.4 Lernwege zu Grundvorstellungen (nach PREDIGER ET AL. 2013a)

Die Förderung muss hier daher sehr elementar ansetzen und (wie in Kasten 3.4 exemplarisch für die Verteilvorstellung angedeutet), durch Materialhandlungen, Bilder und Textaufgaben, die möglichen Bedeutungen aufzeigen (vgl. GERSTER/SCHULTZ 2004, 390f). Dabei wird insbesondere Wert auf die Umkehrbeziehung zwischen Multiplikation und Division gelegt, indem denselben Bildern oder Situationen sowohl eine Multiplikation als auch eine Division zugeschrieben wird.

Erst auf der Basis der so aufgebauten inhaltlichen Vorstellungen zur Multiplikation und Division kann dann über Textaufgaben mit multiplikativen Situationen gesprochen werden, wie bei der Aufgabe 4 in Kasten 3.1. Beide Aspekte zusammen, der Aufbau von inhaltlichen Vorstellungen der Operationen und das flexible Vernetzen von Darstellungen, benötigen in der Förderung erfahrungsgemäß mehrere Schulstunden; eine mit Blick auf die weiteren Inhalte der Sekundarstufe gut investierte Zeit.

Erst nach Aufbau und Übung dieser Verstehensgrundlagen in den Zahl- und Operationsvorstellungen sollte das Rechnen in den Blick genommen werden. Im hier behandelten Themenbereich kann für eine fokussierte und ausgleichende Förderung der Verstehensgrundlagen etwa das Fördermaterial „Mathe sicher können" (SELTER ET AL., 2014) verwendet werden, welches zu großen Teilen online frei verfügbar ist.

Verstehensgrundlagen auch in weiteren Jahrgängen relevant

Verstehensgrundlagen für andere Themen

Analog zu dem Umgang mit natürlichen Zahlen müssen auch für weitere Themen zunächst Verstehensgrundlagen aufgebaut werden. Da das vorige Beispiel sich auf Lernende der Klasse 5 bezog, deren Verstehenshürden in Inhalten der Grundschule bestanden, bestand das Differenzierungsziel vor allem darin, *Unterschiede auszugleichen*, und die Voraussetzungen für ein Weiterlernen zu schaffen.

Bei mathematischen Konzepten, die erst in der Sekundarstufe I aufgebaut werden, kann man auf zwei verschiedene Situationen treffen, die unterschiedliche Differenzierungsziele notwendig machen (vgl. auch LEUDERS/LEUDERS 2014):

1. Lernende unterscheiden sich darin, wie schnell, mit wie viel Unterstützung (z. B. durch Materialien) und mit wie viel Wiederholungen sie neue mathematische Konzepte erfassen und dazu inhaltliche Vorstellungen aufbauen. In dieser Situation ist es wichtig, Unterschieden gerecht zu werden. Der Unterricht darf nicht zu schnell voranschreiten, sodass sich Lernende nicht in das Ausführen unverstandener Verfahren retten statt Vorstellungen aufzubauen.
2. Lernende, die aufgrund der zeitlichen Distanz zu einem vorhergehenden Thema, aufgrund von anderen Lernschwierigkeiten oder möglicherweise auch aufgrund von problematischem Unterricht, bestimmte notwendige Verstehensgrundlagen nicht haben, sollten (ganz analog zur Klasse 5) eine Chance haben, diese erst aufzuarbeiten. Der Unterricht sollte also zunächst Unterschiede ausgleichen.

Zentrale Vorstellung	Voraussetzung für	Hinweise für eine fokussierte Förderung
Bruch als Anteil von Ganzen oder Mengen Gleichwertige Brüche als Brüche, die denselben Anteil beschreiben	Vergleichen, Addieren, Multiplizieren von Brüchen Wahrscheinlichkeit	Nutzung von Bruch-/Prozentstreifen und Zahlenstrahl: PREDIGER/SCHINK (2014), PREDIGER ET AL. (2014a) Zahlbereiche: HEFENDEHL-HEBEKER/PREDIGER (2006) Dezimalzahlen: MOSANDL/SPRENGER (2014)
Dezimalzahl als verfeinerte Maßzahl am Zahlenstrahl	Rechnen mit Dezimalzahlen	
Prozent als besondere Darstellung eines Anteils	Zinsrechnung	
Größen als vergleichbare und messbare Eigenschaften von Objekten und Situationen	Berechnungen in der Geometrie Modellieren	LEUDERS/BARZEL (2014)
Variable als Unbestimmte, Unbekannte oder Veränderliche	Terme Funktionen Differentialrechnung	übergreifend für die Algebra: MALLE 1993 Terme: BARZEL/HERGET 2006
Terme als Beschreibung von Situationen mit Unbestimmten	Termumformung	
Gleichungen als Beschreibung von Situationen mit Unbekannten	Gleichungsumformung	Gleichungen: BARZEL/HOLZÄPFEL 2011
Funktionen im Zuordnungs-, Kovariations- und Objektaspekt	Funktionstypen Differentialrechnung	übergreifend: VOLLRATH/ROTH 2011 Darstellungen: PREDIGER/LEUDERS (2005) Funktionsbegriff: LENGNINK (2005)

KASTEN 3.5 Spezifizierung von weiteren Verstehensgrundlagen

Beide Differenzierungsziele werden in den beschriebenen Situationen in der Regel mit unterschiedlichen Aufgaben und Unterrichtsstrukturen umgesetzt (s. Kapitel 4 und 5). Gemeinsam ist ihnen aber, dass eine fokussierte Förderung an den inhaltlichen Vorstellungen und an einem angemessenen Umgang mit den Darstellungen arbeiten muss.

Welche Verstehensgrundlagen für eine fokussierte Förderung jeweils erforderlich sind, hat die fachdidaktische Forschung für zentrale Aspekte zusammengestellt. Kasten 3.5 gibt Hinweise, wo dieser Wissensstand auf praxisnahe Weise zum Weiterlesen aufbereitet ist.

Eine inhaltliche Zusammenstellung von Verstehensgrundlagen bietet also eine fachdidaktisch solide Basis für eine Förderung, die an den inhaltlich wesentlichen Aspekten ansetzt. Insbesondere ist dies auch relevant für Lernende, die lernzieldifferent unterrichtet werden: Wenn klar ist, was tatsächlich zentral für das Weiterlernen ist, dann kann auch entschieden werden, was man für diese Lernenden weglassen kann.

3.1.3 Adaptive Förderung durch passende Diagnose

Adaptivität erreichbar durch Diagnose

Die empirische fachdidaktische Forschung liefert wichtige Hinweise, welche Verstehensgrundlagen zentral sind und wo typische Problemstellungen auftauchen. Woher weiß man jedoch als Lehrkraft in der eigenen Klasse, wer nun welchen Bedarf wirklich hat? Die Adaptivität einer Förderung (ob nun mit dem Ziel Unterschiede auszugleichen oder ihnen gerecht zu werden), setzt voraus, dass man nicht nur inhaltlich treffsicher die wichtigen Bereich identifiziert, sondern auch, dass man die Lernenden identifiziert, die einer entsprechenden Förderung bedürfen. In homogen sehr schwachen Klassen ist manchmal eine Diagnose überflüssig, weil man einfach die typischen Problemstellen, die aus der empirischen Forschung und der Erfahrung in der Praxis bekannt sind, mit allen Lernenden angehen kann. In heterogenen Klassen dagegen wird im Idealfall durch *Individualdiagnose* erhoben, wer ausgleichende fokussierte Förderung zu *welchen* Inhalten braucht, denn so kann die Förderung individuell passend zu den Lernbedarfen der Schülerinnen und Schüler gestaltet werden. So wird es möglich, dass Diagnose und Förderung passend ineinandergreifen (HUßMANN/LEUDERS/PREDIGER 2007, TOMLINSON/ MOON 2013).

Mit dem Begriff „Diagnose" ist dabei weniger der Einsatz von formalen Testinstrumenten gemeint, sondern jede Tätigkeit im Unterrichtsalltag, mit der Leistungen verstanden und eingeschätzt werden mit dem Ziel, angemessene pädagogische und didaktische Entscheidungen zu treffen. Diese „pädagogische Diagnostik" (INGENKAMP 1997) kann zu Beginn einer Lerneinheit als Eingangsdiagnose oder während des Lernprozesses als so genannte formative Diagnose unterschiedlich durchgeführt werden: durch mündliches Rückfragen, durch Beobachtung von Lernverhalten oder durch diagnostische Aufgaben (HUßMANN ET AL. 2007).

Zur Herstellung der individuellen Passung einer Förderung eignen sich schriftliche Diagnoseaufgaben allerdings nur dann, wenn sie wirklich zielgenau auf die relevanten Verstehensgrundlagen (und nicht Nebenschauplätze) und typische Fehlvorstellungen fokussieren und dazu jeweils passende Förderaufgaben zur Verfügung stehen. Nicht alles, was derzeit von Verlagen an Diagnose- und Fördermaterialien verkauft wird, erfüllt diese Ansprüche an Fokussiertheit (s. z. B. das problematische Beispiel in Abschnitt 1.4).

Kriterien und Beispiele für gute Diagnoseaufgaben findet man zum Beispiel bei HUßMANN/LEUDERS/PREDIGER (2007) oder BÜCHTER/LEUDERS (2008). Zu den wichtigsten Kriterien gehören:

Kriterien für Diagnoseaufgaben

- Fokussierung auf die relevanten Verstehenselemente – also weitestmögliches Ausblenden irrelevanter Aspekte, wie z. B. Sicherheit im Rechnen bei Aufgaben zum Bruchverstehen.

- Aufforderung zu Produktionen – je ausführlicher Lernende Ideen (Begründungen, Rechenwege) aufschreiben, desto mehr Informationen kann man als Lehrkraft gewinnen. Ein informatives, oft verwendetes Format ist dabei die Aufforderung, zwischen verschiedenen Darstellungen zu wechseln, also z. B. eine Rechengeschichte zu einem Graphen, eine Situation zu einer Bruchoperation.

Inneinandergreifen von Diagnose und Förderung

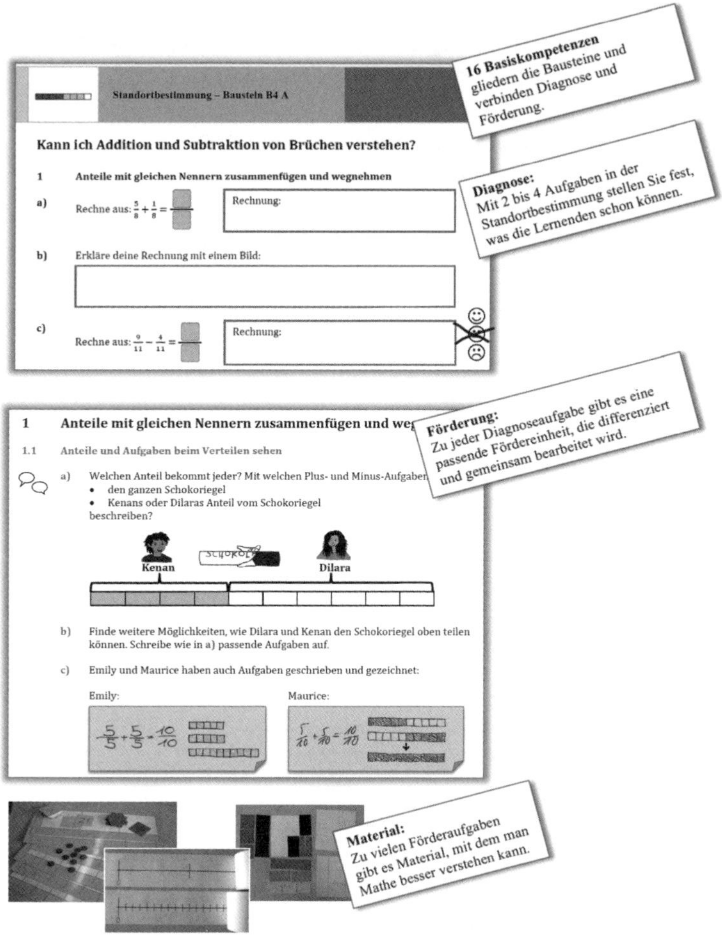

KASTEN 3.6 Beispiel für ein Diagnose- und Förderkonzept aus „Mathe sicher können" (PREDIGER/SELTER/HUßMANN/NÜHRENBÖRGER 2014a, teilweise online frei verfügbar unter http://mathe-sicher-koennen.dzlm.de →Material)

Diagnosen dieser Art lassen sich in allen Bereichen (z. B. denen des Kastens 3.5) und Jahrgängen durchführen. Gerade schriftliche Diagnosen haben ihre prinzipiellen Grenzen in der Möglichkeit, den Lernenden in den Kopf zu schauen, denn der Schluss von den gezeigten Leistungen oder Fehlern auf dahinter stehende Ursachen ist oft mit Unsicherheit behaftet. Dann kann die Rückmeldung vorsichtig formuliert werden („Möglicherweise hast du noch Schwierigkeiten bei… ") oder die anschließende Fördersituation zum mündlichen Nachfragen genutzt werden.

Ein Beispiel für ein Material, in dem Diagnose und Förderung systematisch ineinander greifen, liefert Kasten 3.6. Wie in dem Material eine problemsensitive, fachdidaktisch fundierte Auswertung der Diagnose direkt auf passende Fördereinheiten verweist, zeigt Kasten 3.7. Diese Treffsicherheit erfordert systematischen Bezug zur Forschung, um typische Fehler und ihre möglichen Ursachen zu erkennen und zu bearbeiten.

Die unterrichtsmethodische Umsetzung einer diagnosegeleiteten individualisierten Förderung beschreiben wir in Abschnitt 5.4.1, nicht nur für Lernende mit spezifischen Verstehenshürden.

Für schwache Lernende, die im Fokus dieses Kapitels stehen, hat sich herausgestellt, dass rein individualisierte Methoden insofern untauglich sind, als ihre Verstehensprozesse immer wieder durch Kommunikation angeregt werden müssen, idealerweise in einer moderierten Kleingruppe. Denn ohne unterstützte Kommunikation können gerade schwache Lernende sich die notwendigen Vorstellungen und Darstellungen nicht aneignen (Moser Opitz 2009, Hußmann et al. 2014).

Fokussierte Auswertungshinweise zur Diagnoseaufgabe aus Kasten 3.6:

Übergreifende Fehler

Typische Fehler		**Mögliche Ursache**	**Förderung**
1), 2)	z.B. Rechne aus: (1) $\frac{1}{3}+\frac{1}{6}=\frac{2}{9}$ Platz für die Rechnung: 1+1=2 3+6=9	Komponentenweises Addieren / Subtrahieren, das keine Beziehung zwischen Zähler und Nenner herstellt und nicht auf Vorstellungen zurückgreift. (Häufigster Fehler nach Einführung der Multiplikation.)	Bedeutung der Addition und der Subtraktion mit 1.1 - 1.3 (gleicher Nenner) bzw. 2.1 - 2.3 (ungleiche Nenner) erarbeiten. Vertiefen in 2.4.

Diagnoseaufgabe 1: Anteile mit gleichen Nennern zusammenfügen und wegnehmen

Typische Fehler		**Mögliche Ursache**	**Förderung**
b)	Bild passt nicht zur Aufgabe 5/8 + 1/8, z.B. 	Die Anteile werden nicht (deutlich) auf ein gemeinsames Ganzes bezogen dargestellt. Zum Teil wird keine Beziehung zwischen Zähler und Nenner hergestellt.	Erarbeitung von Additions- und Subtraktionsaufgaben in Streifen (1.1 - 1.2).
	Es wird kein Bild gezeichnet, sondern eine Rechnung aufgeschrieben, z.B. $\frac{5}{8}+\frac{1}{8}=\frac{6}{8}$	Es bestehen u.U. Unsicherheiten darin, wie ein Bild zu einer Additionsaufgabe mit Brüchen aussehen kann.	

Kasten 3.7 Hinweise zur problemsensitiven Auswertung der Diagnose im Projekt „Mathe sicher können" (Prediger/Selter et al. 2014a)

Bei stärkeren Lernenden und bei geeigneten Themen ist es dagegen durchaus möglich, individualisiertere Formen mit Selbstdiagnose und eigenverantwortlichen Lernphasen zu nutzen (vgl. Abschnitt 5.4.1 und 5.4.3 sowie PREDIGER ET AL. 2011b). Dies schafft für die Lehrperson Freiräume, um sich mit bestimmten Lernenden intensiver zu beschäftigen.

3.2 Fokussierte Förderung bei Gender-Unterschieden

Gender-stereotype Zuschreibungen

Mädchen und Jungen unterscheiden sich in vielerlei Weise und für viele dieser Unterschiede besteht nicht das Differenzierungsziel der ausgleichenden Förderung. Gleichwohl hat die Forschung der letzten Jahrzehnte eine Reihe von Unterschieden aufgedeckt, die nicht im Bereich der kognitiven Fähigkeiten, sondern im Bereich des Affektiven, also der Emotionen, Überzeugungen und Motivationen liegen. Diese stehen eng mit dem Gender in Zusammenhang, also dem gesellschaftlich geprägten Bild von männlich bzw. weiblich. Diese können lernhinderlich wirken (vgl. Abschnitt 2.3.1).

Dass auch heute noch viele **Gender-Stereotypen** überwunden werden müssen, zeigte die misslungene Verkaufsaktion eines deutschen Versandhauses mit Mädchen-T-Shirts mit der Aufschrift „In Mathe bin ich Deko" in Abb. 3.2. Solche Stereotypen werden zwar durch Erziehung und Medien transportiert, dennoch kann Mathematikunterricht auf vielfältige Weise zu ihrer allmählichen Auflösung, aber auch zu ihrer Verfestigung beitragen (JUNGWIRTH 1991, 2014).

Ein Phänomen, das hier seine Wirkung entfaltet, ist dieses: Mädchen neigen dazu, ihre Erfolge eher auf ihre Anstrengung und ihre Misserfolge auf mangelnde Fähigkeiten zurückzuführen, während es bei Jungen tendenziell eher umgekehrt ist. Diese Zuschreibung (Attribution) kann durch das Verhalten der Lehrperson noch verstärkt werden, wenn sie Mädchen für ihren Fleiß und Jungen für ihre guten Ideen loben. Es ist empirisch nachgewiesen, dass Lehrkräfte hierbei durchaus nicht objektiv vorgehen, sondern selbst von sogenannten Geschlechtsstereotypen beeinflusst sind (FENNEMA/LEDER 1990).

Lehrkräfte, die sich der Stereotype bewusst sind, können durch ihr **ausgleichendes und reflektiertes Verhalten (auch durch eine geschlechtergerechte Sprache)** sicherlich ein gutes Modell (Vorbild) bieten. Den unterschiedlichen Tendenzen für Erfolgs- bzw. Misserfolgszuschreibungen kann durch bewusste Rückmeldung der Lehrkraft entgegengewirkt werden (siehe Abschnitt 3.3.2). Genderstereotypisierende Zuschreibungen für Jungen beziehen sich oft auf fehlende Disziplin oder Leistungswillen, auch hier können Impulse kompensatorisch hilfreich sein („Paul, setz dich wieder hin. Ich weiß, dass du nicht generell nicht lernen willst, sondern nur zu viel Bewegung im Bauch hast, aber tobe das besser in der Pause aus. Mathe macht dir doch Spaß.").

Mädchengerechter Unterrichtsstil ist für alle nützlich

In der Literatur findet man eine Reihe von weiteren Vorschlägen für die Gestaltung eines Mathematikunterrichts, der sensibel für die Einflüsse von genderbedingten Unterschieden ist. Einige der Vorschläge sind systematisch mit empirischer Forschung begründbar, andere beruhen auf breiten Erfahrungen aus der Praxis. Viele der Vorschläge sind dabei eigentlich grundsätzliche Qualitätskriterien für guten Unterricht (z. B. Budde 2009, Jungwirth 2014):

Immer wieder wird die Vielfalt von **Zugängen und Arbeitsformen** vorgeschlagen: Hierdurch werden mögliche Vorlieben von Mädchen im Mathematikunterricht (etwa für Gruppenarbeit oder für visuelle Zugänge) gefördert. Klare empirische Befunde dazu, dass solche Vorlieben geschlechtsbedingt sind, liegen allerdings nicht vor.

Interessendifferenzierung darf nicht zur Stereotypisierung beitragen

Bei der Auswahl von Aufgaben, kann eine verstärkte **Berücksichtigung von sinnstiftenden Kontexten** – welche für alle Lernenden förderlich ist – dem größeren Bedürfnis von Mädchen nach lebensweltlich bedeutsamen Inhalten entgegenkommen (Jahnke-Klein 2001, Leuders et al. 2011). Diese Kontexte auch nach Interessen zu differenzieren, ist eine weitere Möglichkeit, beide Geschlechter zu bedienen. Allerdings kann das auf den ersten Blick gendergerechte Angebot von Kontexten (z. B. Tierkontext für Mädchen und Technikkontext für Jungen) auch Gender-Steoreotype verstärken (Muzzatti/Agnoli 2007), sodass einige Autoren sogar davon abraten: „Ein überbetonender Blick auf die Geschlechterunterschiede zwischen Jungen und Mädchen kann Geschlechterdifferenzen fortschreiben. Der Mathematikunterricht sollte deswegen nicht [zu explizit] auf die vermeintlich differenten Interessen von Mädchen und Jungen eingestellt werden“ (Budde 2009, 39).

Oft diskutiert wird auch eine **zeitweise Trennung von Jungen und Mädchen**, also eine äußere Differenzierung: Dieser Ansatz wird seit vielen Jahrzehnten gerade im naturwissenschaftlichen Unterricht durchgeführt, wo er sich vor allem mit Blick auf das fachbezogene Selbstbild und die Berufswahlentscheidungen von Mädchen bewährt. Auch wenn hier immer wieder Erfolge berichtet werden, so kann man eher von einer unklaren Befundlage sprechen (U.S. Department of Education 2005).

Zusammenfassend sind didaktisch relevante genderbedingte Unterschiede also vorrangig auf der Ebene von Überzeugungen und Affekten zu finden. Da stereotypisierende Zuschreibungen gleichzeitig eher problemverstärkend wirken können, diskutieren wir in der Folge ausgleichende Maßnahmen zur Überwindung affektiver Hürden, auch ganz unabhängig vom Geschlecht.

3.3 Fokussierte Förderung bei affektiven Hürden

3.3.1 Affektive und kognitive Hürden wirken zusammen

Das folgende Beispiel 3.2 zeigt, wie im Unterrichtsalltag die unterschiedlichen Aspekte Leistung, Selbststeuerung, Einstellungen, Motivation und Emotion oft eng miteinander zusammenhängen.

▶ **Beispiel 3.2:** Sina und die positive (Un)voreingenommenheit

> Herr Leise hat eine Klasse 9 übernommen. Nach der ersten Stunde kommt Sina auf ihn zu sagt frei heraus: „Ich habe übrigens in Mathe keine Chance. Das hat schon Herr Polster [der vorausgehende Mathematiklehrer der Klasse] gesagt. Geben Sie mir einfach die 5 und ansonsten können Sie mich in Ruhe lassen, ok?"
>
> Herr Leise weiß nicht, was vorher geschehen ist, aber will es nicht dabei bewenden lassen – schließlich ist er auch Klassenlehrer und erlebt Sina als sehr kommunikativ. Für die nächsten Monate vereinbart er mit ihr, dass sie nicht vor der Klasse vorrechnen muss. Bei den Hausaufgaben muss sie regelmäßig weniger erledigen, das dafür aber sorgfältig.
>
> Für die folgenden Klassenarbeiten vereinbart er mit Sina das Ziel, dass sie so lernt, dass sie in den ersten drei Aufgaben immer sicher ist. Das Ergebnis: Am Ende des Schuljahres hat Sina zwei Mal eine 3 geschrieben. Sina ist stolz auf ihre Leistungen.

Enger Zusammenhang verschiedener affektiver und kognitiver Hürden

Bei Sina geht es also offensichtlich nicht nur um mangelnde Mathematikleistungen. Diese sind verbunden mit der Überzeugung, keine mathematischen Fähigkeiten zu besitzen – ob nun aus eigenen Erfahrungen oder durch Zuschreibung des vorigen Lehrers. Das hat bei Sina zu einer Art Vermeidungsverhalten geführt, was ihrem Lernen sicherlich nicht zuträglich war und ist. Ob die schlechten Leistungen oder die Angst vor Mathematik zuerst da waren, lässt sich nicht mehr sagen. Auch ohne einen psychologischen Test durchzuführen (etwa Roick et al. 2013), kann man aber feststellen, dass man an beiden Hürden, den affektiven *und* den kognitiven ansetzen muss, wenn man Sina helfen will.

Lernen ist grundsätzlich nicht nur ein kognitiver Prozess, sondern immer mit Emotionen und Affekten verbunden. Auf der einen Seite wissen wir (nicht erst seit den populär gewordenen neurowissenschaftlichen Befunden, vgl. Becker 2006, 138): Positive Emotionen wirken sich günstig auf Lernen und Behalten aus. Negative Emotionen hingegen behindern die Konzentration oder die Bereitschaft, sich mit einem Problem zu beschäftigen.

Auf der anderen Seite ist das Lernen von Neuem (so wie auch das Problemlösen) *immer* mit Hindernissen und folglich mit Emotionen verbunden: Man versteht bestimmte Teile einer Aufgabe nicht oder man findet nicht unmittelbar einen Lösungsweg, … Solche Hindernisse können – je nach Situation – negative aber auch positive Emotionen erzeugen, welche zunächst einmal nur vorübergehende Zustände sind. Wenn solche Emotionen aber immer wiederkehren, führen sie zu stabilen Überzeugungen (MANDLER 1989). Diese können auf die eigene Person oder auf den Gegenstand gerichtet sein („Ich bin ein langsamer Lerner." bzw. „Mathe ist ein schwieriges Fach.") und sie können mehr oder weniger spezifisch sein („Mit Formeln komme ich nicht klar." bzw. „Mathe ist nicht mein Ding."). Solche Überzeugungen beeinflussen wiederum die Emotionen und das Verhalten in weiteren Lernsituationen, sie können sich dann z. B. darin äußern, dass Lernende Situationen, in denen sie mathematisch herausgefordert werden, grundsätzlich vermeiden.

Diese Dynamik kann in einen in Abb. 3.3 abgebildeten Teufelskreis von Vermeidung und Misserfolg führen. In einer extremen Ausprägung entwickelt sich eine Mathematikangst, welche massiv das Weiterlernen und den Schulerfolg bedroht (HEMBREE 1990). Es ergeben sich jedoch verschiedene Möglichkeiten des Aufbrechens, die im Folgenden genauer betrachtet werden.

Teufelskreis aufbrechen als fokussierte Förderstrategie

Für Lernende mit affektiven Hürden sind weitere Versuche der Förderung im kognitiven Bereich nur dann fokussiert und sinnvoll, wenn sie mit Bemühungen verbunden sind, auch die affektiven Hürden für das Weiterlernen zu beseitigen.

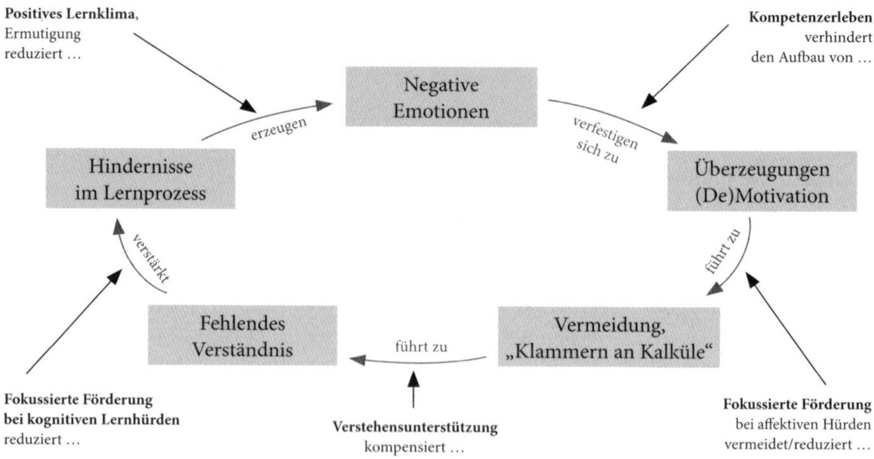

ABB. 3.3 Teufelskreis der negativen Emotionen und Möglichkeiten des Aufbrechens

3.3.2 Förderung bei affektiven Hürden

Im Unterricht erleben Lehrkräfte fehlende Motivation oft als Ursache für ausbleibenden Lernerfolg. Der Kreislauf in Abb. 3.3 zeigt allerdings, dass bei Misserfolgen die Vermeidung weiterer Anstrengung sogar subjektiv rational sein kann. Motivation kann in solchen Fällen eher über Kompetenzerleben gesteigert werden als über extrinsische Motivation wie z. B. durch interessante Kontexte oder Notengebung.

Drei Grundbedürfnisse als Voraussetzung für Motivation

DECI/RYAN (2002) haben diesen Gedanken in ihrer Selbstbestimmungstheorie ausgearbeitet, nach der Motivation sich durch die Befriedigung von drei menschlichen Grundbedürfnissen (wieder) entwickelt:

- Kompetenzerleben (Kann ich das bewältigen?),
- Autonomieerleben (Kann ich selbst etwas gestalten/entscheiden?),
- Erleben von sozialer Eingebundenheit (Gehöre ich dazu?).

Wenn es gelingt, Autonomieerleben und Kompetenzerleben in einem unterstützenden sozialen Umfeld zu ermöglichen, lassen sich affektive Hürden wie mangelnde Motivation und geringes Selbstkonzept wieder beseitigen. Der Kerngedanke ist dabei, dass auch wenig motivierte Lernende besser zu erreichen sind, wenn sie Erfolgserlebnisse und Gestaltungsspielräume (z. B. in offenen Aufgaben) haben.

Nachfolgend werden drei Formen beschrieben, wie eine fokussierte Förderung bei affektiven Hürden im Sinne der Selbstbestimmungstheorie aussehen kann (HACKWORTH 1992, FURNER/BERMAN 2003).

Soziale Eingebundenheit durch ein positives Lernklima

Viele Lehrkräfte versuchen, Interesse durch attraktive Kontexte und Aufgaben oder vielfältige aktivierende Unterrichtsmethoden zu wecken. Empirische Untersuchungen zeigen allerdings, dass Interesse in Unterrichtsgesprächen in ganz spezifischen Momenten aufflammt, z. B. in solchen, in denen auch die Lehrkraft sich auf das Denken der Lernenden einlässt und damit weiter arbeitet (BIKNER-AHSBAHS 2005). Die Bedeutung der sozialen Dimension von Mathematikunterricht betont auch HEYMANN (1996), der als ein Ziel einer allgemeinbildenden Unterrichtskultur die „Stärkung des Schüler-Ichs" heraushebt.

Ein wichtiger Moment in der Entwicklung bzw. Verfestigung affektiver Hürden besteht in den Situationen, in denen Hindernisse beim Lernen oder Problemlösen auftreten. Beim Klassenunterricht wird dieser Moment stark durch das Verhalten der Lehrkraft bestimmt. Mögliche negative Emotionen können durch inhaltliche Unterstützung („scaffolding" – Gerüstbilden) oder motivationale Unterstützung aufgefangen werden. Lehrkräfte haben im Klassenunterricht zudem Modellfunktion. Sie zeigen durch ihre eigenen lauten Denkprozesse beispielsweise, dass Unsicherheiten und Fehler zur Beschäftigung mit Mathematik dazu gehören und vermitteln den Lernenden, dass Nichtverstehen keine Grund für Scham sein darf. TURNER ET AL. (2002) konnten empirisch zeigen, dass all diese Verhaltensweisen die affektiven Hürden für eine aktive Beschäftigung mit Mathematik reduzieren bzw. eliminieren können.

Kompetenzerleben durch geeignete Aufgaben und Unterstützung

Kompetenzerleben (dass sich also Lernende selbst als kompetent erleben oder nicht), wirkt sich nicht nur auf die Motivation aus, sondern auch auf die Überzeugungen zur eigenen Person, also das mathematische Selbstkonzept und die Selbstwirksamkeitserwartung in mathematischen Situationen (vgl. Abschnitt 2.2.4). Unterricht, der in diesem Bereich über affektive Hürden hinweg helfen will, muss also den Lernenden Erfolgserlebnisse verschaffen.

Damit Lernende Erfolgserlebnisse haben können, müssen Lernsituationen (d.h. Aufgaben und Unterstützungselemente) auf die Möglichkeiten der Lernenden abgestimmt sein. Starke Lernende brauchen hinreichende Herausforderungen, schwache Lernende „Verstehenserfolge" im Sinne des Abschnitts 3.1. Ein solches auf „Verstehen" fokussiertes Lernen wird durch ein angemessenes Lerntempo ohne Leistungsdruck und geeignete Unterstützung, z. B. durch Visualisierung oder Material, ermöglicht (JENNISSON/BESWICK 2010).

Damit Lernende ihre Erfolge auch wahrnehmen, ist zuweilen das Durchbrechen ungünstiger Zuschreibungen von Erfolgen bzw. Misserfolgen (Attributionen) notwendig, welche gerade Mädchen oft vornehmen (vgl. Abschnitt 2.3.1). Lehrkräfte können unterschiedlichen Tendenzen für Erfolgs- bzw. Misserfolgszuschreibungen durch bewusste Rückmeldungen entgegenwirken (ZIEGLER/STÖGER 2002):

- Bei Erfolg: Fähigkeiten herausstreichen („Das Thema liegt dir offensichtlich")/Konsistenz betonen („Das hast du wieder gut gemacht")/Vergleichsinformation geben („Damit haben die meisten anderen Schwierigkeiten").
- Bei Misserfolg: auf mangelnde Anstrengung verweisen („Das musst du dir noch mal durchlesen")/Vergleichsinformation geben („Damit haben die meisten Schwierigkeiten")/Andere Fähigkeiten herausstreichen („Das andere Thema liegt dir wohl besser").

Autonomieerleben durch Selbstregulation

Das Erleben von Autonomie ist eng damit verbunden, dass Lernende ihre Arbeits- und Lernprozesse eigenverantwortlich organisieren können. Das zeigt, dass dringend geboten ist, auch Prozesse der Selbstregulation in den Blick zu nehmen. Das verdeutlicht das Beispiel 3.3:

Beispiel 3.3: Gelernte Hilflosigkeit

> Frau Michalik hat wieder eine fünfte Klasse übernommen. Sie hat sich vorgenommen, der Heterogenität der Lernenden in den arithmetischen Basisfähigkeiten gerecht zu werden, indem sie ein individualisierendes Lernmaterial einsetzt. In der ersten Stunde erläutert sie das Material und übt die Verwendung in der Klasse ein. Für die zweite Stunde hat sie die Regel aufgestellt: Jeder arbeitet für eine halbe Stunde individuell. Wer eine Frage hat oder eine Aufgabe nicht versteht, stellt sich am Pult an.
>
> Das Ergebnis: 3 Schüler arbeiten, 27 Schülerinnen und Schüler stehen in einer Schlange am Pult und lassen sich schon die erste Aufgabe erklären.
>
> Frau Michalik zweifelt an der Lesekompetenz und berät sich mit ihrer Deutsch-Kollegin, die ihr rät, nicht zu früh aufzugeben: „Du darfst halt auch nicht alles erklären. Lass sie ruhig erstmal wurschteln." Daraufhin ändert sie die Regel: Wer eine Aufgabe nicht versteht, muss sie zuerst dreimal lesen, dann kann er den Nachbarn fragen. Wer dann immer noch nicht weiß, was zu tun ist, muss eine konkrete Frage formulieren und kann dann damit nach vorne kommen.
>
> Das Ergebnis: Der Großteil der Lernenden hat keine Fragen mehr. Frau Michalik kann sich mit einer kleinen Gruppe von vier Lernenden intensiver beschäftigen, während die anderen eine ganze Stunde am Material arbeiten.

Was ist hier geschehen? Die mangelnde Lesekompetenz kann nicht die Ursache für die Probleme der Lernenden gewesen sein. Anscheinend ging es eher um die Bereitschaft der Kinder, einen Aufgabetext zu lesen und den darin enthaltenen Auftrag zu verstehen. Die meisten hatten in der Grundschule die Überzeugung erlangt: Eine Aufgabe wird zunächst durch die Lehrerin erklärt, bis alle verstanden haben, was zu tun ist (ein Vorgehen, das für Klasse 1 angemessen ist, aber in vielen Grundschulklassen bis zur Klasse 4 weitergeführt wird). Als sich die Aufgaben bei der Einzelarbeit nicht sofort erschlossen, also ein Hindernis auftrat, waren die Schülerinnen und Schüler überzeugt, dass dies durch die Lehrerin gelöst werden muss – man könnte dies als „gelernte Hilflosigkeit" bezeichnen. Das Gegenteil hiervon sind Lernende, die ihre Lernprozesse aktiv steuern und dabei autonom (soweit es für das jeweilige Alter zu erwarten ist) handeln.

Stefanou et al. (2004) beschreiben eine Reihe von Tätigkeiten, die Schülerinnen und Schüler im Rahmen wachsender Autonomie ausführen können, wenn die Lehrkraft geeignete Gelegenheiten und Unterstützung gibt:

- Autonomieunterstützung in der Organisation: Schülerinnen und Schüler können/müssen Gruppenmitglieder auswählen, Prüfungsaufgaben mit aussuchen (siehe z. B. SAINT-GEORGE 2003), Termine für Aufgabenabgaben überwachen, usw.
- Autonomieunterstützung beim mathematischen Arbeiten: Schülerinnen und Schüler können/müssen Materialen für Projekte auswählen, über ihre Form der Präsentation entscheiden, ihre Bedürfnisse äußern, usw.
- Autonomieunterstützung beim mathematischen Denken: Schülerinnen und Schüler können/müssen unterschiedliche Lösungswege diskutieren, selbstständig Probleme lösen, Fragen entwickeln und stellen, usw.

3.3.3 Rolle der Eltern für affektive Unterstützung der Lernenden

Eltern können unterstützen, affektive Hürden zu überwinden

Auch wenn der Unterricht und die Lehrkraft wohl die wichtigsten Einflussfaktoren für Einstellungen gegenüber dem Fach Mathematik bilden, gibt es daneben einen nicht zu unterschätzenden Einfluss durch das Elternhaus. Was Eltern über die Bedeutung des Faches Mathematik, die Leistungsanforderungen der Lehrkraft oder über die Hausaufgaben denken und ihrem Kind vermitteln, hat eine nicht zu vernachlässigende Wirkung auf die affektiven Voraussetzungen der Lernenden. Daher ist es sinnvoll, Eltern soweit wie es möglich und sinnvoll ist, einzubeziehen und ihre Rolle beim Aufbau von Motivation und Selbstregulation, z. B. bei den Hausaufgaben, deutlich zu machen (LEUDERS/LEUDERS 2012, 2014).

▶ **Beispiel 3.4:** Ein Elternabend zur affektiven Unterstützung

Herr Holtappel bereitet einen Elternabend vor. Seine Schülerinnen und Schüler sollen (anonym) aufschreiben, wodurch sie sich von ihren Eltern motiviert bzw. demotiviert fühlen, wenn es um ihre Mathematik-Hausaufgaben geht. Diese Blätter sammelt er ein und bringt sie zum Elternabend mit. Zuerst sollen die Eltern sich darüber austauschen, wie sie ihre Kinder motivieren und was sie womöglich schlecht bzw. gut dabei tun. Dann präsentiert er die Schülerantworten und eine intensive Diskussion beginnt.

Als Hintergrund erläutert er schließlich einige Ideen der Motivationstheorie nach DECI/RYAN (2002), und diskutiert mit den Eltern, welche Konsequenzen daraus für die Hausaufgaben folgen können.

Was die Eltern nebenher übrigens auch noch interessiert: Welcher Zettel war wohl von welchem Kind? …

3.4 Fokussierte Förderung bei sprachlich bedingten Hürden[2]

3.4.1 Differenzierungsaspekt und Zielgruppe

Beispiel 3.5: Tülay, Salim und die Bedeutung der Sprache fürs Verstehen

> Tülay diskutiert mit Salim über eine Aufgabe zum Unterschied von absoluter und relativer Häufigkeit: „Ja, beiden hatte Schokolade gegebt. Aber Max hatte 6 von 16 Stücke und Moritz 5 von 10 gegebt, also Moritz ist großzügiger, weil größere Teil von was er hat."
>
> Salim antwortet: „Nee, Moritz hatte mehr Schokolade abgegeben! Oder meinst du die Anzahl, was er hatte? Aber 6 ist doch die größere Anzahl?"
>
> Zwar spricht Tülay, die seit einem Jahr in Deutschland lebt, ein Deutsch mit noch etwas eigenwilliger Grammatik, doch hat sie die Konzepte von relativer und absoluter Häufigkeit voll erfasst und mit dem „größere Teil" (gemeint ist Anteil) die Grundvorstellung der relativen Häufigkeit auch formuliert. Salim dagegen, der als Kind der zweiten Migrantengeneration in Deutschland geboren und aufgewachsen ist, spricht zwar grammatikalisch richtig, ihm fehlt jedoch die Präzision, den Anteil von der Anzahl zu unterscheiden und damit die Konzepte absolute und relative Häufigkeit in ihrer Bedeutung zu klären. Nicht nur diese beiden Worte fehlen ihm, sondern auch Satzkonstruktionen wie „Anteil von etwas".

Sprache als zentraler Angriffspunkt zur Reduzierung sozialer Ungleichheit

Unterricht stellt an alle Lernenden – egal welchen sprachlichen Hintergrund sie haben – hohe sprachliche Anforderungen, weil sie in der Schule viele Sprachen verstehen, sprechen und schreiben sollen: Alltags-, Bildungs- und Fachsprache in jeweils unterschiedlichen Darstellungen. Dies ist insbesondere für (ein- und mehrsprachige) Lernende mit Defiziten in der deutschen Bildungssprache eine Herausforderung. So auch für Salim und Tülay aus dem Beispiel 3.5, die zu dieser immer größer werdenden Gruppe gehören. Die große Bedeutung des Differenzierungsaspekts Sprache spiegelt sich auch in dem hohen statistischen Zusammenhang zwischen Sprachkompetenz und Mathematikleistung in Leistungstests und den weiteren in Abschnitt 2.3.3 beschriebenen Untersuchungen. Da Sprache noch wichtiger als andere herkunftsbedingte Faktoren zu sein scheint, stellt sie einen zentralen Angriffspunkt für eine Verringerung sozialer Ungleichheit dar.

Als offensichtlichste Zielgruppe für eine ausgleichende Förderung der Sprachkompetenz fallen in der Schule neu Eingewanderte auf, die oft zunächst in sogenannten Auffangklassen so viel Deutsch lernen, dass sie überhaupt am Regelunterricht teilnehmen können. Der weit größere Teil der Zielgruppe umfasst jedoch Kinder und Jugendliche, die in Deutschland aufgewachsen sind:

[2] Der Abschnitt folgt in Teilen dem Artikel MEYER/PREDIGER (2012).

Sprache als Lernmedium, Lernvoraussetzung und Lerngegenstand

Migrantinnen und Migranten der zweiten und dritten Generation und auch rein deutschsprachig Aufgewachsene aus bildungsfernen Elternhäusern oder mit sprachlichen Beeinträchtigungen im Sinne des sonderpädagogisch attestierten Förderbedarfs. Wie groß diese Gruppe genau ist, kann nur geschätzt werden, da viele Sprachschwierigkeiten insbesondere bei einsprachigen Deutschen bislang nicht erfasst werden und andererseits einige Mehrsprachige über hohe deutsche Sprachkompetenzen verfügen. Vermutlich sind mindestens 20–30 % eines Jahrgangs betroffen, in gewissen sprachlichen Feinheiten sogar fast alle Jugendlichen.

Konkret können sich sprachlich bedingte Hürden unterschiedlich äußern, wie das Beispiel 3.5 zeigt. Daher soll in diesem Kapitel zunächst die Rolle und die Vielfalt der Sprachen genauer analysiert werden, bevor dann Ansätze zur Förderung der Sprachen vorgestellt werden, die einen verständigeren Zugang zur Mathematik ermöglichen. Denn auch im vermeintlich spracharmen Fach Mathematik hat Sprache mehrere Rollen gleichzeitig (vgl. Maier/Schweiger 1999):

- Sprache ist ein wesentliches *Lernmedium*, denn fachliche Lernprozesse erfolgen in Kommunikation (schriftlich und/oder mündlich), sind also stets sprachlich vermittelt. Sprachliche Grenzen werden, wie bei Salim, deshalb schnell zu Grenzen im Lernprozess.
- Sprache als *Lernvoraussetzung* bzw. *Lernhindernis* ist in den letzten Jahren zunehmend ins Bewusstsein gerückt. Dass Salim lernen muss, seine Gedanken zur relativen und absoluten Häufigkeit zu präzisieren, erfordert den systematischen Aufbau seiner sprachlichen Mittel.
- Sowohl die Fachsprache als auch die Bildungssprache sind daher zunehmend wichtiger werdende *Lerngegenstände*, die gezielt zu erwerben sind und hier etwas genauer beleuchtet werden sollen, bevor Ansätze der ausgleichenden fokussierten Förderung vorgestellt werden.

3.4.2 Relevante Förderinhalte für den Differenzierungsaspekt Sprache: Vielfalt der Sprachen und Darstellungen

Alltags-, Bildungs- und Fachsprache

Die offensichtlichste sprachliche Herausforderung im Mathematikunterricht bildet die *Fachsprache* mit ihren eigenen Fachbegriffen, spezifischen Satzstrukturen und Textsorten (Definitionen, Merksätze, Textaufgaben, …) (Maier/Schweiger 1999, 20 ff). Im linguistischen Sinne ist die Fachsprache keine völlig neue Sprache, weil sie auf der Alltagssprache aufbaut. Sie bildet aber ein eigenes sogenanntes Sprach*register*. Als Register werden funktionsspezifische Sprech- und Schreibweisen bezeichnet, die für bestimmte Kommunikationszwecke optimiert sind (Gibbons 2010). Zur Vereinfachung werden diese Register im Weiteren ebenfalls als Sprachen bezeichnet.

Wagenschein (1968, 102) betont, dass der Lerngegenstand Fachsprache als „Sprache des Verstandenen" erst am Ende des Lernprozesses steht und sich im Unterricht sukzessive aus der „Sprache des Verstehens" entwickeln sollte. Diese (als Basis für das Verstehen genutzte) Sprache ist für die Lernenden in der Regel die ihnen vertraute *Alltagssprache*, wie Gallin/Ruf (1998) in faszinierenden Beispielen ihres dialogischen Lernens zeigen.

Charakteristisch für schulischen Unterricht ist allerdings, dass dort nicht nur die Alltagssprache der Lernenden, sondern auch ein drittes Sprachregister als Lernmedium Verwendung findet, die sogenannte *Bildungssprache* (Gogolin 2009). Mit Bildungssprache werden die Lernenden sowohl in Texten (Schulbüchern, Tageszeitungen, ...) als auch durch die Sprache der Lehrkraft konfrontiert.

Bildungssprache wird als „konzeptionell schriftlich" bezeichnet, damit ist gemeint, dass selbst wenn sie gesprochen wird, sie typische Eigenschaften von Schriftsprache besitzt: Während Alltagssprache im unmittelbaren Gespräch viele Auslassungen ermöglicht und Handlungen breiter ausführt, drückt Bildungssprache vieles expliziter und ohne Bezug auf den Sprechkontext aus.

Plastisch werden die graduellen Unterschiede der drei Register am konkreten Beispiel einer Einkaufssituation in Kasten 3.8. In den drei verbalen Formulierungen verschwindet zunehmend der Kontext und die Handlungsabfolge, die Sätze werden kürzer, die Satzkonstruktionen dafür deutlich komplexer. Verbale bildungssprachliche Formulierungen sind oft durchdrungen von spezifischen Begriffen (im Beispiel aus der Geschäftswelt: Rabatt, Skonto), in denen komplexe Vorgänge verdichtet werden (Skonto als Standardnachlass nach Barzahlung).

Die Beziehungen zwischen bestimmten Größen („Preis der Hose", „gesenkter Preis") werden vom konkreten Sachzusammenhang abstrahiert und von Fachbegriffen belegt, etwa „Grundwert" und „Prozentwert". Wer diese nicht interpretieren kann, kann den Gehalt der Aussage nicht erschließen. Die Verben der Beispiele zeigen in diesem Beispiel eher fließende Grenzen zwischen den Sprachregistern, denn auch in der Alltagsprache gibt es mathematische oder für die Geschäftswelt typische Fachbegriffe („reduziert", „Rabatt geben auf").

Alltagssprache	„Gestern war Schlussverkauf und ich war in meinem Lieblings-Klamottenladen einkaufen. Bei der Hose habe ich zehn Euro Prozente bekommen. Und weil ich direkt bezahlt habe, hat der Verkäufer den gesenkten Preis nochmal um drei Prozent gesenkt. Dann habe ich 77,50 Euro bezahlt."
Bildungssprache	Im Schlussverkauf wurde auf die UVP einer Hose 10 € Rabatt gegeben und wegen Barzahlung wurden auf den neuen Preis 3 % Skonto nachgelassen. So betrug der Verkaufspreis schließlich 77,50 €.
Fachsprache	Wird der Grundwert um 10 € und um weitere 3 % vermindert, so ist der Prozentwert 77,50 €.

KASTEN 3.8 Sprachregister am Beispiel einer Einkaufssituation

Bildungssprache teilt viele charakteristische Merkmale mit der Fachsprache (vgl. Kasten 3.9), sie wird als der „gemeinsame sprachliche Nenner“ verschiedener Schulfächer bezeichnet (GOGOLIN 2009). Daher haben wir die Bildungssprache in Kasten 3.9 deutlich näher an die Fachsprache als an die Alltagssprache herangerückt. Auch wenn die Grenze zwischen Fach- und Bildungssprache auf dem Kontinuum nicht leicht zu ziehen ist, ist sie nicht nur theoretisch. Gerade im Hinblick auf Möglichkeiten zur Reduktion sozialer Ungleichheit ist es von zentraler Bedeutung, die Rolle der Bildungssprache im Unterricht deutlicher wahrzunehmen: Wenn Unterricht, etwa in Aufgabenformulierungen oder in der Lehrersprache die Bildungssprache als *Lernmedium* nutzt, so stellt die Beherrschung dieser Bildungssprache eine *Lernvoraussetzung* dar.

Graduelle Unterschiede der verschiedenen verbalsprachlichen Register		
Alltagssprache	**Bildungssprache**	**Fachsprache**
Wortebene		
• Begriffe mit weiten Bedeutungsfeldern	◄——►	• spezifisch definierte Begriffe mit eng abgegrenzter Bedeutung
• kontextgebundene Bedeutung von Wörtern	◄——►	• weitgehend kontextentbundene Bedeutung von Wörtern
• …		
Satz- und Textebene		
• konzeptionelle Mündlichkeit der Sprache	◄——►	• konzeptionelle Schriftlichkeit der Sprache
• Kontextualisierungen (d. h. stets Situationsbezug)	◄——►	• Dekontextualisierungen (abstrahiert von konkreter Situation)
• einfache grammatikalische Satzkonstruktionen, oft unvollständige Sätze	◄——►	• vollständige Sätze mit komplexen Strukturen: Nominalisierungen, komplexe Attribute, Passiv, Konjunktiv, verkürzte Nebensätze
• …		
Diskursebene		
• Beschreiben, Darstellen, Erläutern, Erklären, nur so weit zur Verständigung mit Gegenüber nötig	◄——►	• möglichst vollständiges und exaktes Beschreiben, Darstellen, Erläutern, Erklären, zuweilen ohne konkreten Adressaten
• Argumentieren ohne explizite Argumentationsbasis	◄——►	• Argumentieren durch expliziten Bezug zur Argumentationsbasis (im idealen Fall)
• …		

KASTEN 3.9 Beispiele für graduelle Unterschiede der Register
(vgl. CUMMINS 1986, MAIER/SCHWEIGER 1999, KOCH/ÖSTERREICHER 1985, u. a.)

Während Lernende aus bildungsnahen Milieus mit dem bildungssprachlichen Register durch (angeleitete) Mediennutzung, Presse und weiterer Literatur bereits vertraut sind, erfüllen aber andere diese bildungssprachlichen Lernvoraussetzungen durch ihre häusliche Sozialisation gerade noch nicht (CUMMINS 1986), wie Jacqueline im Beispiel 3.6.

Beispiel 3.6: Prozente verstehen

> Jacqueline und Elisabeth haben beide noch nicht verstanden, was die fachsprachliche Formulierung „der Grundwert wird um 3 % vermindert" bedeutet, Elisabeth fragt nach. Die Lehrerin erklärt, „Wenn wegen Barzahlung Skonto gegeben wird, dann wird der Grundwert, also der alte Preis, vermindert." Elisabeth versteht und nickt, während sich Jacqueline heimlich fragt, „Was meint die mit Skonto, und wer gibt das, dann wird es doch mehr"? Diskurskompetenz zum Nachfragen aktiviert sie nicht, daher löst sich ihr Verstehensproblem nicht auf.

Diese Szene ist relativ typisch: Für bildungssprachlich benachteiligte Lernende wie Jacqueline besteht kaum Unterschied zwischen Fach- und Bildungssprache. Lehrkräfte, die in der Regel einen bildungssprachlichen Hintergrund haben, ziehen hingegen eher keinen Unterschied zwischen Alltags- und Bildungssprache. Sie machen dafür eine andere Unterscheidung in ihrem Unterricht: Fachsprachliche Sprachmittel, also z. B. mathematische Fachbegriffe, werden meist explizit eingeführt, die bildungssprachlichen dagegen eher implizit vorausgesetzt. Doch die bildungssprachliche Erklärung der fachsprachlichen Wendung hilft nur Lernenden wie Elisabeth, die über die bildungssprachlichen Voraussetzungen verfügen. Für Lernende wie Jacqueline mit eingeschränkten bildungssprachlichen Lernvoraussetzungen muss dagegen auch die Bildungssprache selbst stärker zum unterrichtlichen *Lerngegenstand* werden, wenn man die unbemerkten Benachteiligungen reduzieren will (Gogolin 2009). Diese wichtige Verschiebung zeigt die Abbildung 3.4.

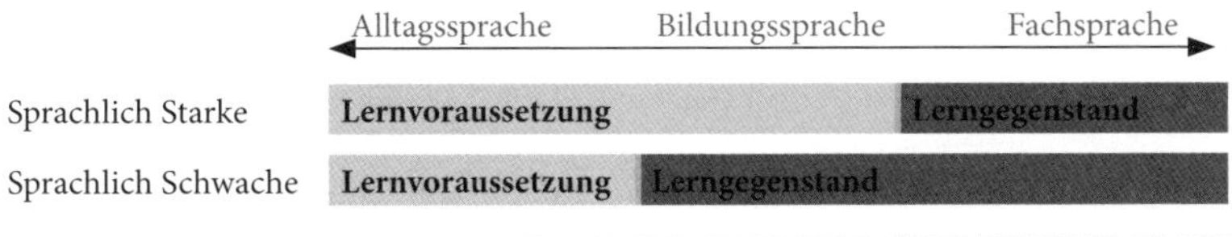

ABB. 3.4 Bildungssprache als Lernvoraussetzung oder Lerngegenstand?

Förderung der Bildungssprache als Aufgabe aller Fächer

Umso wichtiger ist daher die bildungspolitische Forderung nach Förderung von Bildungssprache als Querschnittsaufgabe aller Fächer (z. B. MSWF 1999, Ahrenholz 2010, u. v. m.). In einigen Bundesländern wurde Sprachförderung für Lernende mit nicht-deutscher Erstsprache zu einem Ziel der Unterrichtsentwicklung und zum verpflichtenden Bestandteil der universitären Lehrerbildung erklärt. Doch auch bei Lernenden mit Erstsprache Deutsch sollten bildungssprachliche Ressourcen gezielt entwickelt werden, um ihnen möglichst optimale Bildungschancen zu eröffnen.

Vier Darstellungsformen

Neben den drei verbalen Registern (dem alltags-, bildungs- und fachsprachlichen Register), begegnen den Lernenden (nicht nur) im Mathematikunterricht auch noch andere „Sprachformen" (vgl. Beispiele in Kasten 3.10): Mathematische Sachverhalte treten nicht nur in verbaler Darstellungsform, sondern auch in *numerisch-tabellarischen* und *bildlichen Darstellungsformen* auf.

Bildliche Darstellungsformen zeigen im Alltag oft konkrete Objekte und Situationen, in der Bildungs- und Fachsprache der Mathematik dagegen eher *abstrakte* Beziehungen und Zusammenhänge, z. B. in einem Funktionsgraphen. Gerade bei Diagrammen und Graphen leistet der Mathematikunterricht einen wichtigen Beitrag zum Erwerb bildungssprachlicher Elemente, die auch in anderen Fächern für abstrakte Zusammenhänge genutzt werden.

Schließlich nutzt die mathematische Fachsprache als weiteres Spezifikum die *symbolisch-algebraische Darstellung*. Sie ist ein schwieriger Lerngegenstand des Mathematikunterrichts, doch gleichwohl für das weitere Mathematiklernen in den höheren Jahrgangsstufen von zentraler Bedeutung (Malle 1993).

<table>
<tr><th colspan="3">Einkaufssituation in vier Darstellungsformen</th></tr>
<tr><td>Grafische Darstellung:
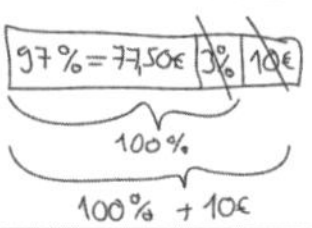
</td><td>Numerische Darstellung:
77,50 € sind 97 %,
also sind _______ genau 100 %,

dann noch 10 € dazu, sind _______</td><td>Symbolisch-algebraische Darstellung:
$(G - 10) \cdot 0{,}97 = 77{,}50$ €</td></tr>
<tr><td colspan="3">Verbale Darstellungen:
• Bildungssprachlich: Im Schlussverkauf wurde auf die UVP einer Hose 10 € Rabatt gegeben und wegen Barzahlung wurden auf den neuen Preis 3 % Skonto nachgelassen. So betrug der Verkaufspreis schließlich 77,50 €.
• Fachsprachlich: Wird der Grundwert um 10 € und um weitere 3 % vermindert, ist der Prozentwert 77,50 €.</td></tr>
</table>

KASTEN 3.10 Weitere Darstellungen der Einkaufssituation aus Kasten 3.8

Insbesondere für das Erlernen eines verständigen Umgangs mit Fachsprache hat es sich im Mathematikunterricht seit Jahren bewährt, möglichst vielfältige Darstellungsformen zu aktivieren, damit Lernende die Bedeutungen fachsprachlicher Begriffe und symbolischer Ausdrücke konstruieren (Duval 2006, Leuders/Prediger 2005, u. v. a.). Erst wenn Lernende Fachbegriffe und Operationen flexibel nutzen und zwischen verbalen, symbolischen und grafischen Darstellungsformen hin und her übersetzen können, dürfen wir davon ausgehen, dass sie die Fachbegriffe erworben haben. Daher sind die nicht-verbalen Darstellungen ein chancenreiches Lernmedium und Darstellungsvernetzung ein zentrales lernförderliches Prinzip (Prediger/Wessel 2012, mehr im Abschnitt 3.4.3).

Sprachmittel für Verstehensprozesse

Auf welche Weise genau wirkt sich nun die Verfügbarkeit von Sprachmitteln auf das Mathematiklernen aus? In Abschnitt 2.3.3 wurde bereits ausgeführt, dass sprachlich bedingte Hürden nicht nur Lesehürden sind: Empirische Untersuchungen zeigen, dass sprachlich schwache Lernende spezifische Nachteile vor allem auch bei Aufgaben mit verstehensbezogenen oder prozessualen Anforderungen erfahren (PREDIGER ET AL. 2015). Sprachlich schwache Lernende werden also nicht nur durch Lesehürden gehindert, ihre Kompetenzen zu zeigen. Sie können tatsächlich im verstehensorientierten Bereich weniger, wenn eingeschränkte Sprachkompetenzen jahrelang die Tiefe ihrer mathematischen Lernprozesse beschränken.

Sprachmittel nicht nur als isolierte Wörter, sondern als Satzbausteine zum Ausdrücken von Bedeutungen

Die zu erwerbenden Sprachmittel im bildungs- und fachsprachlichen Bereich umfassen nicht nur fremde Wörter, sondern all jene Sprachmittel auf Satz-, Text- und Diskursebene (vgl. Kasten 3.9), die für tiefgehende Lernprozesse wichtig sind.

Wenn es um die Entwicklung prozessbezogener Kompetenzen geht, sind insbesondere Diskurskompetenzen gefragt, also Kompetenzen zum Erklären, Argumentieren, Interpretieren, die sich erst im Laufe der Mittelstufe ausprägen. Für die Verstehensprozesse spielen dabei Satzbausteine für das Erklären von Bedeutungen mathematischer Konzepte und das Ausdrücken von Beziehungen eine besondere Rolle, die sogenannten *bedeutungsbezogenen Sprachmittel* (PREDIGER 2016). Im Beispiel 3.7 von Tülay und Salim etwa werden zur verstehensorienterten Klärung Satzbausteine gebraucht, die den Anteil mit dem Ganzen in Beziehung setzen (WESSEL 2015).

▶ **3.7 Fortsetzung des Beispiel 3.5:** Tülay, Salim und die Bedeutung der Sprache fürs Verstehen

Zur Erklärung des Unterschieds von absoluter und relativer Häufigkeit braucht insbesondere Salim folgende Sprachmittel, die auch grafische Darstellungsmittel umfassen können:

- absolute Häufigkeit steht für die Anzahl, also wie viele Stücke man hat
- relative Häufigkeit steht für einen Anteil an einem Ganzen
- einen Anteil beschreibt man mit 6 von 16, z. B. in Streifen:
- der Vergleich mit Anteilen ist fairer, weil er auch das Ganze berücksichtigt.

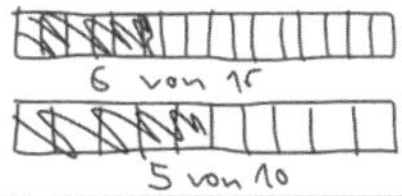

3.4.3. Drei Prinzipien für den Differenzierungsaspekt Sprache im Mathematikunterricht

Wie geht man nun konkret im Unterricht mit der Vielfalt der Sprachen und Darstellungen und den damit verbundenen sprachlichen Herausforderungen produktiv um? Die gut gemeinte Reaktion in vielen Schulbüchern und Klassenzimmern ist, Sprache immer weiter zu reduzieren (ein sogenannter *defensiver Ansatz*), um sie dem Stand der Lernenden anzupassen. Eine solche Form der Adaptivität kann zuweilen angemessen sein, wenn zum Beispiel in *Testsituationen* sprachliche Hürden durch verkürzte Nebensätze oder Passivkonstruktionen beseitigt werden.

In *Lernsituationen* dagegen lässt sich ein rein defensiver Ansatz nicht rechtfertigen, denn es ist ein wichtiges Lernziel, dass Schülerinnen und Schüler auch mit bildungs- und fachsprachlichen Texten umgehen und komplexere mathematische Beziehungen erkennen und sprachlich ausdrücken können. Langfristig vielversprechender sind daher *offensive Ansätze*, die Lernende zunehmend zum Bewältigen sprachlicher Herausforderungen befähigen. Wer glaubt, durch eine Reduktion von Sprache das Differenzierungsziel *Unterschieden gerecht* werden zu verfolgen, wird den Lernenden langfristig eher schaden.

Sprache fordern statt vermeiden (sonst werden langfristig Unterschiede noch ausgebaut)	**Grundidee:** nur offensive Sprachnutzung kann Rahmenbedingung zur Sprachförderung und zum weiteren Mathematiklernen schaffen
Sprache differenziert unterstützen (*Unterschieden gerecht werden*)	**Grundidee:** wer fordert, muss auch adaptiv unterstützen, damit alle die Anforderungen erfüllen können
Sprache längerfristig aufbauen (*Unterschiede ausgleichen*)	**Grundidee:** langfristiger Kompetenzaufbau muss über Einzelsituation hinaus geplant werden

Dem offensiven Ansatz entspricht daher das Prinzip **Sprache fordern statt vermeiden**. Wer ihm folgt, muss allerdings auch im Sinne des Differenzierungsziels *Unterschieden gerecht werden* dafür sorgen, dass alle Lernenden die Anforderungen erfüllen können. Dies ist der Zweck des weiteren Prinzips **Sprache differenziert unterstützen**, zum Beispiel durch Formulierungshilfen für Erkläraufträge oder individuelle Unterstützung, wenn im Unterrichtsgespräch ein Kind seine Gedanken nicht direkt artikulieren kann.

Da kurzfristige Unterstützungen nicht zwangsläufig zum Kompetenzaufbau beitragen, ist außerdem im Sinne des Differenzierungsziels *Unterschiede ausgleichen* das Prinzip **Sprache längerfristig aufbauen** wichtig. Für die Umsetzung aller drei Prinzipien sollen im Folgenden Praxisbeispiele gegeben werden.

3.4.4. Sprache fordern und differenziert unterstützen – Unterschieden der Sprachkompetenz gerecht werden

Effektive Sprachförderung geht vom offensiven Prinzip des **Sprache Fordern statt Vermeidens** aus: Alle Lernenden sollen in ein möglichst reichhaltiges „Sprachbad“ (Leisen 2010, 76) versetzt werden. Dann können sie in einer anregungsreichen Umgebung Fach- und Bildungssprache beobachten, aufnehmen, selbst erproben und Sprachbewusstheit entwickeln (ebd., ähnlich für Fachsprache bereits Maier/Schweiger 1999). Ein solcher Mathematikunterricht ermöglicht für alle Lernenden die stete Verwendung und Reflexion schrittweise reichhaltiger werdender vielfältiger Sprachmittel und Darstellungen.

Statt die kommunikativen Aktivitäten der Lernenden auf Zuhören und Sprechen von Halbsätzen zu beschränken, haben viele Lehrkräfte in den letzten Jahren daher daran gearbeitet, alle vier Bereiche kommunikativer Aktivitäten regelmäßig einzufordern: Sprachrezeption mündlich und schriftlich (d. h. Hören und Lesen) sowie Sprachproduktion mündlich und schriftlich (d. h. Sprechen und Schreiben).

Lernende mit Förderbedarf in der Bildungssprache profitieren also davon, wenn sie immer wieder (auch) zum Schreiben und zum reichhaltigeren Sprechen angeregt werden (Benholz/Lipkowski 2000). Gleichwohl muss jeweils mitgeplant werden, wie das Prinzip **Sprache differenziert unterstützen** umsetzbar wird, um allen gerecht zu werden. Die beiden Beispiele 3.8 und 3.9 zeigen, wie sich beide Prinzipien kombinieren lassen.

Beispiel 3.8: Formulierungshilfen beim Erklären der Kreisfläche (Kl. 9)

Der 9er Grundkurs bearbeitet folgende Aufgabe in der Schrittfolge Beschreiben, Denken, Schreiben, gegenseitig Kontrollieren:

a) Beschreibe das Bild. Du kannst als Hilfe die auf der Pinnwand stehenden Wörter und Satzteile benutzen. Sicher hilft dir auch, wenn du dir klarmachst, wie die beiden Kästen in der Zeichnung beschriftet werden können.

b) Erinnere Dich, wie man den Umfang des Kreises berechnet. Wie kannst du damit und den Bildern den Flächeninhalt des Kreises bestimmen?

c) Schreibe nun eine Formel auf, mit der man den Flächeninhalt eines Kreises berechnen kann. Begründe schriftlich mit Hilfe der Zeichnung, warum diese Formel gilt.

d) Vergleicht eure Formeln und Begründungstexte: Was überzeugt euch schon?

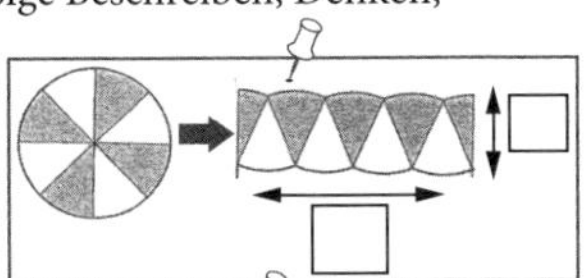

Du kannst folgende Wörter/Satzteile als Hilfe benutzen:
- der Kreisausschnitt
- neu anordnen/neu zusammensetzen
- fast ein Rechteck
- Länge des Rechtecks (Breite des Rechtecks) beträgt ..., weil ...

- Formel für den Flächeninhalt des Rechtecks lautet
- wenn man..., dann ...
- Setzt man für die Länge ... und für die Breite ... ein, ergibt sich ...
- Allerdings ... nur fast ein Rechteck.
- Wenn man die Anzahl ...

Während einige Jugendliche die angebotenen Wörter geflissentlich ignorieren, nutzt Nadja sie sehr konsequent und streicht sogar ab, was sie genutzt hat:

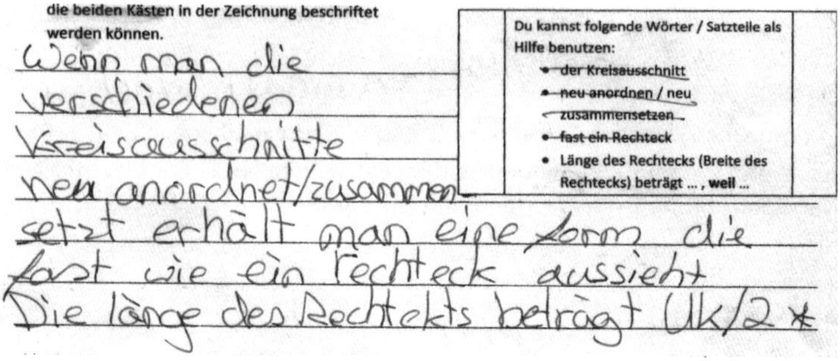

die beiden Kästen in der Zeichnung beschriftet werden können.

Wenn man die verschiedenen Kreisausschnitte neu anordnet/zusammen setzt erhält man eine form die fast wie ein rechteck aussieht Die länge des Rechtekts beträgt Uk/2 *

Du kannst folgende Wörter / Satzteile als Hilfe benutzen:

- der Kreisausschnitt
- neu anordnen / neu zusammensetzen
- fast ein Rechteck
- Länge des Rechtecks (Breite des Rechtecks) beträgt ..., weil ...

(Brauner 2015)

Die Kombination von hohen Anforderungen und Hilfestellungen führt zu einem Unterricht, in dem Sprache eine angemessene Rolle spielen kann.

▶ **Beispiel 3.9:** Fordern und gezielt unterstützen im Unterrichtsgespräch

Als Herr Ahmadi die Klasse 8 übernahm, waren die Lernenden gewohnt, dass sie in fragendentwickelten Unterrichtsgesprächen nur Ein-Wort-Antworten und Halbsätze sagen mussten. Nun fragt er jeweils nach: „Erklär mal genauer.", „Warum?" und lässt ihnen Zeit, ihre Gedanken zu formulieren. Einige Jugendlichen stellen sich schnell um, andere versuchen sich zu drücken. Kevin und Sara bekommen jeweils Unterstützung beim Formulieren:

Kevin: Das klettert hoch. … Das Bild.

Ahmahdi: Aha, spannend, was genau macht der Graph?

Kevin: Der Graph klettert hoch.

Ahmadi: Genau, der Graph steigt, und das bedeutet, dass die Bevölkerung wächst. Und hier in diesem Bereich?

Kevin: Da steigt es nicht, die Bevölkerung schrumpft.

Auch Sara nutzt bei der erstmaligen Betrachtung eines fallenden linearen Funktionsgraphen Gesten und Zeigewörter:

Sara: Das ist auch linear, das geht zwar in den Keller, aber auch immer so [zeigt mit der Hand die gleichbleibende negative Steigung].

Ahmadi: Aha, du meinst, die fällt zwar, aber immer in gleicher Weise? Dann sagen die Mathematiker, die Funktion hat immer die gleiche negative Steigung.

Eine Gesprächsführung ist unterstützend oder sogar förderlich für die Sprachentwicklung, wenn die Lehrkraft den Lernenden zunächst ausführlichere und explizite Erklärungen abverlangt (wie bei Kevin) und dann die Ausdrucksweisen der Lernenden aufnimmt. Dazu betont Herr Ahmadi das vermutlich Gemeinte gegenüber dem explizit Gesagten und macht ein zum Lernstand passendes Angebot, wie das Gemeinte fachsprachlich adäquater ausgedrückt werden kann: Sara nutzt gestische und sprachlich hinweisende Mittel („das da", „so", sogenannte deiktische Ausdrücke), um ihre Entdeckung zu erklären. Trotz ihrer fachsprachlich noch unzureichenden Ausdrucksmittel würdigt der Lehrer das von ihr Gemeinte und macht durch behutsames Reformulieren ein Sprachangebot. Dazu markiert er explizit ein neues Sprachmittel, indem er darauf hinweist: „Dann sagen die Mathematiker immer ...".

Natürlich ist es in solchen direkten Interaktionen sehr viel leichter, die Lernenden adaptiv zu unterstützen als mit schriftlichen Hilfen oder bei Gesprächen der Lernenden untereinander. Gleichwohl sind auch diese wichtig, da hier mehr Lernende gleichzeitig aktiv sein können. Zum Fordern von Sprache eignet sich das ganze Spektrum von mündlichen und schriftlichen Kommunikationsanlässen, von denen einige in Kasten 3.11 zusammengestellt wurden. Wie man dabei jeweils Unterschieden gerecht werden kann, ist in Klammern hinzugefügt.

Wichtige Elemente zum Erhöhen der kommunikativen Aktivitäten bilden also *alle methodischen und didaktischen Ansätze zur Intensivierung des mündlichen Kommunizierens* zwischen Lernenden. Hierzu gibt es eine Vielzahl von Unterrichtsmethoden (vgl. Kasten 3.11). Im Einzelnen findet man dazu mehr Hinweise z. B. bei Fröhlich/Prediger (2008) oder in der „Mathematik-Methodik" von Barzel/Büchter/Leuders (2007).

Dasselbe gilt für die *intensivere Anregung zum schriftlichen Sprachgebrauch* durch facettenreiche Schreibanlässe, denn gerade durch das Schreiben können die Jugendlichen angeregt werden, ihre Gedanken zu präzisieren (Barzel/Ehret 2009, Kuntze/Prediger 2005). Für den Einstieg in das Schreiben kann es bei Lernenden mit größeren sprachlichen Hürden auch ausreichen, sie dazu aufzufordern, sich regelmäßig schriftlich über ihre Lernfortschritte zu äußern (Ehret/Leuders 2011). Zudem intensiviert das Schreiben nachweislich auch die darauf basierende mündliche Verständigung (Pimm 1987, Selter 1993).

Kommunikationsanlässe für das Sprechen und Zuhören	
Ich-Du-Wir	dreiphasige Annäherung an ein Thema mit größer werdender Gruppe zum Austausch divergierender Ideen und Lösungswege (erlaubt sprachlich Schwächeren zunächst, sich im geschützten Raum vorzubereiten)
Strategie-konferenzen	gegenseitiges Erläutern und Beraten von Lösungswegen und Ideen nach individuellen Arbeitsphasen (kann durch Formulierungshilfen gestützt werden. Sprachliche Vorbilder dienen hier auch zum *Vielfalt nutzen*)
Konstruktions-diktate	bewährte Methode des gegenseitigen Anweisungen-Gebens, bei der die Adressatengerechtheit direkt prüf- und korrigierbar wird (kann durch Formulierungshilfen oder Stufung der Kompliziertheit des zu diktierenden Inhaltes gestützt werden)
Kugellager	variantenreiche Methode zum Referieren und Zuhören, indem sich die Lernenden in zwei Kreisen gegenüber setzen und Partnerwechsel durch Rotation der Kreise erfolgt (Formulierungen kennen lernen und ggf. stützen)
Experten-puzzle	Weitergabe der in einer Expertenrunde erworbenen Kenntnisse (anspruchsvollere Verbindung von Lernen und Kommunizieren, passend eher bei einfachen, reproduktiven Themen, dabei wird in den Erarbeitungsphasen differenziert)
…	
Kommunikationsanlässe für das Schreiben und Lesen	
Stumme Schreibgespräche	schriftlicher, spontaner Ideenaustausch, z. B. zu einer Aufgabe (fängt unterschiedliche Tempi auf)
Rechengeschichten	Zu gegebenen Termen Situationen beschreiben (differenzierte Unterstützung durch fokussierte und detaillierte Besprechung)
Lerntagebücher	Eigene Entdeckungsprozesse schriftlich festhalten (differenzierte Unterstützung durch adaptive Rückmeldung und ggf. Formulierungshilfen)
Diskussions-protokolle	Interessante Diskussionen hinterher aufschreiben
Nimm-Stellung-Aufgaben	schriftlicher Schreibauftrag zum Position beziehen, z. B. zu einem Zeitungsartikel, auch möglich als Leserbrief (differenzierte Unterstützung durch Formulierungshilfen)
…	

KASTEN 3.11 Beispiele für mathematikbezogene Kommunikationsanlässe

Darstellungen vernetzen[3]

Zur Initiierung und gleichzeitigen Unterstützung verstehensbezogener Kommunikation hat sich insbesondere auch der Ansatz der Darstellungsvernetzung bewährt (DUVAL 2006, LEISEN 2010, PREDIGER/WESSEL 2012): Gerade für die Aneignung fachsprachlicher Konzepte samt ihrer Bedeutungen ist das gezielte Hin- und Herwechseln zwischen Alltags-, Bildungs- und Fachsprache, zwischen numerischen, grafischen, symbolischen und verbalen Darstellungen eine lernwirksame Aktivität, wie LEISEN (2010).

[3] Dieser Teilabschnitt folgt dem Artikel PREDIGER & WESSEL 2012

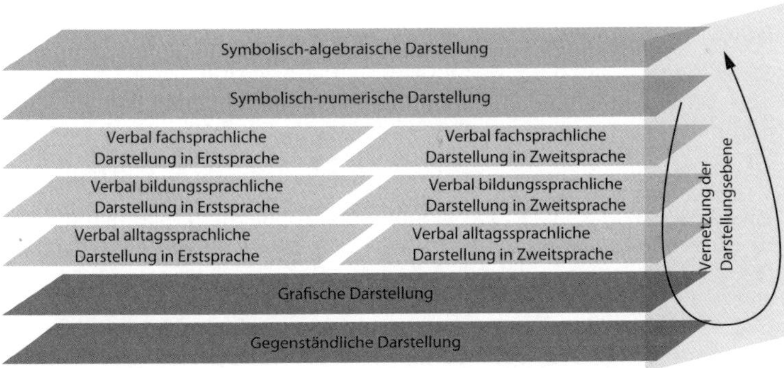

ABB. 3.5 Darstellungen vernetzen als ganzheitlicher Kommunikationsanlass

Alle Schülerinnen und Schüler sollen lernen, die Darstellungen zu erzeugen, zu interpretieren und sie untereinander zu *vernetzen*. Diese Vernetzungen bieten vielfältige Kommunikationsanlässe und fordern daher immer auch Sprache ein. Dazu dienen nicht nur explizite Aufträge zum Wechseln, sondern auch Zuordnungsaufgaben, wie sie SWAN (2005) gerade für schwächere Lernende ausgiebig erprobt hat, und viele weitere, in Kasten 3.12 exemplarisch aufgeführte Aktivitäten.

Aufgaben, die zur Vernetzung von Darstellung auffordern, sind insbesondere auch geeignet für eine genauere Diagnose von möglichen Schwierigkeiten und ihren Ursachen. Diese treten nämlich erst dann hervor, wenn die Lernenden wirklich Anlässe zur sprachlichen Produktion bekommen (SELTER/SUNDERMANN 2006, BÜCHTER/LEUDERS 2008).

Vielfältiges Repertoire von Vernetzungsaktivitäten	
Aktivität	**Beispielauftrag zu Brüchen**
Wechseln von einer Darstellung in eine andere (frei wählbare oder vorgegebene Darstellungen)	• Hier ist ein recht komplizierter Zeitungstext. Schreibe ihn so um, dass andere Kinder ihn gut verstehen können. [*Bildungssprache →Alltagssprache*] • Stelle den Bruch $\frac{3}{4}$ als Bild oder Situation dar. • Finde zur Situation … ein Bild/einen Bruch. • Hier ist eine Rechnung, finde eine Textaufgabe dazu. • Hier ist eine türkische Aufgabe, kannst du sie übersetzen? [*Erstsprache →Zweitsprache*]
Zuordnen vorgegebener Darstellungen, auch zur Sicherung von Fachwörtern	• Von den Karten mit Brüchen, Situationen und Bildern gehören immer drei zusammen, ordne sie einander zu. Vorsicht, einige Bilder und Situationen fehlen, ergänze sie. • Verbinde die Fachwörter Zähler, Nenner, Teil, Anteil, Ganzes mit den Erklärungen anderer Kinder [*Fachsprache →Alltagssprache*]

Prüfen/Korrigieren der Passung zwischen Darstellungen	• Ole hat zum Bruch $\frac{4}{5}$ folgendes Bild … gemalt. Verändere das Bild so, dass es passt. • Pia hat zu $\frac{3}{4} > \frac{3}{5}$ eine Situation … aufgeschrieben. Korrigiere Pias Fehler in der Beschreibung.
Erklären der (Nicht-) Passung zwischen Darstellungen	• Ole hat zum Bruch folgendes Bild … gemalt. Erkläre ihm, wieso es nicht passt. Verändere das Bild so, dass es passt.
Ermitteln mathematischer Beziehungen/ Strukturen durch Darstellungswechsel	• Welcher Bruch ist größer, $\frac{3}{4}$ oder $\frac{3}{5}$? Bestimme mit einem Bild oder mit einer Situation.
Erklären, wie mathematische Beziehungen/ Strukturen in unterschiedlichen Darstellungen zu erkennen sind	• Wie sieht man an dem Bild, welcher Anteil größer ist? Erkläre. 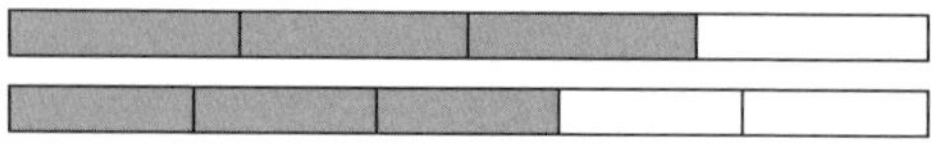
Sammeln und Reflektieren unterschiedlicher Möglichkeiten innerhalb einer Darstellung	• Sammelt möglichst verschiedene Bilder für $\frac{3}{4} > \frac{3}{5}$. • Geht alle Aufgabe der Buchseiten 23 bis 27 durch und schreibt alle Ausdrücke heraus, mit denen Anteile beschrieben wurden (jeder dritte, …). Schreibt sie auf ein großes Plakat.

KASTEN 3.12 Vielfältige Vernetzungsaktivitäten (PREDIGER/WESSEL 2012)

Neben den genannten Formulierungshilfen durch Wortlisten und Satzgeländer eignen sich auch weitere Unterstützungsformate, gerade im Zusammenspiel mit Anforderungen zur Darstellungsvernetzung, die in Kasten 3.13 zusammengestellt sind.

Aufgaben- und Unterstützungsformate für fokussierte Unterstützung auf Wort- und Satzebene	
Wortliste	Liste wichtiger Wörter und Fachbegriffe
Satzgeländer	Gerüst aus vorgegebenen Wörtern oder Satzmustern, zum Beispiel in Sprechblasen
Lückentext	vorgegebener Text mit sprachdidaktisch sinnvoll eingebauten Lücken
Wortfeld	Gerüst aus ungeordnet vorgegebenen Fachbegriffen und Satzbruchstücken, zum Beispiel auf einem Lernplakat
Fragemuster	Sammlung standardisierter Fachfragen unterschiedlichen Schwierigkeitsgrades
Mind-Map	von einem zentralen Begriff ausgehende hierarchische Aststruktur mit Begriffen, Stichworten und Bildern zu einem Thema
Fehlersuche	in Bilder oder Texte bewusst eingebaute Fehler herausfinden
Aufgaben- und Unterstützungsformate für fokussierte Unterstützung auf Text- und Diskursebene	
Textpuzzle	ungeordnet vorgegebene Sätze, Satzteile oder Einzelwörter zum Zusammensetzen in angemessene Reihenfolgen
Thesentopf	Sammlung von Pro-Kontra-Thesen als Ausgangspunkt für ein Streitgespräch oder eine mündliche Fachdiskussion

KASTEN 3.13 Aufgaben und Unterstützungsformate (nach LEISEN 2010, C8f., neu sortiert und ergänzt)

3.4.5 Sprache längerfristig aufbauen – Fokussierte ausgleichende Förderung

Die Etablierung reichhaltiger und facettenreicher Kommunikationssituationen und das Aufgreifen mitgebrachter Ressourcen bilden einen *ganzheitlichen Rahmen*, um im Fachunterricht die Sprachen und Darstellungen weiterzuentwickeln. Damit alle Lernenden diese Anforderungen auch wirklich erfüllen und die damit verbundenen Lerngelegenheiten nutzen können, sind auch *fokussierte* Unterstützungsangebote von Sprachmitteln auf Wort-, Satz- und Textebene notwendig, um den *Unterscheiden gerecht zu werden* (wie im vorigen Abschnitt dargestellt wurde). Gerade für das Ziel *Unterschiede ausgleichen* muss jedoch neben der lokalen Unterstützung auch der längerfristige Kompetenzaufbau in den Blick genommen werden. Er erfolgt (für alle Lernenden, aber mit unterschiedlichen Ausgangspunkten) entlang der Darstellungsebenen aus Abb. 3.5 von den gegenständlichen und grafischen Darstellungen sowie den alltagssprachlichen Ressourcen der Lernenden hin zu den bildungssprachlichen und fachsprachlichen Ebenen.

Aufgrund der in Abschnitt 3.4.2 berichteten Bedeutung der Sprache für Verstehensprozesse wird dabei besonderer Wert auf die bedeutungsbezogenen Sprachmittel gelegt, zu denen auch die wichtigsten grafischen Darstellungen gehören, wie die Aufstellung in Kasten 3.14 exemplarisch für die Zinsrechnung aufzeigt (Prediger 2016).

Man beginnt mit Situationen, in denen die Lernenden ihre *eigensprachlichen Ressourcen* aktivieren können. Je nach Lernstand können auch einige *bedeutungsbezogene Sprachmittel* vorausgesetzt werden. Für andere Lernende müssen sie im Sinne der ausgleichenden Förderung erarbeitet werden. Erst auf dieser Basis kann im nächsten Schritt für alle Lernenden der neue *formalbezogene Wortschatz* eingeführt und mithilfe des bedeutungsbezogenen erklärt werden.

Während bildungssprachlich starke Lernende auf dieser Basis auch weitere Ausdrücke in Zeitungen oder Aufgabenstellungen erschließen können, müssen sich bildungssprachlich schwache Lernende nach der erfolgreichen Konzeptentwicklung auch alternative Sprachmittel des sogenannten kontextbezogenen Lesewortschatzes für dieselben Konzepte gezielt erarbeiten. So kann gestufte themenbezogene Sprachschatzarbeit über eine ganze Unterrichtseinheit verteilt werden.

Für diese fokussierte Erarbeitung dienen die Aufgaben- und Unterstützungsformate aus Kasten 3.13, die für diesen Zweck auch zur Einübung von Sprachmitteln genutzt werden können.

Eigensprachliche Ressourcen der Lernenden	• Geld, das ich zur Bank bringe • die ganze Summe • was die mir dafür geben als Gebühr • die Kosten • …	
Bedeutungsbezogener Denkwortschatz	• die Gebühr, die ich von der Bank erhalte, weil ich ihr mein Geld geliehen habe • Teil von einem Ganzen, Anteil an einem Ganzen • es ergibt sich… • Multiplizieren entspricht den Anteil nehmen • Geld, das in kleinen Etappen zurück gezahlt werden muss	Prozentstreifen als grafische Darstellung 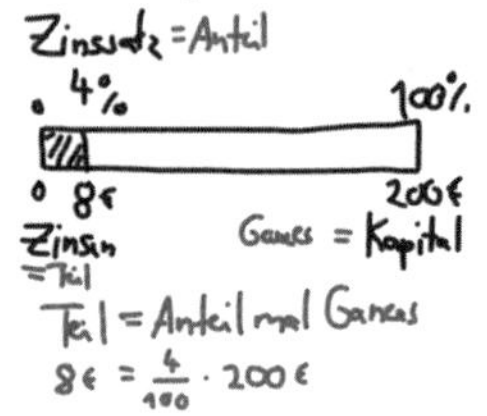
Formalbezogener Wortschatz	• $K \cdot p = Z$ • $K_n = K_{n-1} \cdot p + K_{n-1}$ • den Zinz gewähren • die Zinsen zahlen • der Zinssatz als Anteil von dem Kapital • Prozentsatz von einem Grundwert ergibt den Prozentwert • monatliche Rate ergibt sich… • …	
Kontextbezogener Lesewortschatz	• zur Verfügung haben • Sparguthaben anlegen • einen Kredit aufnehmen, geben, auslösen • Finanzierungsangebot • Konto überziehen, Überziehungszinsen • Soll, Schulden • …	

KASTEN 3.14 Gestufter Sprachschatz für das Beispiel Zinsrechnung (Prediger 2016)

3.4.6 Fazit

Wie oben angeführt muss eine Sprachförderung die fach- und bildungssprachlichen Anforderungen als *Lerngegenstand* ernst nehmen, alle verfügbaren Register und Darstellungen als *Lernmedium* gezielt einsetzen und so helfen, sprachliche und fachliche *Lernhindernisse* zu überwinden.

Fokussierte Förderung heißt in Bezug auf sprachlich bedingte Hürden, die relevanten Sprachmittel in den Blick zu nehmen, statt auf Nebenbaustellen zu arbeiten, also nicht nur Fremdwörter für formale Elemente der Mathematik, sondern Satzbausteine zum Erfassen von *Bedeutungen*. Dies gilt entlang aller drei Prinzipien:

- *Sprache fordern statt vermeiden* bezieht sich nicht nur auf das Nutzen formalbezogener Fachvokabeln, sondern auch auf das Ausdrücken von Bedeutungen.
- *Sprache differenziert unterstützen* muss zu relevanten Anlässen erfolgen.
- *Sprache langfristig aufbauen* ist insbesondere für die Begleitung von Verstehensprozessen wichtig.

Beruhigend ist in Bezug auf Sprachförderung die Erfahrung, dass eine Adaptivität für einzelne Lernende in diesem Sprachkontext weniger notwendig ist: Diejenigen, die keinen Förderbedarf haben, werden durch entsprechende Unterstützungsangebote nicht lange aufgehalten, und eine Sprachreflektion vertieft auch für sprachlich Starke das konzeptuelle Verständnis. Daher kann ein in diesem Sinne sprachfördernder Unterricht auch Schülerinnen und Schülern ohne sprachliche Einschränkungen helfen, mathematische Konzepte tragfähig auszubilden und verständig zu nutzen.

3.5 Fokussierte Förderung bei sonderpädagogischem Förderbedarf

Wie in Abschnitt 2.2.5 ausgeführt, wurde im Jahr 2012 etwa 7 % aller Kinder und Jugendlichen ein sonderpädagogischer Förderbedarf attestiert. Durch die angestrebte Inklusion dieser Schülerinnen und Schüler in allgemeinbildende Schulen stellt sich für viele Lehrkräfte nun die Frage, welche spezifische Förderung diese Schülerinnen und Schüler mit Behinderungen oder anderen Benachteiligungen brauchen. Während in der Grundschule noch viel gemeinsames Lernen auf mehreren Niveaus möglich ist, wird dies in der Sekundarstufe immer herausfordernder, wie wir am Beispiel des Förderschwerpunkt Lernens zeigen.

3.5.1 Fokussierte Förderung für attestierten Förderschwerpunkt Lernen

Förderschwerpunkt Lernen als größte Gruppe zu inkludierender Lernender

Unter den Schülerinnen und Schülern mit attestiertem Förderbedarf sind die meisten im Förderschwerpunkt *Lernen* (früher „Lernbehinderung", etwa 40 % aller Lernenden mit attestiertem Förderbedarf), unter den inkludierten Lernenden fast 50 % (vgl. Abschnitt 2.2.5). Für diese Lernenden liegen die Problemlagen sehr nah an denen von schwachen Regelschülerinnen und -schülern, die nicht diagnostiziert sind. Der Übergang ist fließend; eine leicht zu bestimmende Trennlinie zwischen diesen beiden Gruppen gibt es nicht. Daher können gerade zu Beginn der Sekundarstufe beide Gruppen gut zusammen gefördert werden. Inklusion gibt hier die Chance, auf die tatsächlichen, auch wechselnden inhaltlichen Förderbedarfe statt auf allgemeine Etikettierungen zu schauen.

Die zentrale fachdidaktische Leitlinie für die fokussierte Förderung von Jugendlichen mit attestiertem Förderbedarf Lernen ist, dass sie *keinen qualitativ anderen Unterricht* als der Rest der Klasse brauchen (Scherer/Moser Opitz 2010), sondern vor allem mehr Zeit und Raum zur eigenaktiven Erarbeitung und Festigung der Verstehensgrundlagen (vgl. Abschnitt 3.1).

Entgegen der früher oft praktizierten Grundhaltung, dass lernschwache Kinder und Jugendliche einen noch stärker zergliederten, sehr kleinschrittigen Unterricht mit hohen Erkläranteilen durch die Lehrkraft brauchen, weiß man heute, dass lernschwache Jugendliche vor allem *belehrungsschwach* sind. Das bedeutet, sie haben oft größere Schwierigkeiten als Regelschülerinnen und -schüler, sich auf lehrerzentrierte Vorgehensweisen einzulassen (Wittmann 2001, Scherer/Moser Opitz 2010). Gerade für diese Lernenden ist es also wichtig, dass sie zunächst eigene Wege gehen und diese dann unter Begleitung weiter entwickeln dürfen (vgl. Beispiel 3.10). Gleichwohl sind Bögen für Entdeckungen natürlich wesentlich enger zu setzen als bei Lernenden der mittleren Schulformen (Grünke 2006).

▶ **Beispiel 3.10:** Justin, Frau Bosch und die gut gemeinten kleinen Schritte

Da Justin nicht weiß, wie man das Geodreieck für das Zeichnen rechter Winkel nutzt, versucht seine Lehrerin, Frau Bosch, ihm die Vorgehensweise in 7 Schritten zu erklären. Sie macht es so ausführlich, weil sie in bester pädagogischer Absicht hofft, dass er dann am besten zurechtkommt. Wütend schmeißt der davon überforderte Justin sein Geodreieck in die Ecke und motzt, „So schwere Sachen will ich nicht, das kann ich mir eh nicht merken!"

Als Frau Bosch ihn daraufhin zur Beruhigung allein lässt, holt er sein Geodreieck zurück und probiert aus. Mit einem minimalen Tipp seiner Nachbarin fokussiert er auf die Mittellinie und zeichnet einen fast perfekten rechten Winkel. Strahlend geht er zu Frau Bosch und sagt, „Guck mal, Frau Bosch, doch nicht so schwer, hab es selbst rausgefunden!"

Durch oft vorhandene größere Schwierigkeiten mit Konzentration und dem Arbeitsgedächtnis sollten Aufgabenbögen kleiner sein, jedoch trotzdem in der Grundstruktur reichhaltig (ähnlich auch Ratz/Wittmann 2011 für den Förderschwerpunkt geistige Entwicklung).

Die Verstehensgrundlagen, an denen die meisten Lernenden dieses Förderschwerpunktes arbeiten müssen, wurden in Abschnitt 3.1 aufgeführt. Noch elementarer kann es notwendig sein, insbesondere noch einmal auf das zählende Rechnen zu achten, einem der Haupthindernisse aus Klasse 1 für spätere Jahrgänge. Häsel-Weide et al. (2013) haben daher ein Förderkonzept entwickelt, mit dem das zählende Rechnen durch zunehmenden Blick auf Aufgabenzusammenhänge abgelöst werden kann (vgl. Beispiel 3.11).

Jenseits des zählenden Rechnens gelten dann alle in Abschnitt 3.1 genannten Prinzipien und Inhalte als Kern. Von einer inklusiven Wiederholung der Verstehensgrundlagen profitieren in der Klasse auch andere schwächere Lernende ohne formal attestiertem Förderbedarf.

Beispiel 3.11: Lina und das zählende Rechnen

Lina (11 Jahre, mit attestiertem Förderbedarf Lernen) ist etwas pikiert: „Aber mein kleiner Bruder Paul (6 Jahre) rechnet doch auch mit den Fingern: Bei 5 + 3 zählen wir beide erst 5, dann 3 Finger und dann zählen wir alle Finger, also 8."

Ihr Lehrer erklärt ihr, dass alle Erstklässler so anfangen, dass das auch zu Beginn o.k. ist, dass es aber andere Strategien gibt, mit denen man schneller rechnen kann. Er weiß, dass Lina nur durch Ablösung vom zählenden Rechnen zu flexibleren Rechenstrategien kommen kann, die auch für größere Zahlen von Bedeutung sind. Daher ist die Ablösung vom zählenden Rechnen ein wichtiger Meilenstein.

Linas kleiner Bruder Paul beginnt gegen Ende der Klasse 1 wie die meisten Kinder von selbst, das zählende Rechnen durch Rechenstrategien abzulösen, die Aufgaben auf bekannte andere Aufgaben zurückführen (z. B. „3 + 3 kenne ich schon auswendig, das ist 6, und dann noch 2 mehr, denn 5 sind 2 mehr als 3"), die Aufgaben im kleinen Einspluseins zunehmend zu automatisieren und für größere Aufgaben Ableitungsstrategien zu erkunden (50 + 30 ist ja wie 5 + 3, nur für die Zehner). Da Lina diesen Ablösungsprozess verpasst hat, wird ihr Lehrer ihr gezielt Erfahrungen verschaffen, die auf das Nutzen solcher Strukturen und Aufgabenzusammenhänge zielen (ausgearbeitetes Material in Häsel-Weide et al. 2013).

Dass es dabei der intensiven Verständigung über die Anschauungsmittel und Zusammenhänge bedarf, zeigt das nebenstehende Beispiel aus dem Lernprozess der jüngeren Mary, die zwar Zusammenhänge gesehen, aber noch nicht in der richtigen Richtung genutzt hat (aus Häsel-Weide 2012, 406).

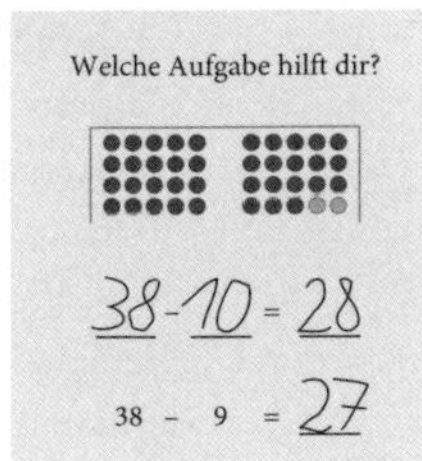

3.5.2 Inklusiver Unterricht

Dass die Frage nach angemessener fokussierter Förderung im inklusiven Unterricht nicht für alle Inklusionskinder gleichermaßen beantwortet werden kann, versteht sich angesichts der Vielfalt von Behinderungen und damit verbundenen Förderschwerpunkten von selbst (vgl. Abschnitt 2.2.5): emotionale und soziale Entwicklung, körperliche Entwicklung, Hören oder Sehen, geistige Entwicklung, Lernen und Sprache.

Fokussierte Förderung in Arbeitsteilung mit Sonderpädagogik

Für die meisten dieser Förderschwerpunkte ist eine *fokussierte* Förderung vorrangig durch speziell sonderpädagogisch qualifizierte Lehrkräfte realisierbar, die für spezifische Herausforderungen gezielt vorbereitet sind. Ein blinder Schüler braucht z. B. möglicherweise Unterstützung beim Erwerb von Taststrategien für das Lesen von taktilen Graphen. Hier lernen die Regelschullehrkräfte in der Kooperation mit den sonderpädagogisch qualifizierten Lehrkräften zunehmend Details, und dieser Austausch ist im Idealfall für beide Seiten fruchtbar.

Mit Blick auf die *gesamte* Inklusionsklasse ist es für beide Lehrkräfte eine interessante Herausforderung, auch einen gewissen Anteil an möglichem *gemeinsamen* Lernen aller Beteiligten zu organisieren (Feuser 1998). Für den inklusiven Unterricht unterscheiden Häsel-Weide/Nührenbörger (2013) mit Bezug auf Wocken (1998) **drei Lernsituationen des gemeinsamen Lernens**:

- „In *koexistenten* Lernsituationen dominiert individuelles Arbeiten. Die Kinder sind in erster Linie auf sich selbst und die Aufgabe konzentriert. Die Gemeinsamkeit besteht vor allem über das Dabeisein in einer Lerngruppe.
- In *subsidiären* Lernsituationen unterstützt ein Kind kurz- oder längerfristig einen Mitschüler, indem es bspw. als Expertenkind bei Fragen zur Verfügung steht oder eine Tätigkeit übernimmt, die das Partnerkind nicht selbst ausführen kann – z. B. einem Kind, das erst die Anfänge der Schriftsprache beherrscht, als Sekretär dient.
- Bei *kooperativen* Lernsituationen stehen die Arbeitsinhalte in einem verbindlichen Zusammenhang. Die Aufgaben und ggf. auch die Ziele sind so aufeinander bezogen, dass die Lernsituationen von gemeinsamen Tätigkeiten und Erfahrungen der Kinder geprägt ist."

(Häsel-Weide/Nührenbörger 2013, 7)

Momente des gemeinsamen Lernen als wichtig Bausteine des inklusiven Unterrichts

Die beiden argumentieren, dass es gerade für die Erfahrung sozialer Eingebundenheit und das eigene Kompetenzerleben erstrebenswert ist, immer wieder auch Phasen mit echten kooperativen Lernsituationen zu gestalten. Viele eindrucksvolle Beispiele für kooperative Lernsituationen in der Grundschule liefern Häsel-Weide et al. (2013) sowie Nührenbörger/Pust (2006), hier soll ein Beispiel aus dem eigenen inklusiven Unterricht der Autorin angeführt werden:

▶ Beispiel 3.12: Sara und die Kontrastierung von linear und exponentiell

Sara (17 Jahre, Down Syndrom, als Inklusionsschülerin mit hohen intellektuellen Leistungen in einer 10. Gesamtschulklasse) rechnet im Zahlenraum bis 2000 am liebsten Additionen und Subtraktionen, und zwar mit großer Konzentration und viel Fleiß. Meistens erhält sie eigene Programme, die auf Alltagstauglichkeit in Einkaufssituationen und ähnliches abzielen, aber an das Klassenthema der Regelklasse wenig angebunden werden können (zum Beispiel im Bereich der Algebra). Ab und zu bieten die Themen der Regelklasse jedoch Möglichkeiten der Anbindung, bei denen Sara eine wichtige Rolle einnehmen kann.

Beim Erstzugriff auf Zinseszins und exponentielles Wachstum soll die Klasse zunächst das Wachstum von Leos Konto mit 1 000 € Ausgangsguthaben bei 2 % Zinsen bestimmen. Gefragt sind Tabelle und Graph des Kontoguthabens über 10 Jahre. Sara bearbeitet parallel (mit etwas Vorlauf, weil sie langsamer ist) folgende Aufgabe: „Paul hat 1 000 Euro auf dem Konto. Jedes Jahr kommen 40 € dazu. Schreibe in die Tabelle, wie viel Geld er immer hat."

Jahr	Guthaben auf Pauls Konto (Saras Rechnung: immer 40 € dazu)	Guthaben auf Leos Konto (Kevins Rechnung: immer 2 % dazu)
0	1 000 €	1 000 €
1	1 040 €	1 020 €
2	1 080 €	
3		
4		
5		
6		
7		
8		
9		
10		

Sara stellt ihre Tabelle vor der Klasse vor, die dann zum Vergleich mit der Tabellenspalte der Klassenaufgabe ergänzt wird (siehe rechts). Da sie mit Graphen noch nicht gearbeitet hat, erhält sie Hilfe einer Mitschülerin, auch ihr Wachstum in einen Graphen zu zeichnen. Sie sagt stolz: „Mein Bild sieht besser aus, weniger krumm als Eures." Ihr Interesse an Graphen ist geweckt und wird sie in den folgenden Wochen beschäftigen, denn das Lesen von Graphen ist für ihre Alltagsbewältigung ein nächstes wichtiges Lernziel, auch wenn es in vielen Förderschul-Lehrplänen gar nicht vorgesehen ist.

Für die Klassendiskussionen spielt Saras Beitrag eine sehr wichtige Rolle, die sie genau spürt. Denn im Folgenden werden lineares und exponentielles Wachstum nun systematisch verglichen. Immer wieder nehmen die Mitschüler Bezug auf Saras Tabellenspalte, z. B., „so wie Sara ist es einfacher, aber bei exponentiell ist es so ähnlich, halt mal 1,02 statt wie bei Sara plus 40."

Manchmal kann gemeinsamer Gegenstand auf mehreren Niveaus für alle erhellend sein

Trotz erheblich voneinander abweichender Lernziele profitieren beide Seiten in der skizzierten Lernsituation: Für die Regelschülerinnen und -schüler liegt der Gewinn des inhaltlichen Einbezugs verzögert lernender Klassenkameraden darin, dass diese dasjenige Vorwissen sichtbar machen können, an das auch die Lernenden mit fortgeschritteneren Lernständen gezielt wieder anknüpfen sollen. Wo immer das Spiralprinzip eine solche Anknüpfung sinnvoll oder notwendig erscheinen lässt (wie im Beispiel 3.12 der Bezug des neuen exponentiellen Wachstums auf das zwei Jahre zuvor gelernte und bereits in der Grundschule grundgelegte lineare Wachstum), lassen sich *Momente der fruchtbaren Begegnung zwischen zieldifferent arbeitenden Schülerinnen und Schülern stiften* (systematisch umgesetzt für altersgemischte Gruppen der Grundschule in NÜHRENBÖRGER/PUST 2006).

Umgekehrt profitiert auch die Schülerin mit Förderschwerpunkt geistige Entwicklung hier erheblich: Mit welcher Selbstverständlichkeit Sara Tabellen nutzt und sich sogar auf abstrakte Darstellungen wie Graphen einlässt, ist ein Beispiel für die immer wieder gemachte Beobachtung, dass anregungsreiche Umgebungen auch Lernende mit Förderbedarf weiter bringen können als zunächst vermutet. Der Stolz über die Wichtigkeit der eigenen Rechnung, mit der sich die ganze Klasse auseinandersetzt, beflügelt Sara weiterhin. Die oft geäußerte Befürchtung vieler Lehrkräfte, dass gerade solche Gegenüberstellungen von frühem und fortgeschrittenem Wissen die Differenzen in den Lernständen für alle sichtbar machen und deswegen Verlegenheit auslösen können, kann entkräftet werden durch die Erfahrung, dass sich alle Beteiligten ihrer unterschiedlichen Lernstände sowieso durchaus bewusst sind, sie aber in solchen Situationen als normal und fruchtbar mit Wertschätzung erleben können.

Durchgängiges gemeinsames Lernen in der Sekundarstufe kein realistisches Ziel

Trotz solcher manchmal möglichen fruchtbaren Momente muss allerdings betont werden, dass es in der Sekundarstufe für viele Lernende mit attestiertem Förderbedarf nicht darum gehen kann, durchgängig in kooperativen Lernsituationen zu lernen. Dass solche Momente kooperativen Lernens umso einfacher zu arrangieren sind, je weniger die Lernstände auseinandergehen, versteht sich von selbst. Bei weit voneinander abweichenden Lernzielen sind fruchtbare Momente kooperativen Lernens jedoch zumindest punktuell realisierbar, selbst bei einigen Lernenden mit Förderschwerpunkt geistige Entwicklung wie Sara in einer 10. Gesamtschulklasse. Gerade für diesen Förderschwerpunkt betont RATZ (2010) auch die Grenzen und mahnt dennoch fachdidaktische Substanz für alle Lernenden an:

„Möglicherweise bleibt für manche sehr heterogene Settings das Thema »Mathematik« dabei die einzige inhaltliche Klammer, die als »gemeinsamer Gegenstand« im Sinne Feusers aufrecht erhalten werden kann. Dies ist im Einzelfall zu diskutieren. Der »gemeinsame Gegenstand« der einzelnen Stunde ist jedoch kein Ausschlusskriterium für integrativen Unterricht ... Das entscheidende Kriterium sollte vielmehr die Berücksichtigung von unreduzierten Bildungsbedürfnissen sein, die fachlich auf höchster Ebene begründet sind. Damit ist ein Beitrag zu einer »echten« Dekategorisierung geleistet, und Mathematik kann über alle Förderbedarfe hinweg auf der gleichen Ebene begründet und im Unterricht angewendet werden." (RATZ 2010, 157)

In solchen Fällen lässt sich ein Lernen am gemeinsamen Gegenstand dann über gemeinsame Alltagskontexte statt gemeinsame mathematische Inhalte realisieren, z. B. ermöglicht das Kontextthema Wasser sowohl einfache Grundrechenarten (curricular Klasse 3-4) oder Untersuchungen von Quadern (curricular Klasse 5-6) als auch Füllkurven (curricular Klasse 7) oder komplizierte Schiefkörper (curricular Klasse 10).

Für den Großteil des Unterrichts wird es in inklusiven Sekundarschulklassen höherer Jahrgänge vermutlich eher darum gehen, eine unterrichtsorganisatorische Einbindung der fokussierten Förderung in Differenzierungsansätze für die gesamte Klasse zu ermöglichen. Damit stellen sich aus *fachdidaktischer* Sicht dieselben Herausforderungen wie in einer nicht-inklusiven, „normal heterogenen" Klasse, und alle Differenzierungsansätze aus Kapitel 5 kommen tendenziell in Frage.

Neben fachdidaktischen auch viele (sonder-)pädagogische Herausforderungen

Nicht unterschätzt werden sollten jedoch wachsende oder neu auftauchende pädagogische Herausforderungen, zum Beispiel durch größere Anteile störungsanfälliger Jugendlicher mit abweichendem Verhalten, die noch festere soziale und ritualisierte arbeitsbezogene Strukturen erfordern. Für diese Dimensionen inklusiven Unterrichts sei auf die unterrichtspraktische Literatur verwiesen, die sich mit Classroom Management aus pädagogischer Sicht befasst (z. B. CLAßEN 2013).

4 Differenzieren mit Aufgaben[4]

Aufgaben sind Dreh- und Angelpunkte in der Praxis jedes Mathematikunterrichts (Bromme/Seeger/Steinbring 1990, Büchter/Leuders 2005). Gute Mathematikaufgaben sind natürlich noch keine Garantie für einen guten Mathematikunterricht, denn das Potenzial einer Aufgabe wird in der Umsetzung oft nicht ausgeschöpft – das zeigt die internationale Unterrichtsforschung (Hiebert et al. 2003, 98 ff). Das Gleiche gilt für gut differenzierende Aufgaben. Umgekehrt ist ein guter (und auch differenzierender) Unterricht aber stets auf gute und für den jeweiligen didaktischen Zweck geeignete Aufgaben angewiesen.

Zur Aufgabe zählen nicht nur gedruckte Texte, sondern auch ihr unterrichtlicher Kontext. Dies bezieht alle Unterstützungselemente der Aufgabenbearbeitung mit ein, also Medien, Werkzeuge, Anschauungsmittel, Arbeitsmaterialien und die verfügbaren Lernhilfen oder möglichen mündlichen Impulse. Aus diesem Grunde schließt das Arbeiten mit Aufgaben oft auch die Differenzierungsebene „Methoden/Arbeitsformen/Sozialformen“ mit ein (s. Abb. 1.2 auf S. 28).

4.1 Aufgabenmerkmale helfen beim Differenzieren

Die Qualität von Aufgaben lässt sich unter vielen verschiedenen Aspekten betrachten. Für Aufgaben im differenzierenden Mathematikunterricht sind drei Qualitätsaspekte zentral, die eng miteinander verwoben sind (Büchter/Leuders 2005, Leuders 2015):

Zentrale Qualitätsaspekte von Aufgaben

Drei zentrale Qualitätsaspekte von Aufgaben:
- Mit **Verstehensorientierung** ist gemeint, inwiefern eine Aufgabe den Aufbau eines tragfähigen Verständnisses fördert (und nicht nur die routinemäßige Ausführung von Verfahren).
- Mit **kognitiver Aktivierung** meint man die Weise, in der eine Aufgabe Lernende zu einer aktiven, reflektierten Auseinandersetzung mit einem Gegenstand anregen kann.
- Das **Differenzierungspotential** einer Aufgabe (oder einer Aufgabengruppe) schließlich meint die Eignung für Lernende mit unterschiedlichen Lernvoraussetzungen.

Daneben gibt es zahlreiche weitere Merkmale von Mathematikaufgaben (Leuders 2015), wie z. B. Authentizität (Wird ein angemessenes Mathematikbild vermittelt?) oder Offenheit (Gibt es unterschiedliche Lösungs- oder Lernwege?). Sie können je nach Funktion mehr oder weniger ausgeprägt sein, z. B. muss nicht jede Klassenarbeitsaufgabe authentisch oder offen sein. Offenheit macht eine Aufgabe also nicht per se gut oder schlecht, bildet daher keinen Qualitätsaspekt.

[4] Das Kapitel nutzt Teile aus Leuders (2015) und Leuders/Prediger (2012).

Die ersten beiden der zentralen Qualitätsaspekte (Verstehensorientierung und kognitive Aktivierung) müssen beim Planen einer fokussierte Förderung beachtet werden: Was genau sollen Lernende verstehen? Wie kann man diese Verstehensprozesse gut anregen? Der dritte Qualitätsaspekt (Differenzierungspotenzial) zielt auf Merkmale, die eine Aufgabe haben sollte, um die Differenzierungsziele *Unterschieden gerecht werden* oder *Vielfalt zulassen* bzw. *nutzen* zu verwirklichen. Wir unterscheiden dazu drei Bereiche von Merkmalen:

1. Merkmale, die sich auf den **Aufgabeninhalt** beziehen, wie z. B. der Grundvorstellungsgehalt oder die Art der angesprochenen Denkprozesse (→Abschnitt 4.2),
2. Merkmale, die sich auf die **innere Struktur** von Aufgaben oder Aufgabengruppen beziehen, wie z. B. die Komplexität oder die Offenheit einer Aufgabe (→Abschnitt 4.3),
3. Merkmale, die sich auf die **äußere Struktur** und die **Zusammenstellung** von Aufgaben beziehen, wie z. B. Parallelaufgaben oder Aufgaben mit gestufter Schwierigkeit (→Abschnitt 4.4). Hierbei spielt oft auch schon der methodische Einsatz (also die zweite Differenzierungsebene) mit hinein.

Aufgabenmerkmale zur Einschätzung des Differenzierungspotentials

Solche Merkmale erlauben es, einzuschätzen, welches Differenzierungspotenzial eine Aufgabe oder Aufgabengruppe besitzt und insbesondere, welche verschiedenen Differenzierungsaspekte berücksichtigt werden (vgl. Tabelle 4.2):

- Durch die Wahl und Variation des **Aufgabeninhaltes** kann man vor allem nach Vorkenntnissen und Lernzielen differenzieren.
- Mithilfe der **inneren Struktur von Aufgaben** kann man Unterschieden in der Leistung, aber auch in den Zugangsweisen oder Lernvoraussetzungen gerecht werden.
- Die **äußere Struktur von Aufgaben(gruppen)** kann zusätzlich Unterschiede im Lerntempo und in den Arbeitsweisen berücksichtigen, aber auch dabei helfen, Vielfalt anzuregen und zu nutzen.

Die Merkmale kann man z. B. heranziehen, um Aufgaben aus dem Schulbuch oder anderen Quellen systematisch danach zu beurteilen, inwieweit sie sich für einen konkreten Einsatz im differenzierenden Unterricht eignen. Sie dienen auch dazu, Aufgaben durch einige wenige Veränderungen zu optimieren. Zur Vorausorientierung gibt Tabelle 4.1 einen Überblick über die Merkmale, die in den folgenden Abschnitten nach und nach an Praxisbeispielen erläutert werden.

Merkmale von Aufgaben/Aufgabengruppen	damit berücksichtigbare Differenzierungsaspekte
Inhaltliche Merkmale (Aufgabeninhalt, Aufgabenfokus)	**Differenzieren vor allem nach Lernzielen**
• nötiges Vorwissen • Grundvorstellungsgehalt • Art der kognitiven Aktivitäten • …	• Lernbedarfe • Lerninhalte (inhalts- und prozessbezogene Kompetenzen) • Vorkenntnisse • Interessen, usw.
Innere Struktur von Aufgaben	**Differenzieren vor allem nach Niveau und Zugangsweise**
• Komplexität • Kompliziertheit • Offenheit/Geschlossenheit • Vertrautheit des Kontextes/Lerninhalts • Sprachliche Komplexität • Grad der Formalisierung/Konkretisierung • Umfang der Wiederholung	• Leistungsfähigkeit, genauer • Fähigkeit zu Strukturierung • Konzentrations- und Durchhaltevermögen • Transferfähigkeit • Sprach- oder Lesekompetenz • Zugangsweisen • …
Äußere Struktur von Aufgaben(gruppen)	**Differenzieren v. a. nach Arbeitsweisen**
• paralleldifferenzierende Aufgaben • gestuft differenzierende Aufgaben • selbstdifferenzierende Aufgaben • Aufgabengruppen mit Wahl und Pflicht	• Zugangsweisen • Selbstregulationsfähigkeiten • Lerntempo

TABELLE 4.1 Merkmale von Aufgaben und zugehörige Differenzierungsaspekte

4.2 Inhaltliche Merkmale von Aufgaben

Ein erster Schritt bei der Aufgabenauswahl ist immer die Frage, ob eine Aufgabe zu den thematisierten mathematischen Inhalten und prozessbezogenen Kompetenzen passt. Beim Festlegen von Lernzielen kann man für verschiedene Lernendengruppen durchaus unterschiedliche Entscheidungen treffen, denn nicht alles ist durch einen Lehrplan vorgegeben (z. B. soll eine Lerngruppe beim Lösen von Gleichungen *keine* Brüche verwenden müssen). Auch bei gleichem Lernziel können sich Aufgaben bzgl. folgender inhaltlicher Merkmale unterscheiden:

Drei Merkmale, die sich auf den Aufgabeninhalt beziehen

- Bzgl. des **nötigen Vorwissens** ist zu fragen, welche inhaltlichen Voraussetzungen die Lernenden haben, einschließlich der Unterschiede innerhalb einer Klasse (→Abschnitt 4.2.1).

- Im Sinne der Verstehensorientierung fragt man beim **Grundvorstellungsgehalt** nach den inhaltlichen Vorstellungen von den mathematischen Inhalten, die die Lernenden mitbringen bzw. aufbauen sollen (→Abschnitt 4.2.2).
- Bzgl. der kognitiven Aktivierung fragt man nach der unterschiedlichen **Art der kognitiven Aktivitäten (Denkprozesse)**, die bei einer Aufgabe erwartet werden, z. B. Anwenden von Wissen auf bekannte oder neue Situationen, Problemlösen oder Bewerten. Hierbei werden vor allem unterschiedliche prozessbezogene Kompetenzen angesprochen (→Abschnitt 4.2.3).

Hat man konkrete Aufgaben bzgl. ihres mathematischen Inhaltes ausgewählt, so kann man sie hinsichtlich dieser drei inhaltlichen Merkmale unter die Lupe nehmen, auf vielfältige Weise variieren und dadurch an die Bedarfe der Lernenden anpassen.

4.2.1 Nötiges Vorwissen

Wenn Lernende Aufgaben bearbeiten sollen, so entstammt das Wissen in der Regel verschiedenen Vorwissensstufen (die sogenannte curriculare Wissensstufe, z. B. Neubrand et al. 2002):

- Basiswissen und -können, das bereits mehrere Jahre zuvor gelernt und auch zwischenzeitlich immer wieder angewandt wurde,
- Wissen und Können, das in vorhergehenden Lerneinheiten erarbeitet wurde und nun erstmals in einem (etwas) anderen Zusammenhang wieder gebraucht wird,
- Wissen und Können, dass unmittelbar zuvor erarbeitet wurde,
- Wissen und Können, das noch nicht erarbeitet wurde, sondern erst in der aktuellen Aufgabe konstruiert werden muss.

Erfahrene Lehrkräfte wissen, wie leicht man sich hinsichtlich der Verfügbarkeit von Vorwissen verschätzen kann. Daher ist es nützlich, sich ganz konkret Gedanken zu machen, auf welchen unterschiedlichen Wissensstufen die Lernenden bei einer Aufgabe gefordert sind und welche Hilfen einige möglicherweise benötigen, um das Wissen der jeweiligen Stufe bei der Bearbeitung oder vorab zu aktivieren.

So kann man Vorwissen in Aufgaben differenzierend aktivieren:
- Vorschalten von Teilaufgaben, die die Wiedererarbeitung des Wissens ermöglichen (Wer sich sicher fühlt, darf überspringen.)
- Anbieten von flexiblen Hilfen (z. B. schriftliche Impulse, die Lernende auf eigene Initiative einholen können)
- eingebaute Hinweise auf verfügbare Wissensspeicher

Natürlich gibt es auch viele Ansätze auf der Ebene der methodischen Organisation, wie z. B. ein System mit Mentorenschülerinnen und -schülern, die bei einer ausgleichenden Förderung helfen, oder diagnostische Aufgaben zur Erfassung des Vorwissens vor Beginn eines neuen Themas.

4.2.2 Grundvorstellungsgehalt

Manchen Mathematikaufgaben sieht man auf den ersten Blick an, dass es in ihnen vor allem um das sichere Anwenden eines mehr oder weniger komplizierten mathematischen Verfahrens geht – unabhängig davon, ob man verstanden haben muss, warum man so und nicht anders vorgeht. Gerade in einem verstehensorientierten Unterricht erfordern aber viele Aufgaben eine auf Verstehen beruhende Anwendung eines mathematischen Konzeptes, eine Art Übersetzung der vorliegenden Aufgabensituation in eine mathematische Operation. Die hierzu nötigen grundlegenden Verstehenselemente nennt man auch „Grundvorstellungen" (vom Hofe 2003).

Grundvorstellungen aufbauen und fördern, bis zur Klassenarbeit

Gerade für schwache Lernende muss besonders geprüft werden, ob ein mathematisches Verfahren (z. B. Brüche addieren im Beispiel 4.1) oder ein Begriff (z. B. Flächeninhalte im Beispiel 4.2 unten) nicht nur sicher angewendet werden kann, sondern auch verstanden wird. Dafür braucht man immer wieder Aufgaben, die inhaltliches Verständnis fördern und nutzen, und zwar von der Erarbeitung über das Üben bis zur Klassenarbeit (Prediger 2009a, Büchter/Leuders 2008).

► **Beispiel 4.1:** Brüche addieren mit hohem Grundvorstellungsgehalt (Kl. 6)

Anteile zusammenfassen

a) Addiere jeweils die beiden dargestellten Anteile.
Nutze die feinere Einteilung, um die Ergebnisse zu bestimmen.

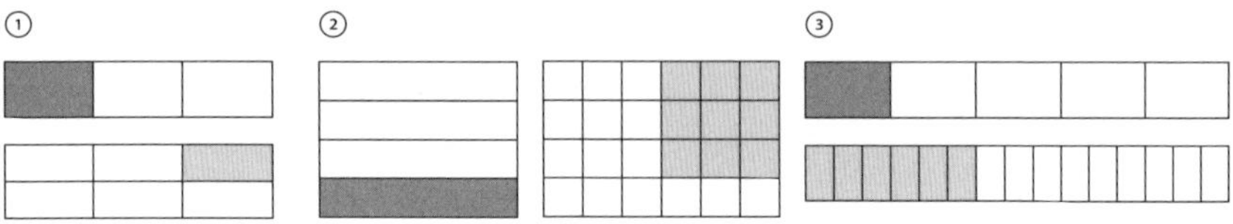

b) Zeichne eigene Bilder mit zwei Farben. Dein Nachbar soll die Additionsaufgaben ablesen und rechnen. Kontrolliert eure Ergebnisse an der Streifentafel.

c) Finde zu den Bildern aus a) auch Subtraktionsaufgaben und löse sie.

(Mathewerkstatt 6, Prediger/Barzel/Hußmann/Leuders 2013b, 72)

Geübt wird hier das Addieren von Brüchen nicht als Kalkül, sondern in Verbindung mit den Grundvorstellungen des Verfeinerns und Zusammenfügens. Diese Anbindung brauchen Lernende unterschiedlich lange.

Differenzierung ist dabei zusätzlich durch unterschiedlich starke Vorgaben möglich: Das Beispiel 4.1 hat alles bereits vorgegeben, der offene Auftrag „Zeichne ein Bild zur Rechnung + “ überlässt den Lernenden mehr eigene Leistung.

So erhöht man den Grundvorstellungsgehalt von Aufgaben:
Viele vorgefundene Aufgaben (z. B. in Schulbüchern) haben ihren Schwerpunkt auf dem Einüben von Verfahren. So kann man Grundvorstellungen stärken und damit differenzierende Lernangebote machen:

- Hinzufügen von Visualisierungen, die zum Aktivieren einer Vorstellung anregen (differenzierend durch unterschiedlich starke Vorgaben)
- Aufforderung zur Verbalisierung von Vorstellungen (z. B. bei Textaufgaben durch Zusätze wie: „Erkläre das Problem zunächst in eigenen Worten.“, „Erkläre und begründe, wie du vorgehen willst.“), differenzierend durch Vorgabe von Kontexten o. Ä.
- Aufforderung zur Darstellung durch eine Skizze (z. B. bei Textaufgaben, aber auch bei Brüchen oder Termen: „Fertige eine Zeichnung an, die erklärt, was die Rechnung bedeutet.“)

▶ Beispiel 4.2: Flächeninhalt und Umfang (Klasse 5)

1) Umfang, Flächeninhalt oder Volumen?

a) Entscheide für die Situationen ① bis ③, was man bestimmen muss: Umfang, Flächeninhalt oder Volumen? Begründe deine Entscheidung.

① Pia plant eine Wanderung um den Chiemsee

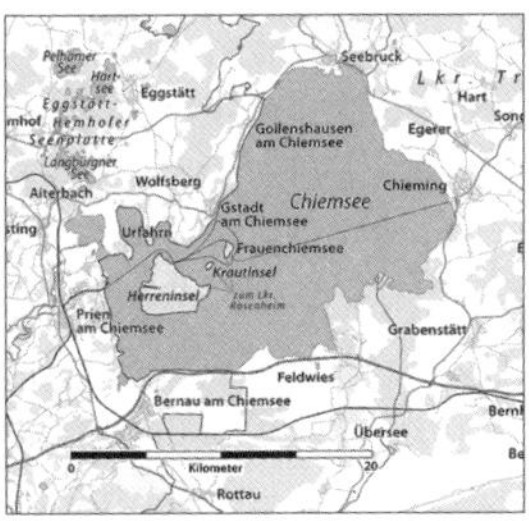

② Ein Öltanker muss alle zehn Jahre ganz neu gestrichen werden.

③ Merves Familie sucht eine große Ferienwohnung.

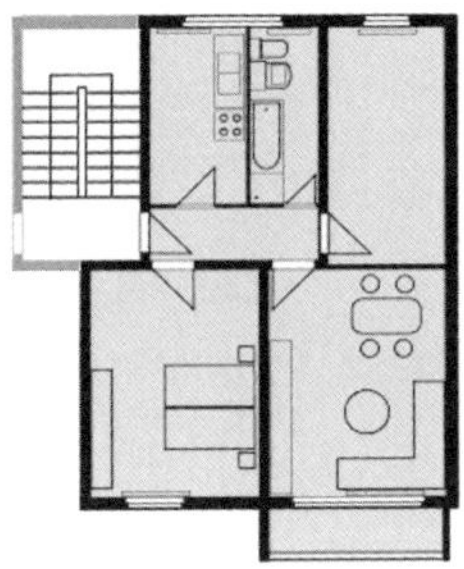

b) Bestimme für die Situation ① bis ③ die gesuchte Größe ungefähr.

2) Vergrößere den Flächeninhalt der Figur, ohne den Umfang zu verändern.

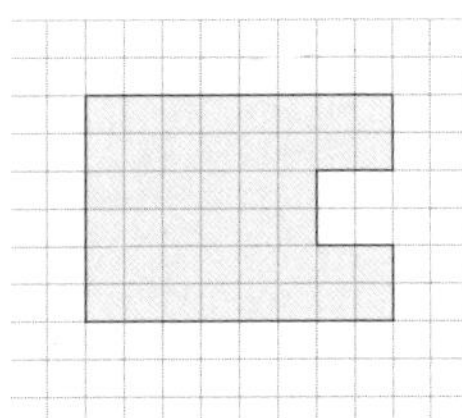

In Aufgabe 1 geht es nicht darum, Umfänge oder Flächeninhalte zu berechnen, sondern um die Verbindung der zugrundeliegenden Vorstellungen des „Herumgehens“ bzw. „Ausfüllens“. In Aufgabe 2 wird dazu angeregt, über die unterschiedliche Bedeutung von Flächeninhalt und Umfang nachzudenken. Sie ist jedoch komplexer, weil sie auch andere kognitive Aktivitäten erfordert. Mathewerkstatt 5, Barzel et al. 2012, 192)

4.2.3 Art der kognitiven Aktivitäten

Kognitive Aktivitäten sind mathematische Denkprozesse…

Menschliche Denkprozesse sind ausgesprochen vielfältig, das gilt insbesondere auch für mathematische kognitive Aktivitäten. Sie lassen sich nicht in ein einfaches Kategoriensystem gießen. Oft benannte kognitive Aktivitäten sind zum Beispiel (WINTER 1975; KMK 2003):

- Routinen ausführen: „Rechne nach dem bekannten Verfahren."
- Konkretisieren: „Gib ein Beispiel und ein Gegenbeispiel an."
- Abstrahieren: „Wofür ist das ein Beispiel?"
- Generalisieren: „Wie geht dies auch in anderen Fällen?"
- Spezialisieren: „Kannst du besondere Fälle angeben?"
- Repräsentieren: „Findest du eine andere Darstellung?"
- Definieren: „Wie würdest du ein … von … unterscheiden?"
- Experimentieren: „Untersuche verschiedene Beispiele."
- Vermutungen aufstellen: „Welche Muster kannst du entdecken?"
- Begründen und Beweisen: „Begründe mithilfe von … "
- Problemlösen: „Welchen Ansatz könntest du machen?"
- Probleme zerlegen: „Finde leichtere Teilaufgaben."
- Mathematisieren: „Übersetze auch in einen Term."
- Interpretieren: „Übersetze den Term in eine Situation."
- usw.

… und gehen über prozessbezogene Kompetenzen hinaus

Diese kognitiven Aktivitäten sind zum Teil als Lernziele unter den als allgemeine bzw. prozessbezogene Kompetenzen bezeichneten Bereichen formuliert, gehen aber darüber hinaus. In Bildungsstandards wird lediglich beschrieben, was Schülerinnen und Schüler am Ende bestimmter Jahrgänge wissen und können sollen, allerdings nicht, welche Denktätigkeiten zu den dahin führenden Lernprozessen gehören. Wichtige kognitive Aktivitäten, wie z. B. die der Begriffsbildung, findet man daher nicht unter den prozessbezogenen Kompetenzen.

Für die Einschätzung oder Konstruktion von Aufgaben ist es daher wichtig, sich bewusst zu machen, welche Anforderungen eine Aufgabe nicht nur auf der Ebene der mathematischen Inhalte, sondern auch auf der Ebene der kognitiven Aktivitäten stellt. Dies ermöglicht, Aufgaben für unterschiedliche Lernende hinsichtlich der kognitiven Aktivitäten zu vereinfachen oder anzureichern.

So kann man kognitive Aktivitäten in Aufgaben variieren und unterstützen:
Aufgaben können kognitive Aktivitäten initiieren, wenn sie entsprechende Fragen oder Aufforderungen enthalten, z. B.:
Kann man bei der Aufgabe nicht nur etwas tun, sondern auch reflektieren

- … wie man es genau getan hat? (Lösungswege beschreiben)
- … warum man es genau so getan hat? (Lösungswege begründen)
- … warum man es so tun konnte? (Voraussetzungen beschreiben)

Kann man bei der Aufgabe nicht nur ein Verfahren anwenden, sondern
- … aus verschiedenen Verfahren auswählen?
- … ein Verfahren anpassen oder abändern?
- … weitere Lösungswege finden?

Kann man bei der Aufgabe nicht nur ein Ergebnis produzieren, sondern
- … erklären, was das Ergebnis bedeutet?
- … überlegen, ob es andere Ergebnisse geben kann?
- … überlegen, was passiert, wenn die Voraussetzungen anders sind?

Auch durch die gezielte Veränderung der Offenheit einer Aufgabe lässt sich die Art der kognitiven Aktivitäten beeinflussen (s. Abschnitt 4.3.3). Typische Aufgabenformate, die durch Anreichern mit kognitiven Aktivitäten wie „Muster untersuchen" oder „einfaches Problemlösen" entstehen, sind sogenannte produktive Übungsaufgaben.

Die vielen Beispiele zeigen auf, dass es erst einmal um unterschiedliche *Arten* von kognitiven Aktivitäten und noch nicht um eine Schwierigkeitsstufung geht. Es deutet sich aber auch an, wie das Anreichern der Aufgabe um kognitiv anspruchsvollere Aktivitäten auch das Anspruchsniveau einer Aufgabe heben kann. Dabei ist allerdings nicht einfach, zu identifizieren, welche kognitiven Aktivitäten anspruchsvoller sind als andere. Eine der bewährtesten Stufungen für Denkprozesse, die unabhängig vom Fach Mathematik entwickelt wurde, nennt diese sechs Stufen (Anderson/Krathwohl 2001):
- Erinnern und Wiedererkennen (Abrufen aus dem Gedächtnis),
- Verstehen und Interpretieren (Bedeutung erkennen),
- Anwenden auf bekannte und neue Situationen,
- Analysieren, Beziehungen aufdecken,
- Bewerten aufgrund von Kriterien,
- Reorganisieren und (kreatives) Produzieren.

Der Versuch, eine Aufgabe auf einer oder mehreren dieser Stufen zu verorten, kann Hinweise darauf geben, ob es um eine eher niedrigere oder höhere Anforderung geht. Dabei ist auch klar, dass sich aus einer solchen Hierarchie keine eindeutige Stufung ableiten lässt, weil die Schwierigkeiten einer Aufgabe immer auch vom konkreten Inhalt, ihrer Kompliziertheit und vielen weiteren schwierigkeitsgenerierenden Merkmalen abhängt (vgl. Abschnitt 4.2). Ein solches System kann daher nicht „mechanisch" in Form von Anforderungsbereichen und zugehörigen Operatorverben („Entscheiden ist immer Anforderungsbereich 2") angewandt werden.

Anspruchsvolle kognitive Aktivitäten sind relevant für Lernende aller Leistungsstände…

Eine weitere, besonders eklatante Gefahr beim Differenzieren durch Variation der kognitiven Aktivitäten besteht darin, die kognitiv anspruchsvolleren Aktivitäten nur den stärkeren Lernenden abzuverlangen. Denn auch auf einfachstem Niveau kann man Experimentieren, Problemlösen und Argumentieren, und gerade diese Aktivitäten sind für Lernende aller Leistungsstände wichtig.

... *aber brauchen Unterstützung*

Unterstützungsformen, die es auch schwächeren Lernenden ermöglichen, ein breiteres Spektrum an anspruchsvolleren kognitiven Aktivitäten auszuschöpfen, sind z. B. diese drei:

- In offenen Sammelaufgaben kann man nicht nur Möglichkeiten suchen lassen, sondern diese Stufen: (1) Suche eine Möglichkeit. (2) Suche viele Möglichkeiten. (3) Suche alle Möglichkeiten. (4) Wie kannst du dir sicher sein, dass du alle Möglichkeiten gefunden hast? (Hußmann/Prediger 2007)
- Bei Problemlöse- oder Modellierungsaufgaben kann man den Lösungsprozess explizit durch die Angabe bestimmter Schritte vorstrukturieren, z. B. (1) Formuliere das Problem in eigenen Worten und gib ein Beispiel. (2) Schreibe das Problem als Term auf. (3) Bestimme die Lösung durch Ausrechnen. (4) Prüfe das Ergebnis: Kann es stimmen? Hast du damit das Problem wirklich gelöst?
- Schwierigkeiten beim Finden eines bestimmten Lösungsansatzes kann man reduzieren, indem man eine Reihe verschiedener Ansätze vorgibt, aus denen die Lernenden begründet auswählen.

Das Beispiel 4.3 zeigt eine Umsetzung des letzten Vorschlags: Damit auch schwächere Lernende kognitiv anspruchsvollere Aktivitäten bewältigen lernen, kann man Aktivitäten wie das Schätzen von Brüchen auf mehreren Wegen nicht nur einfordern, sondern auch gezielte Unterstützung dazu anbieten.

▶ **Beispiel 4.3:** Wege für anspruchsvolle kognitive Aktivitäten anbieten beim Brüche schätzen (Kl. 6)

Brüche durch einfachere Brüche schätzen

a) Markiere in der Streifentafel den Bruch $\frac{37}{100}$.
Finde einen einfacheren Bruch, der etwa so groß ist wie $\frac{37}{100}$.

b) Pia, Ole und Till wollen $\frac{26}{91}$ durch einen einfachen Bruch schätzen.
Einen 91er-Streifen gibt es nicht in der Streifentafel. Deshalb suchen sie andere Wege:

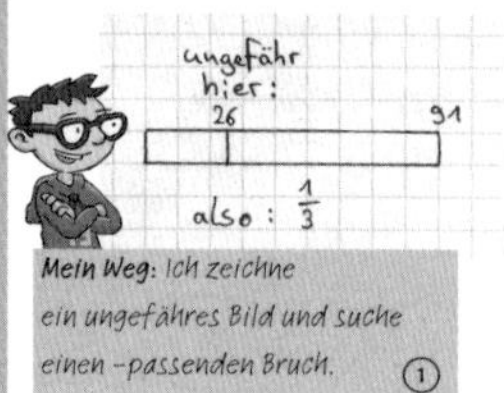

Schätze die folgenden Brüche durch einfachere Brüche.
Probiere jedesmal alle Wege.

① $\frac{21}{61}$ ② $\frac{42}{61}$ ③ $\frac{19}{81}$ ④ $\frac{330}{410}$ ⑤ $\frac{2103}{3267}$ ⑥ $\frac{410320}{529871}$

Hinweis
Manchmal passt einer der drei Wege nicht

(Mathewerkstatt 6, Prediger et al. 2013b, 55)

4.3 Innere Struktur von Aufgaben: Anforderungsniveau und Zugangsweise

Mit schwierigkeitserzeugenden Merkmalen die Anforderungen passend „einstellen"

Die Aufgabenmerkmale, die in diesem Abschnitt zusammengefasst werden, sind vor allem solche, deren Ausmaß man jeweils höher oder niedriger „einstellen" und so – bei gleichbleibendem Aufgabeninhalt – das Anforderungsniveau der Aufgabe erhöhen oder erniedrigen kann.

Mit solchen potentiell **schwierigkeitserzeugenden Merkmalen** lässt sich das Niveau des Arbeitens regulieren, zum Beispiel für niveaudifferenzierte Arbeitsblätter. Das Kriterium „schwierigkeitserzeugend" ist dabei nicht als negative Bewertung misszuverstehen, denn Schwierigkeiten können für den kognitiv aktivierenden Lernprozess in geeigneter Dosierung auch lernrelevant sein, gesprochen wird dann von „wünschenswerter Schwierigkeit" (BJORK/BJORK 2011).

Neben den sieben schwierigkeitserzeugenden Merkmalen, die Differenzierung nach Teilaspekten der *Leistungsfähigkeit* ermöglichen, werden als achtes Merkmal die *Zugangsweisen* thematisiert, mit denen ein weiterer wichtiger Differenzierungsaspekt angesprochen wird. Durch Veränderung dieser acht Merkmale der inneren Struktur lassen sich zu einer Aufgabe viele Varianten erzeugen, aus denen man für differenzierenden Unterricht auswählen kann. Diese Varianten verändern meist nicht das inhaltliche Ziel, aber oft die kognitiven Aktivitäten. *Welche* Variation von *welchem* Merkmal ein angemessenes Aufgabenset erzeugt, ist jeweils vor dem Hintergrund der Voraussetzungen der Lernenden und der gesetzten Ziele zu entscheiden.

Sieben Merkmale variieren die Schwierigkeit

- Die **Komplexität** einer Aufgabe meint die Zahl der Schritte und Verknüpfungen, die Lernende selbstständig machen sollen (→Abschnitt 4.3.1).
- Die **Kompliziertheit** einer Aufgabe meint hingegen den reinen technischen Aufwand z. B. durch die Größe der genutzten Zahlenwerte (→Abschnitt 4.3.2).
- Die **Offenheit** einer Aufgabe beschreibt das Ausmaß von Entscheidungen, die Lernende bezüglich des Bearbeitungsweges oder auch des Ziels treffen können (→Abschnitt 4.3.3).
- Die **Vertrautheit des Kontextes** einer Aufgabe wirkt sich vor allem auf die Zugänglichkeit aus (→Abschnitt 4.3.4).
- Die **sprachliche Komplexität** bestimmt sich vor allem über die Nutzung fachsprachen- und bildungssprachentypischer Merkmale (→Abschnitt 4.3.5).
- Der Grad der **Formalisierung** bzw. **Konkretisierung** einer Aufgabe entscheidet über die Zugänglichkeit, vor allem in frühen Schritten des Lernprozesses (→Abschnitt 4.3.6).
- Bei einer Aufgabe kann der **Umfang der Wiederholung** der intendierten Tätigkeiten verschieden ausfallen (→Abschnitt 4.3.7).

… ein Merkmal öffnet für Zugangsweisen

- Die Offenheit für bzw. Anregung von **Zugangsweisen** ermöglicht das Differenzierungsziel *Vielfalt nutzen* (→Abschnitt 4.3.8).

Wie genau der Einfluss dieser Merkmale auf die Anforderungen und damit die Schwierigkeit einer Aufgabe aussieht, und wie man dies bei der Arbeit mit Aufgaben nutzen kann, wird nun im Detail dargestellt.

4.3.1 Komplexität (Zahl der Schritte oder Verknüpfungen)

Um eine Aufgabe zu bearbeiten, müssen Lernende die Informationen der Aufgabe miteinander und mit ihrem Vorwissen geeignet verknüpfen. Diese Verknüpfungen können verschieden komplex ausfallen.

Mit **Komplexität** einer Aufgabe ist gemeint, wie viele Teilschritte zum Ausführen erforderlich sind oder wie viele Informationen verknüpft werden müssen.

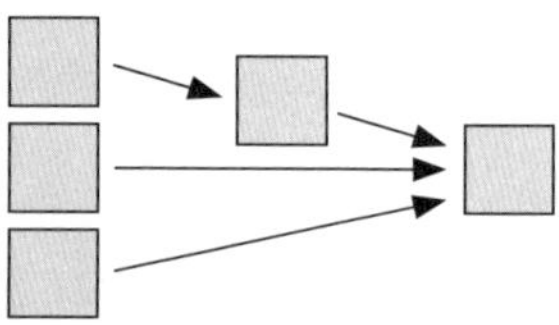

Für die Variante 1 der Aufgabe im Beispiel 4.4 lässt sich die Komplexität etwa bildlich wie abgebildet darstellen. Denn verknüpft werden müssen drei Informationen: die beiden Mengenangaben, sowie die erst zu generierende Idee, dass sie sich zusammen mit dem Mineralwasser zu einem Ganzen addieren. Bei der Bearbeitung ist zudem mindestens ein Zwischenschritt nötig, nämlich die Umwandlung eines Bruches in eine Prozentzahl oder umgekehrt.

▶ **Beispiel 4.4:** Anteils-Aufgabe in vier Komplexitätsvarianten (Kl. 6)

Variante 1:
$\frac{3}{8}$ der Halloween-Bowle bestehen aus Apfelsaft, 25 % sind schwarzer Johannisbeersaft, der Rest ist Mineralwasser. Welcher Anteil der Bowle besteht aus Mineralwasser?

Variante 2 (Zwischenschritt „Umwandeln" eliminieren):
37,5 % der Halloween-Bowle bestehen aus Apfelsaft, 25 % sind schwarzer Johannisbeersaft, der Rest ist Mineralwasser. Welcher Anteil der Bowle besteht aus Mineralwasser?

Variante 3 (Zwischenschritt „Zusammenfassen" unterstützen):
$\frac{3}{8}$ der Halloween-Bowle bestehen aus Apfelsaft, 25 % sind schwarzer Johannisbeersaft, der Rest ist Mineralwasser. Welchen Anteil haben Apfelsaft und Johannisbeersaft zusammen?
Welcher Restanteil der Bowle besteht aus Mineralwasser?

Variante 4 (Eine Größe „Johannisbeersaft" eliminieren):
37,5 % der Halloween-Bowle bestehen aus Apfelsaft, der Rest ist Mineralwasser. Zusammen ergibt das 100 %. Welcher Anteil der Bowle besteht aus Mineralwasser?

Die drei verschiedenen Komplexitätsvarianten 2 bis 4 im Beispiel 4.4 zeigen exemplarisch, wie man die Anforderungen durch eine Reduktion der Komplexität reduzieren oder erhöhen kann, entweder durch Eliminieren oder Unterstützen des betreffenden Schrittes. Im Beispiel 4.3 ist dies z.B. durch die Vorgabe des Bruchstreifens erfolgt.

Damit ist aber noch nicht gesagt, ob eine Reduktion wünschenswert ist. Beispielsweise kann gerade das selbstständige Verstehen der Anteilssituation (zwei Anteile bekannt, der dritte unbekannt, insgesamt müssen es 100 % sein) das wesentliche Lern- bzw. Übungsziel sein, das man dann natürlich nicht eliminieren möchte.

4.3.2 Kompliziertheit (technischer Aufwand)

Ein verwandtes Merkmal, das man leicht mit Komplexität verwechseln kann, ist Kompliziertheit:

> Mit **Kompliziertheit** einer Aufgabe ist gemeint, wie technisch aufwändig die Bearbeitung ist, etwa durch die Wahl großer Zahlen, anspruchsvollerer Zahlbereiche oder komplizierterer Terme.

Kompliziertheit ist nicht Komplexität

Im Prinzip kann man bei einer Aufgabe die Komplexität ihrer Struktur identisch lassen, dafür aber jeden einzelnen Schritt technisch aufwändiger machen. Komplexität bezieht sich also eher auf die inhaltliche Struktur einer Lösung, auf das Verknüpfen von Schritten und Informationen (z.B. beim Mathematisieren), während Kompliziertheit sich eher auf den Rechenaufwand bezieht.

Beispiel 4.5: Schriftlich Addieren mit unterschiedlicher Kompliziertheit (Kl. 5)

2a) 682	**b)** 7789	**c)** 34924	**d)** 92034	**e)** 600600600
+ 6703	+ 9679	+ 201905	+ 177	+ 6650
		+ 81	+ 8902	+ 80099900
37824	60503	+ 65912	+ 15422	+ 1000000643
+ 90040	+ 43543		+ 6543	+ 90532430

Die Kompliziertheit variiert etwa in den schriftlichen Additionen des Beispiels 4.5, deren Komplexität jeweils gleich bleibt. Je nach Zahl der Stellen und Zahl der Summanden steigt die Kompliziertheit, ohne allerdings andere kognitive Anforderungen zu stellen. Geübt wird vor allem die Sicherheit bei häufiger Wiederholung. Eine Differenzierung nach Kompliziertheit ist bei technischen Fertigkeiten möglicherweise sinnvoll und beabsichtigt. Meist lohnt es sich aber, sie mit anderen Anforderungen zu kombinieren. Die Grenze einer reinen Differenzierung nach Kompliziertheit zeigt das Beispiel 4.6 mit sogenannten paralleldifferenzierenden Aufgaben.

Beispiel 4.6: Grenzen der paralleldifferenzierenden Aufgabenpäckchen mit Differenzierung nach Kompliziertheit (Kl. 5)

1 Achte auf die Klammern.	**1* Berechne.**
10 + (5 + 1) 10 + (5 − 1) 10 − (5 + 1) 10 − (5 − 1)	50 + (30 + 20) 8 + (5 + 2) + 1 50 + (30 − 20) 9 + (7 − 2) + 4 50 − (30 + 20) 20 − (5 + 2) +3 50 − (30 − 20) 18 − (9 − 4) − 5
2 Berechne mit und ohne Klammer.	**2* Berechne.**
12 − 5 + 3 34 − 12 − 7 12 − (5 + 3) 34 − (12 − 7) 33 + 7 − 4 49 + 21 + 5 33 + (7 − 4) 49 + (21 + 5)	88 + (55 − 33) − 11 + (22 − 3) (88 + 55) − 33 − (11 + 22) − 3) 88 − (55 + 33) + 11 + (22 − 3) 88 − (55 − 33) − 11 − (22 − 3)
3 Hier kommen zwei Klammern vor.	**3* Durch unterschiedliche Klammern erhält der Rechenausdruck verschiedene Werte.**
25 − (12 + 11) + (10 − 5) 25 + (12 − 11) − (10 − 5) 25 − (12 − 11) + (10 − 5) 49 + (24 − 13) + 5 + (20 − 8) 49 − (24 − 13) − 5 − (20 − 8) 49 − (24 + 13) − 5 + (20 − 8)	150 − 50 + 35 − 25 + 12 − 5 a) Setze die Klammer auf drei verschiedene Arten und rechne. Vergleiche die Ergebnisse. b) Wie viele Ergebnisse schafft ihr?

In Aufgabe 1 und 2 ist zwischen beiden Anforderungsniveaus (linke und rechte Seite) lediglich die Kompliziertheit der Zahlen und Terme und die Menge variiert. Das eigentliche Ziel, Lernende mit unterschiedlicher Sicherheit im Verständnis solcher Zahlenterme zu fördern, wird so nicht erreicht: Schwächere Lernende bekommen keine Unterstützung beim Verstehen der Terme. Diejenigen dagegen, denen das keine Schwierigkeiten bereitet, werden mit komplizierten Zahlen und längeren Rechnungen „beschäftigt". Aufgabe 3 im gleichen Beispiel 4.6 zeigt Alternativen auf: Hier wird aus einer wiederholenden Trainingsaufgabe eine mathematische Erkundung, die zusätzliche, andere kognitive Aktivitäten anregt. Leider wird verpasst, dass auch die schwächeren Lernenden über die Struktur der Ergebnisse reflektieren und dabei etwas über Minusklammern lernen könnten.

Prüfen, ob Kompliziertheit/ Komplexität angemessen ist

Die Beispiele zeigen: Die Variation der Kompliziertheit kann angemessen sein, wenn der Umgang mit komplizierten Informationen tatsächlich Lernziel ist, also in den Bereichen, in denen stärkere Lernende höhere Grade an Fertigkeiten erreichen müssen (etwa mit Blick auf weitere Bildungsgänge). Allzu oft ist aber die Kompliziertheit in Aufgaben unangemessen und dem eigentlichen Lernziel nur begrenzt dienlich. Zu prüfen ist daher stets, ob

- die Schwächeren auch Hilfen (z. B. durch verstehensorientierte Unterstützung in Bildern) bekommen,
- die Stärkeren nicht nur durch kompliziertere Zahlen oder Terme beschäftigt werden ohne Blick auf gestufte Lernziele und ihre weitergehenden Lernpotentiale,
- bei beiden die notwendige Reflexion angeregt wird, die ein Training immer begleiten sollte.

Zuweilen ist die Unterscheidung zwischen Komplexität und Kompliziertheit schwierig, weil zum Beispiel die Zahl der Schritte vom gewählten Lösungsweg oder der Ausführlichkeit seines Aufschreibens abhängt, wie das nachfolgende Beispiel 4.7 zeigt. Gleichwohl ist solche Komplexitätsanalyse hilfreich, um eine grobe Einschätzung von Aufgabenvarianten zu ermöglichen.

Beispiel 4.7: Komplexität/Kompliziertheit beim Flächeninhalt (Kl. 5)

Innenflächen

Die Wände des Kinderzimmer sollen frisch gestrichen werden.

Tills Zimmer hat diese Form, der Raum ist 2,50 m hoch. Für wie viel Quadratmeter muss er Farbe kaufen?

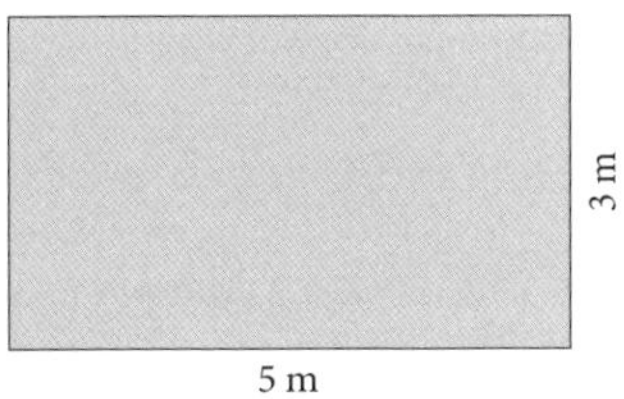

Merve lebt im Altbau. Ihr Zimmer ist 3 m hoch. Wie viel Farbe benötigt sie?

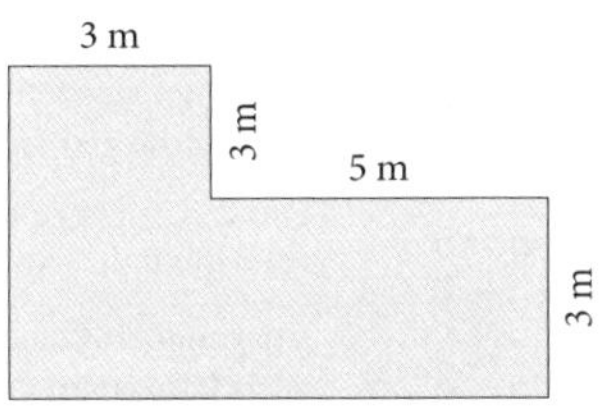

Tipp 1

Eine Skizze der Netze kann dir dabei helfen.

Tipp 2

Schätze die Größe der Türen und Fenster ab.

(Mathewerkstatt 5, Barzel/Hußmann/Leuders/Prediger 2012, 193)

In der linken Aufgabe kann man die Flächeninhalte jeder Wand einzeln berechnen durch Länge mal Höhe, dann addieren und Tür und zwei Fenster abziehen. Entsprechend mehr Schritte erfordert die rechte Aufgabe. Oder aber, man stellt sich die Wände am Stück vor (Umfang) und erhält eine Wandfläche von 16 m × 2,50 m abzüglich drei Fenstern und Tür.

Die rechte Aufgabe ist komplexer als die linke, insofern ihre Bearbeitung mehr Zwischenschritte erfordert. Für Lernende, die solche Situationen voll überblicken, ist die rechte Aufgabe allerdings nur komplizierter, weil sie mehr Rechen- aber nicht mehr Denkschritte benötigt.

4.3.3 Offenheit – Geschlossenheit

Die Offenheit von Mathematikaufgaben ist ein Merkmal, das in den letzten Jahren viel Beachtung gefunden hat (z. B. FLEWELLING/HIGGINSON 2003, HERGET 2000). Eine besondere Qualität wird offeneren Aufgaben nicht nur auf der kognitiven Ebene zugeschrieben (HERGET ET AL. 2001; FLEWELLING/HIGGINSON 2003), sondern auch für die intrinsische Motivation und das daraus resultierende positive Selbst- und Mathematikbild (vgl. Abschnitt 3.3.2 zur Selbstbestimmungstheorie von DECI/RYAN 2002).

Eine Aufgabe wird als offen bezeichnet, wenn der Lösungsweg oder das Aufgabenziel nicht vorgegeben sind, d. h. wenn Lernende bei der Bearbeitung eigene Entscheidungen treffen können. Aufgaben mit offenem, also erst durch die Lernenden zu konstruierendem Lösungsweg, bezeichnet man oft auch als „Probleme". Aufgaben bei denen es keine solchen Entscheidungsspielräume gibt, werden auch als „geschlossen" bezeichnet.

Ein einfaches Schema zur Einteilung von offenen Aufgaben

Einen Überblick über verschiedene Typen offener Aufgaben gibt die Tabelle 4.2, die wichtigsten Typen finden sich im nachfolgenden Beispiel 4.8 als Teilaufgaben wieder.

Aufgaben/ Problemtypen	Start	Weg	Ziel	Beispiel
(geschlossene) Aufgabe, Routineaufgabe	×	×	o	Das Lösungsverfahren ist bekannt und muss nur angewendet werden: „Berechne den Mittelwert der Zahlen 1, 5, 10, 20."
Problemaufgabe	×	o	o	Das Lösungsverfahren ist nicht bekannt und muss erst gefunden werden: "Wie kann man den Mittelwert von 1, 2, 5, 1 000 ohne genaues Rechnen überschlagen?"
Umkehrproblem	o	o	×	Durch Umkehren wird die Aufgabe zum Problem „Finde 5 verschiedene Zahlen mit dem Mittelwert 5."
Offene Situation	o	o	o	Ausgangsgrößen oder die Frage muss erst gefunden werden: „Was kann man alles über den Mittelwert von drei ungeraden Zahlen sagen?"
Gelöste Aufgabe, Beispielproblem	×	×	×	Auch aus gelösten Beispielen kann man lernen: „Der Mittelwert 1, 2, 2, 2, 10 ist (1 + 3 × 2 + 10) : 5. Erkläre das Vorgehen."

× = gegeben/bekannt,

o = nicht gegeben/nicht bekannt

TABELLE 4.2 Typen offener Aufgaben (nach BRUDER 2000, LEUDERS 2015)

Die Aufgabenmerkmale „offen“ und „geschlossen“ sind übrigens nicht mit den gleichlautenden Differenzierungsformaten (Abschnitt 1.3.1) gleichzusetzen. Gleichwohl besteht eine gewisse Analogie: Bei *offeneren Differenzierungsformaten* erhalten Schülerinnen und Schüler eine stärkere Möglichkeit *Entscheidungen über ihre Lernwege* zu treffen als bei geschlosseneren Differenzierungsformaten. Bei *offeneren Aufgaben* können bzw. müssen sie mehr *Entscheidungen über den eingeschlagenen Lösungsweg* treffen als bei geschlossenen.

▶ **Beispiel 4.8:** Zahlenmauer-Aufgaben verschiedener Offenheit (Kl. 6)

Zahlenmauer

Übertrage die Zahlenmauern ins Heft und fülle sie aus.
Du kannst auch die Zahlenmauern aus dem Materialblock verwenden.

Suche für Mauer ④ mehrere Lösungen.

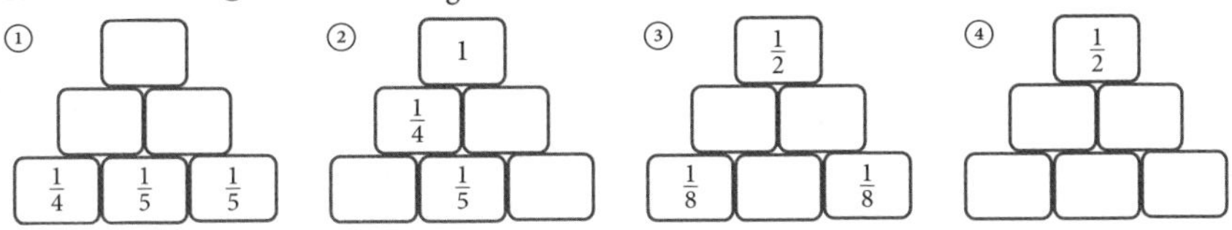

(Mathewerkstatt 6, Prediger et al. 2013b, 74)

Die Telaufgaben nutzen verschiedene Grade und Formen der Öffnung:

① ist eine geschlossene Aufgabe, die direkt vorwärts zu lösen ist.

② ist ebenfalls schrittweise zu lösen, doch muss erst ein Lösungsweg gefunden werden. Nicht jede Reihenfolge funktioniert, es ist ein einfaches Problem.

③ lässt sich nicht schrittweise lösen, nötig ist eine Strategie wie Probieren.

④ ist ein offenes Umkehrproblem, zu dem es mehrere Lösungen gibt.

Offenheit schafft Unsicherheit …

Die Geschlossenheit bei Aufgaben ist oft mit der Klarheit der Anforderungen verbunden, daher spielt sie insbesondere bei Leistungsüberprüfungen eine bedeutsame Rolle. Offenere Aufgaben werden von Lernenden oft als schwieriger wahrgenommen als geschlossene, insbesondere wenn die Lernenden nicht gewohnt sind, eigene Wege zu gehen, Entscheidungen über fehlende Werte zu treffen (bei sogenannten „unterbestimmten Aufgaben“). Daher stellen offenere Aufgaben höhere Anforderungen an die Motivation und Selbstregulation.

▶ **Beispiel 4.9:** Fermi-Aufgabe mit strukturierender Hilfe (Kl. 6)

Ein Problem mit einfacheren Fragen lösen

einfachere Frage stellen

Wie viele Äpfel esse ich jedes Jahr?

a) Dieses Problem kann man so nicht direkt lösen.
Die folgenden einfacheren Fragen können aber helfen.
Beantworte sie zuerst und versuche dann die Aufgabe zu lösen.

① Wie viele Äpfel esse ich am Tag?
② Wie viele Äpfel esse ich in der Woche?
③ Wie viele Wochen hat eigentlich ein Jahr?
④ Wie viele Wochen im Jahr sind Schulferien?

b) Löse das folgende Problem, indem du zuerst einfachere Fragen stellst:

Wie viele ganze Brote esse ich jedes Jahr?

(Mathewerkstatt 6, Prediger et al. 2013b, 19)

Typisch für die Fermi-Aufgabe ist, dass einige Größen geschätzt werden müssen. Stärkere Lernende erhalten nur die offene Frage im ersten Kasten. Schwächere werden zunächst durch Vorstrukturierung mit Zwischenfragen unterstützt. Erst in b) suchen sie dann selbst Zwischenfragen.

… die man durch stärkere Anleitung oder Vorstrukturierung auffangen kann

Eine Differenzierungsmöglichkeit innerhalb offener Aufgaben ist daher die Vorstrukturierung wie im Beispiel 4.9. Dabei wird die Offenheit der Aufgabe systematisch reduziert, indem durchzuführende Zwischenschritte erklärt (Anleitung) oder Zwischenergebnisse explizit werden (Vorstrukturierung). Meist reduziert sich dadurch die kognitive Aktivierung, daher muss man je nach Lerngruppe abwägen, inwieweit dies erwünscht bzw. notwendig ist.

Öffnen erhöht die kognitiven Aktivitäten

Umgekehrt führt das Öffnen von Aufgaben vor allem zu einer Erweiterung der bei der Aufgabe erwarteten kognitiven Aktivitäten. Durch Umkehren oder durch Erforschen, was bei veränderten Ausgangswerten geschieht, führt die Aufgabe nicht mehr nur zum wiederholenden Anwenden einer Routine, sondern zum sogenannten operativen Durcharbeiten (Aebli 1985; Winter 1984). Die sich dabei ergebenden Schwierigkeiten sind wünschenswert im Sinne des Lernziels eines sicheren und flexiblen Verständnisses.

Strategien für das Öffnen und Schließen von Aufgaben

So kann man Aufgaben öffnen oder schließen:
- Fragen weglassen (oder fragen: „Was könnte man hier fragen?")
- Informationen weglassen, schätzen lassen (sogenannte „unterbestimmte Aufgaben")
- aus Informationen geeignet auswählen lassen (sogenannte „überbestimmte Aufgaben")
- Fragestellung umkehren: „Wann erhält man das Ergebnis… ?"
- Eine gelöste Aufgabe geben und den Lösungsweg reflektieren lassen (z. B. „Bei welchen Aufgaben kann man ebenso vorgehen?")

Das Öffnen von Aufgaben schafft die Möglichkeit, unterschiedliche Lösungswege oder Zugangsweisen zu vergleichen. Auf diese Weise kann man nicht nur *Unterschieden gerecht werden*, sondern auch *Vielfalt erzeugen und nutzen*. Das gezielte Schließen von Aufgaben durch Anleitung oder Vorstrukturierung hingegen kann es ermöglichen, Aufgaben für schwächere Lernende zugänglich zu machen.

4.3.4 Vertrautheit des Kontextes

Kontextwechsel erzeugen Schwierigkeit, sind aber lernnotwendig

Mathematische Konzepte zeichnen sich dadurch aus, dass man sie in vielen verschiedenen Situationen anwenden kann, gerade ihre flexible Anwendung macht mathematische Kompetenz aus. Insofern stellt ein Transfer in einen neuen Kontext eine wünschenswerte Schwierigkeit im Lernprozess dar, die aber gut bedacht werden muss.

Zur Vertrautheit des Kontextes einer Aufgabe gehören zwei Fragen:
- Wie gut kennen die Lernenden den Kontext bereits aus dem vorausgehenden Unterricht bzw. wie gut können sie erkennen, dass es sich um diesen oder einen analogen Kontext handelt?
- Inwieweit ist den Lernenden der Kontext aus ihrer Lebenswelt (Alltag, Medien) bereits vertraut?

Bei beiden Fragen neigen Lehrkräfte leicht dazu, die Schwierigkeiten eines neuen Kontextes zu unterschätzen. Möglicherweise bringen die Lernenden auch Erfahrungen mit, die der angemessenen Anwendung eines mathematischen Konzeptes im Wege stehen – hier sollten die Hürden des Kontextes explizit gemacht werden.

Die im Beispiel 4.10 gesammelten drei Aufgaben zu negativen Zahlen machen zunächst deutlich, dass es in der Alltagswelt eine ganze Reihe von Kontexten geben kann, die das Lernen eines mathematischen Konzeptes unterstützen können, hier sind es Schulden, Temperaturen oder Höhen. Es wird aber auch deutlich, dass es kaum möglich ist, über einen der Kontexte zu sagen, er sei der einfachste. Welche Vorerfahrungen die Lernenden haben, hängt zu sehr von ihren unterschiedlichen Alltagserfahrungen und auch Vorkenntnissen aus dem vorangehenden Mathematikunterricht ab.

Eine Möglichkeit der Differenzierung besteht darin, Aufgaben in verschiedenen Kontexten anzubieten und damit unterschiedliche Vorkenntnisse oder sogar Interessen von Lernenden anzusprechen. Die Aufgabenbesprechung im Unterricht muss dann allerdings in unterschiedlichen Gruppen erfolgen. Insbesondere für schwächere Lernende ist der Wechsel zwischen Kontexten eher erschwerend als hilfreich, da auch immer Wissen zum Kontext mitgelernt werden muss.

▶ **Beispiel 4.10:** Verschiedene Kontexte zum Verstehen negativer Zahlen (Kl. 7)

Trage die folgenden Kontostände auf einer Kontostandleiste ein.
Welcher Kontostand ist der höchste, welcher der niedrigste?

1) 50 € Schulden, 120 € Guthaben, 30 € Guthaben, 85 € Schulden ⋮ 5000 € Schulden, 1200 € Guthaben, 350 € Guthaben, 1999 € Schulden

2) −15 €, 75 €, +90 €, −80 € ⋮ −1,5 €, 7,05 €, +9,01 €, −5,12 €

Negative Zahlen bei Temperaturen

a) Im Internet kann man erfahren, wie sich die Temperaturen in den nächsten Tagen entwickeln können. In Rot sind die Tagestemperaturen und in Blau die Nachttemperaturen abgebildet.
Übertrage die Tages- und Nachttemperaturen auf eine Zahlengerade

b) Bestimme die größten Temperaturdifferenzen für die Tage und dann für die Nächte.

Negative Zahlen bei Höhen

a) ① Was meint Ole mit seiner Aussage?
② Auf welcher Höhe liegt dein Heimatort?
③ Suche die Höhenangaben weiterer Städte und trage sie auf einer Zahlengeraden ein.

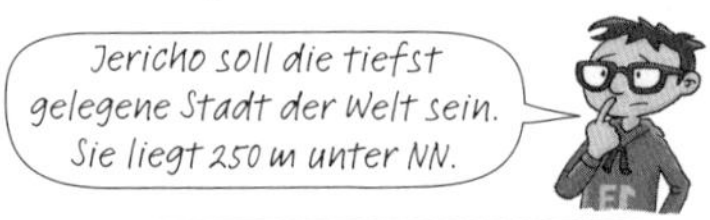

b) Stimmt das? Erkläre Till, welcher Ort höher liegt.

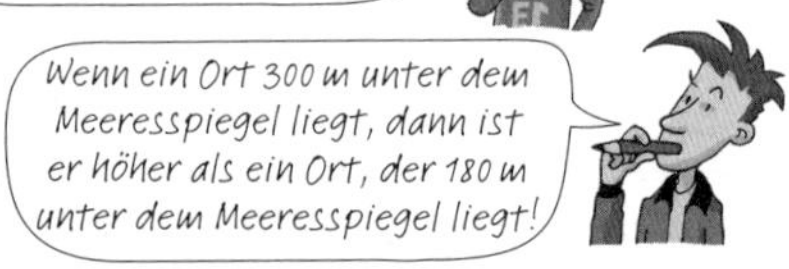

(Mathewerkstatt 7, Leuders/Prediger/Barzel/Hußmann 2014, 85, 99, 100)

Vertrautheit von Kontexten nicht überschätzen

Grundsätzlich sollte man sich nicht zu sehr darauf verlassen, dass ein Alltagskontext unmittelbar lernförderlich ist. Insbesondere bei Lernenden aus bildungsfernen Familien kann es sein, dass sie nur wenige außer- oder vorunterrichtliche Erfahrungen mit mathematischen Situationen wie z. B. Schulden, Temperaturen oder Höhen mitbringen.

Bei zentral gestellten Prüfungsaufgaben ist die Frage der Vertrautheit des Kontextes noch einmal von besonderer Brisanz, denn die Fairness gebietet es, dass nicht primär der Kontext einer Aufgabe über ihre Schwierigkeit bestimmt. Das kann z. B. der Fall sein, wenn Lernende lineare Gleichungen im Unterricht vor allem im Zusammenhang mit Bewegungsaufgaben kennengelernt haben und in einer zentralen Prüfung nun Tarifprobleme lösen sollen. Bestimmte Kontexte für mathematisches Arbeiten sollten daher auch bei der Festlegung von Lernzielen mitbedacht werden.

4.3.5 Sprachliche Komplexität

Die große Bedeutung der sprachlichen Anforderungen im Mathematikunterricht wurde bereits in Abschnitt 3.4 deutlich. Das schlägt sich auch auf der Ebene der Aufgabenmerkmale nieder:

Unter **sprachlicher Komplexität** einer Aufgabe werden diejenigen potentiell schwierigkeitsgenerierenden Aspekte gefasst, die eine Aufgabe sprachlich schwieriger oder leichter machen können. Dies betrifft in der Sekundarstufe im Allgemeinen nicht die Textlänge, sondern vorrangig folgende Elemente (vgl. GÜRSOY ET AL. 2013):

Auf Wortebene
- Unvertraute Wörter (‚Kosten anfallen') oder Wortbildungen (‚Mehr|wert|steuer', ‚differenzier|bar')
- Nomimalisierungen (‚die Ermäßigung') statt Verben
- Präpositionen, die für das Verstehen von Beziehungen notwendig sind (‚reduziert auf' versus ‚um', ‚Verbrauch bei 100 km/h')
- trennbare Verben, deren Bestandteile an ganz verschiedenen Stellen des Satzes stehen (‚leite die Begründung her')

Auf Satzebene:
- viele Gedanken in einem Satz
- Verdichtungen, mit denen Nebensätze eingespart werden wie Partizipialkonstruktionen (‚die monoton steigende Funktion') oder Präpositionalattribute (‚Verbrauch bei 100 km/h')
- komplexe grammatikalische Konstruktionen wie ungewohnte Wortstellung (‚ihrer Schwester schenkte sie fünf' statt ‚Sie schenkte ihrer Schwester fünf') oder Passivkonstruktionen

Auf Textebene:
- nicht transparente Bezüge zwischen Sätzen, Textteilen oder anderen Darstellungen (Tabellen, Graphen, etc.)

Merkmale, die Aufgaben sprachlich komplex machen

Als sichere Sprecher mit akademischer Ausbildung neigen einige Lehrkräfte dazu, die Schwierigkeiten für Lernende zu unterschätzen, insbesondere für diejenigen, die in ihrem sozialen Umfeld nicht genügend Chancen haben, sich bildungssprachlich weiterzuentwickeln (vgl. Abschnitt 3.4). Für sie können Aufgaben zur Differenzierung sprachlich entlastet werden, wie im Beispiel 4.11.

Bildungssprachliche Anforderungen nicht unterschätzen

Beispiel 4.11: Sprachlich komplexe Prüfungsaufgabe und leichtere Variation (Kl. 10)

Der Kraftstoffverbrauch wird für Fahrzeuge durch den durchschnittlichen Verbrauch in Litern (ℓ) auf einer Stecke von 100 Kilometern angegeben. Der Kraftstoffverbrauch eines Autos hängt vor allem von der gefahrenen Geschwindigkeit ab. Das Diagramm zeigt den Kraftstoffverbrauch für ein Auto. […]
Um wie viel Prozent liegt der Verbrauch bei 180 km/h über dem Verbrauch bei 100 km/h? (Prüfungsaufgabe aus ZP 10, NRW 2012)

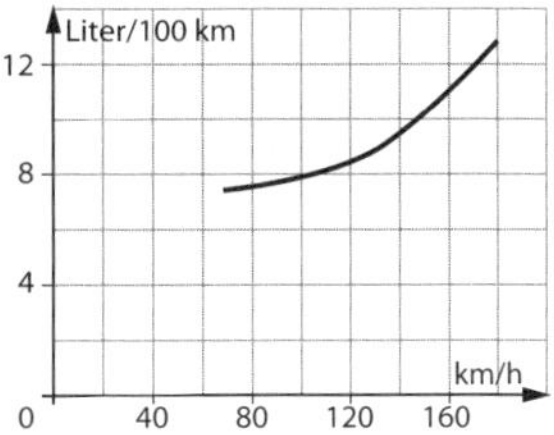

Sprachlich weniger komplexe Variation (trotz größerer Textlänge!)
Den Benzinverbrauch von Autos kann man angeben, indem man sagt, wie viel Liter (ℓ) es im Durchschnitt für 100 Kilometer Fahrstrecke braucht, also in l pro 100 km. Wie viel Benzin ein Auto verbraucht, hängt davon ab, wie schnell es fährt. Das Diagramm zeigt für verschiedene Geschwindigkeiten (in km/h), wie viel das Auto jeweils verbraucht (in l/100 km). […]
Wie viel verbraucht ein Auto, das 180 km/h fährt? Und wie viel, wenn es 100 km/h fährt?
Der Verbrauch steigt von 100 km/h auf 180 km/h. Berechne, um wie viel Prozent er steigt.

Für diejenigen, die verdichtete Konstruktionen (im Beispiel: „Verbrauch bei 180 km/h") entschlüsseln können, ist eine solche Sprachkonstruktion galanter und griffiger und macht den Text kürzer als die weniger verdichtete Variante.

Für diejenigen, die die Sprache erst lernen müssen, deutet die sprachlich wenige komplexe Aufgabe des Beispiels an, wie sprachliche Anforderungen bei Aufgaben allgemein reduziert werden können:

Strategien zum Reduzieren sprachlicher Anforderungen

So kann man bei einer Aufgabe eine übermäßige sprachliche Anforderung reduzieren:
- auf Wortebene fremde Wörter und Nominalisierungen ersetzen,
- auf Textebene (und auch bei Beschriftungen) immer die gleichen Wörter benutzen, um die Bezüge deutlicher zu machen und
- vor allem auf Satzebene verdichtete Formulierungen auflösen, also z. B. nebensatzeinsparende Konstruktionen wieder durch Nebensätze ersetzen, oder auch Nebensatzverbindungen durch Hauptsätze ersetzen,
- möglichst wenige Gedanken pro Satz,
- Unterstützung durch erklärende Bilder.

Auch wenn es also möglich ist, gerade Prüfungsaufgaben in weniger komplexer Sprache zu schreiben, sollte in Lernsituationen nicht immer nur einfache Sprache verwendet werden, denn dies würde verhindern, die Lernenden an komplexere Sprache heranzuführen, was für den weiteren Leistungserfolg wichtig ist (vgl. Abschnitt 3.4).

4.3.6 Grad der Formalisierung bzw. Konkretisierung

Zu frühes Betonen des Formalen führt zu Rezeptlernen

Mathematik als Wissenschaft strebt möglichst große Abstraktion an und nutzt dazu eine Symbolsprache, die durch Formalisierung besonders präzise und unmissverständlich ist – wenn man sie denn versteht. Umgekehrt kann jede Form der Konkretisierung durch Beispiele, ob als Handlungssituation oder als Visualisierung, den Verstehensprozess unterstützen. In vielen Unterrichtsmaterialien geschieht die Ablösung vom Konkreten sehr schnell und viele Lernende haben so wenig Chance, ein inhaltliches Verständnis aufzubauen. Für sie wird die Bearbeitung von Aufgaben daher oft zu einem Befolgen unverstandener Regeln (Borneleit et al. 2001; Prediger 2009a).

Durch **Formalisieren** von mathematischen Zusammenhängen (z. B. rein symbolisches Addieren von Brüchen durch Erweitern) geschieht eine Ablösung vom **Konkreten** (Zusammenfassen von Anteilen durch Verfeinern des Ganzen). Typisch für einen hohen Grad an Formalisierung ist ein regelgeleitetes Arbeiten, vor allem mit symbolischen Darstellungen.

Umgang mit Formalisierung stellt verschiedene Anforderungen

Das Beispiel 4.12 zeigt die Spannweite zwischen formalen und konkreten Aufgabenformulierungen. Die Gegenüberstellung der beiden Aufgaben zeigt, dass Formalisierung und Konkretisierung nicht per se mit höherer oder niedrigerer Schwierigkeit gleichzusetzen sind. Das Arbeiten mit Formalisierungen bedeutet für viele Lernende eine Hürde, wenn sie in dem abstrakten Umgang mit den formalen Regeln nicht sicher sind – das kann beispielsweise bei einer unangemessenen Häufung symbolischer Vorgehensweise geschehen. Das selbstständige Finden einer formalen Darstellung zu einer konkreten Situation wie in der unteren Aufgabe bedeutet allerdings ebenfalls eine zu bewältigende Schwierigkeit. Leichter wird eine Mathematisierungsaufgabe wie die untere dann, wenn die Formalisierung durch die Aufgabenstellung bereits angegeben ist. Dies entspricht einer stärkeren Vorstrukturierung der Aufgabe, wie bereits zuvor unter Offenheit erläutert (vgl. Abschnitt 4.3.3).

Beispiel 4.12: Termumformungen in unterschiedlichem Grad an Formalisierung (Kl. 8)

Finde einfache äquivalente Terme.

a) $3a + 5b + 2a + a$

b) $15t + 3s - 4u - 6t$

c) $a \cdot 2b \cdot 4a \cdot 2c \cdot b$

d) $3y \cdot 2z \cdot x \cdot 2y \cdot x$

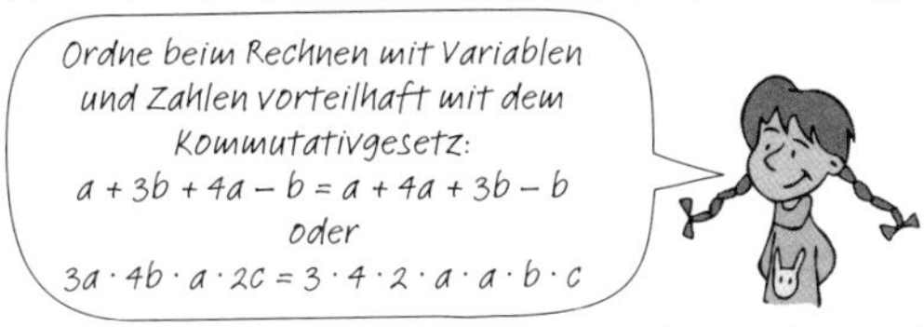

(nach XQuadrat 8, 17)

Rechenzeichen und Teilterme verstehen

a) Wie groß ist der Flächeninhalt der Figur rechts? Stelle einen Term auf.

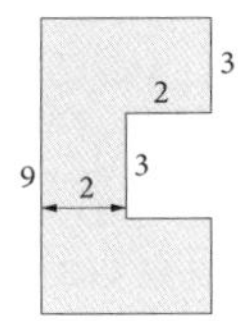

b) Wofür hast du die Rechenzeichen +, –, · und : verwendet? Erkläre an der Figur, was du damit ausdrückst.

c) Ole hat die Figur mit Variablen beschriftet und dann diesen Term aufgestellt: $2a \cdot 3 \cdot b - \frac{1}{2} \cdot 2a - \frac{1}{2} \cdot 3b$.

- Ist Oles Term richtig?
- Zeige in der Figur 2 a und 3 b. Wozu genau benutzt Ole die Rechenzeichen +, –, · und :?
- Markiere alle Teilflächen und zeige, wie man sie im Term sieht.

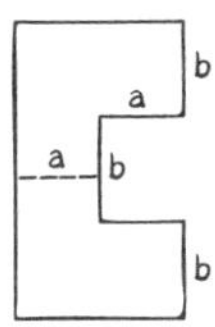

(Mathewerkstatt 8, Hußmann et al. 2015, 115)

Die obere Aufgabe fordert das vollständig formalisierte Umgehen mit Termen (Umformen auf der Basis von Rechengesetzen), die untere Aufgabe unterstützt die Termumformung durch mehrere konkrete Elemente: ein Bild, dass die Termstruktur darstellt, eine Vorabaufgabe, die einen Zahlenterm aufstellen lässt, eine Aufforderung, die Rechenzeichen durch „Handlungen" in der Situation zu erklären.

In jedem Fall kann es nicht darum gehen, Formalisierungen im Fach Mathematik grundsätzlich zu vermeiden. Für eine angemessene Differenzierung ist es jedoch erheblich, wie lange man Lernenden Zeit gibt, ihr Verstehen in konkreten Situationen zu verankern, bevor sie sich von diesen allmählich lösen.

Zu beachten ist auch, dass gerade hinsichtlich der Formalisierung für unterschiedliche Gruppen ganz unterschiedliche Bildungsziele bestehen können: Manche Lernende brauchen in ihrem späteren beruflichen oder privaten Leben nur in einem geringen Umfang formale mathematische Werkzeuge, andere sehr intensiv.

4.3.7 Umfang der Wiederholung

Der **Umfang der Wiederholung** beschreibt, wie oft eine bestimmte (Denk-)Handlung im Rahmen einer Aufgabe oder einer Gruppe von Aufgaben ausgeführt wird.

Das wiederholte Ausführen bestimmter mathematischer Handlungen kann verschiedene Ziele verfolgen: Für eine automatisierte Beherrschung von Verfahren vergrößert die Wiederholung die Sicherheit, mit denen diese richtig durchgeführt werden. Durch eine begleitende Reflexion kann, sofern viele ausgeführte Beispiele vorliegen, auch erreicht werden, dass ein besseres Verständnis für die relevanten Aspekte eines mathematischen Begriffes oder Verfahrens ausgebildet wird („Wann darf ich so vorgehen?", „Worauf muss ich achten?")

Bei Mathematikaufgaben ist es meist nicht schwierig, durch Variation der Zahlenwerte Wiederholungsgelegenheiten zu erzeugen. Allerdings muss der Umfang der Wiederholungen noch keine Lernqualität bedeuten. Aus der Sicht des Differenzierens ist zu fragen:

Wie angemessen ist Wiederholung im Einzelfall?

Ist die Sicherheit in der Ausführung für die jeweilige Lernendengruppe ein relevantes Lernziel? Beispielsweise ist es fraglich, wie sicher schwächere Lernende in der Umformung von Termen mit Hilfe von Potenzgesetzen werden müssen, während dies wichtig ist für diejenigen, die zur gymnasialen Oberstufe weitergehen.

- Sind der Umfang und die Art der Wiederholung für die jeweilige Lernendengruppe angemessen? Führt er tatsächlich zu einer Steigerung von Sicherheit in der Ausführung?
- Ist gewährleistet, dass das nötige Verständnis vorhanden ist und auch nicht durch das Einschleifen von Rezepten möglicherweise sogar wieder gefährdet wird? Lernende bevorzugen nachweislich Übungen, die kurzfristige Sicherheit versprechen (Bjork 1994).
- Ist das wiederholende Bearbeiten ähnlicher Aufgaben hinreichend motivierend oder kann man die Wiederholungen möglicherweise interessanter gestalten?

Im später noch vorzustellenden Konzept des produktiven Übens (s. Abschnitt 5.4.2) werden Vorschläge für Aufgabenformate gemacht, die das häufige Wiederholen mit dem Ziel der Automatisierung in Einklang mit weitergehenden, reflektierenden kognitiven Aktivitäten bringen. Das Beispiel 4.13 stellt eine solche produktive Übungsaufgabe dar, bei der die Wiederholung der Denkhandlung „Bilden von Mittelwerten" in eine Spielsituation eingebettet ist.

Intelligente Formen, Wiederholungen anregen

Beispiel 4.13: Produktives Üben der Mittelwertbildung (Kl. 5)

Die folgende Aufgabe ist als Spiel gestaltet. Die Regeln sorgen dafür, dass die Lernenden im Rahmen der Spielhandlung: (1) sehr oft im Kopf einfache Mittelwerte aus einer unterschiedlichen Anzahl von natürlichen Zahlen berechnen, (2) dabei auch rückwärts denken und Zahlen zu gegebenen Mittelwerten zusammensuchen, (3) verschiedene Muster entdecken, die einen Mittelwert leicht vorhersagen lassen, (4) sich gegenseitig kontrollieren und (5) dabei auf unterschiedlichen Niveaus arbeiten können.

„Durchschnitt rückwärts" ist ein Spiel für 2 bis 5 Spieler. Dabei sollen möglichst viele Würfel zu einem bestimmten Durchschnitt gefunden werden.

Spielregeln: 1. Würfelt mit 40 Würfeln. Alle Würfel sollen für alle gut sichtbar sein. 2. Würfelt dann mit einem Extra-Würfel eine Zielzahl. 3. Reihum darf nun jeder ein bis vier Würfel aus der Mitte nehmen, deren Durchschnitt die Zielzahl ist. 4. Für jeden Würfel gibt es einen Punkt.

Beispiel:
Als Zielzahl wurde eine Drei gewürfelt.

Merve nimmt  und erhält 1 Punkt.

Ole nimmt  und erhält 3 Punkte.

Till nimmt . Die anderen bemerken seinen Fehler und er muss die Würfel zurücklegen.

a) Spielt einige Runden das Spiel „Durchschnitt rückwärts". Wer von euch konnte die meisten Punkte bekommen?

b) Beschreibt euch gegenseitig, wie ihr die passenden Zahlen gefunden habt.

(Mathewerkstatt 5, Barzel et al. 2012, 26)

Wenn Lernende selbst beurteilen können, welchen Umfang von Wiederholung sie bis zur gewünschten Sicherheit noch benötigen, kann die Verantwortung den Lernenden auch im offenen Differenzierungsformat übergeben werden („Rechne so viele Aufgaben dieses Typs, bis du dir sicher bist."). Dies ist aber in der Regel nur bei geschlossenen Aufgaben mit einer einfachen Lösungskontrolle umsetzbar.

4.3.8 Verschiedene Zugangsweisen

Zugangsweisen zeigen sich in Lösungswegen, Strategien, Begründungen, Darstellungen, u. v. m.

Viele Gegenstände der Mathematik bieten verschiedene Zugangsweisen. Das lässt sich auch in konkreten Mathematikaufgaben erkennen:

> Eine Aufgabe differenziert nach **Zugangsweisen,** wenn sie mehrere Zugänge oder Bearbeitungswege ermöglicht oder explizit anbietet, die sich z. B. unterscheiden hinsichtlich
> - der Modellierungs- oder Bearbeitungsstrategie (z. B. Lösen durch Probieren oder durch Aufstellen eines Funktionsterms),
> - des Abstraktionsniveaus (z. B. konkrete Beispiele zur Plausibilisierung bis hin zur formal-deduktiven Begründung) (vgl. auch 4.3.6),
> - der Repräsentationsformen (z. B. verbale, grafische, symbolische oder tabellarische Darstellungen) (Duval 2006).

Wenn verschiedene Zugangsweisen **implizit** möglich sind, entspricht das dem Merkmal der Offenheit (Abschnitt 4.3.3). Die Zugangsweisen können aber auch **explizit** dargestellt werden und Lernende dazu anregen, sich mit den verschiedenen Zugangsweisen zu beschäftigen und sich darüber auszutauschen. Das zeigt das Aufgabenbeispiel 4.14.

▶ **Beispiel 4.14:** Verschiedene Zugänge zur Multiplikation von Dezimalzahlen (Kl. 6)

Dezimalzahlen multiplizieren

Ole, Till und Pia überlegen, an welche Stelle man im Ergebnis der folgenden Rechnung das Komma setzen muss.

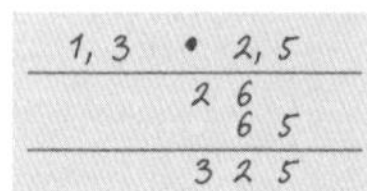

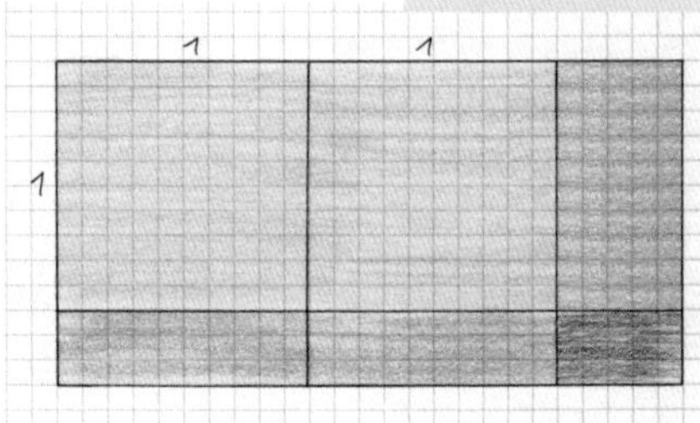

a) In der Fläche in Oles Bild kann man Einer (E), Zehntel (z) und Hundertstel (h) erkennen. Wie viele sind es jeweils? Was bedeutet das für das Komma im Ergebnis?

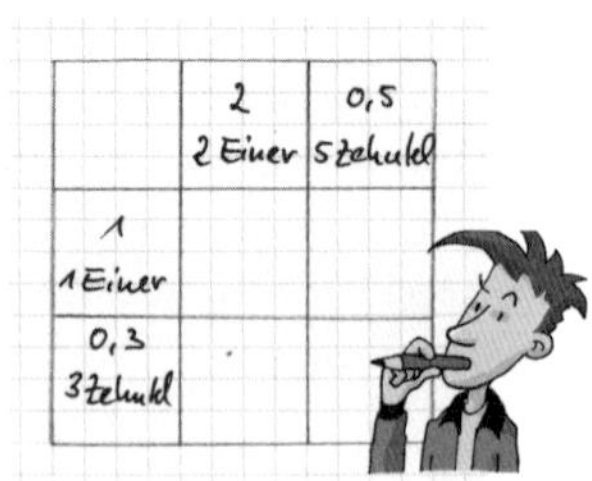

b) Till zeichnet ein Malkreuz, um zu sehen, wo Einer, Zehntel und Hundertstel stehen müssen.
- Übertrage Tills Malkreuz ins Heft und fülle es aus.
- Färbe das Malkreuz passend zu den Flächen in Oles Bild.
- Schreibe das Ergebnis sowohl in eine Stellentafel als auch mit Komma.

c) Pia überlegt mit einem Rechenpäckchen, wohin das Komma gesetzt werden muss.

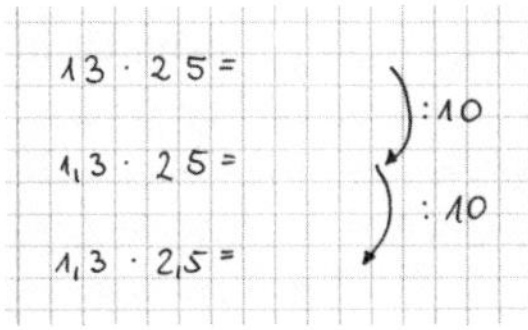

- Übertrage Pias Weg in dein Heft und ergänze ihn.
- Wie verändert sich eine Dezimalzahl,
- wenn man sie durch 10 teilt?
- Erkläre, wohin das Komma im Ergebnis kommt.

d) Merve überschlägt das Ergebnis, indem sie auf Zahlen ohne Komma rundet.

- Wie lautet die einfachere Rechnung, mit der sie das Ergebnis überschlägt?
- Wie erkennt man, wohin das Komma gesetzt wird?

e) Alle vier haben bei ihren Wegen eine bestimmte Idee im Kopf. Welche Idee passt zu welchem Weg?
① *„Ungefähr?"*
② *„Einer, Zehntel usw. zeichnen"*
③ *„erst ohne Komma; dann schrittweise durch 10"*
④ *„Alle Stellen einzeln rechnen und alles addieren."*

(Mathewerkstatt 6, Prediger et al. 2013b, 130)

Ausgangspunkt ist die Frage, wohin beim Multiplizieren mit Dezimalzahlen wie 2,31 · 1,11 das Komma kommt. Die Aufgabe präsentiert typische unterschiedliche Wege, die Kinder entwickeln, solange sie noch nicht auf den Standardalgorithmus der Kommaverschiebungsregel zurückgreifen:

Merve überschlägt das Ergebnis, dies ist der wünschenswerte Begründungsweg, weil er am wenigsten fehleranfällig ist.
Oles Rechteckbild greift auf die Grundvorstellung der Multiplikation als Rechteckfläche zurück und zeigt, wieso die Multiplikationen mit Zehnteln ein um den Faktor 10 kleineres Produkt (d. h. eine kleinere Fläche) liefern. Dieser Begründungsweg sollte prinzipiell verstanden werden, ist jedoch für den Rechenalltag zu aufwändig.

Tills Malkreuz wird in vielen Grundschulen zum halbschriftlichen Multiplizieren natürlicher Zahlen genutzt. Das Malkreuz macht wie Oles Bild die Zerlegung der Zahl sichtbar. Es klärt jedoch nicht, wie mit Zehnteln und Hundertsteln zu multiplizieren ist, daher muss das Malkreuz mit Oles Rechteckbild verbunden werden.

Pias operative Betrachtung der Päckchen fokussiert die Zusammenhänge zwischen Aufgaben und stützt so das Verständnis. Sie ist auch als Alltags-Rechenweg tauglich. jedoch wird man nicht von allen Kindern fordern, sowohl Merves als auch Pias Weg zu beherrschen.

Aufgaben wie diese ermöglichen, die Vielfalt der Mathematik zu thematisieren, indem sie *Vielfalt anregen und nutzen* – daher spricht WITTMANN (1995) auch von einer „Differenzierung vom Fach aus". Solche Aufgaben können aber auch dem Differenzierungsziel *Unterschieden gerecht werden* dienen, wenn Lernende sich die jeweils von ihnen am besten verstandenen Zugänge auswählen.

Verschiedene Zugangsweisen lassen sich unterschiedlich nutzen

Zur Überlegung, inwieweit man Aufgaben mit verschiedenen Zugangsweisen nutzen möchte, gehören verschiedene Fragen:

- Welche und wie viele Zugänge können bei der Erarbeitung eines Konzeptes produktiv sein? Welche können möglicherweise eine Überlastung darstellen?
- Sollen sich alle Lernenden zunächst mit allen Zugangsweisen beschäftigen, oder dürfen sie von vornherein eine oder mehrere auswählen, die ihnen spontan am meisten zuspricht?
- Sollen die Zugangsweisen gleichberechtigt nebeneinander stehen oder sollen sie bewusst in ihrer unterschiedlichen Bedeutung wahrgenommen werden? (wie im Beispiel 4.14)

Der erste Punkt zielt darauf ab, sich Rechenschaft darüber abzulegen, auf welcher Stufe Lernende unterschiedliche Zugangsweisen oder Strategien erwerben sollen, etwa gemäß der in Abschnitt 1.2.4 genannten Stufung. Entscheidungen wirken sich auf den Inhalt und die Struktur der Aufgabe aus und müssen jeweils für den vorliegenden Inhalt und die jeweilige Lerngruppe angestellt werden.

Gerade für Aufgaben mit vielfältigen Zugangsweisen ist die unterrichtliche Einbettung entscheidend, denn die erzeugte Vielfalt muss im Unterricht intensiv besprochen werden (vgl. Differenzierungsansätze in Abschnitt 5.3).

Die vorgestellten acht Merkmale ermöglichen, Aufgaben und Teilaufgaben auf verschiedene Weise in ihrer **inneren Struktur** zu variieren und so viele Optionen für Differenzierung auf Aufgabenebene zu schaffen. Wie man diese Varianten nutzen kann, um Aufgaben von unterschiedlicher **äußerer Struktur** zu erzeugen und weitere Differenzierungsmöglichkeiten zu eröffnen, wird im Folgenden erläutert.

4.4 Äußere Struktur von Aufgaben(-gruppen): Differenzierende Aufgabentypen

Über die Qualität eines Differenzierungsansatzes entscheidet nicht nur die Qualität der einzelnen Aufgaben, sondern auch die Art, wie sie zusammengestellt sind, darauf hat Krippner (1992) schon früh aufmerksam gemacht. Bei der Anordnung von Teilaufgaben, Aufgaben und Aufgabengruppen gibt es ganz verschiedene Strategien, wie Anforderungen über die Lerngruppe verteilt werden und wie ihre Bearbeitung zeitlich und methodisch strukturiert wird. Je nach Aufgabentyp lassen sich andere Differenzierungsaspekte berücksichtigen, wie z. B. unterschiedliches Lerntempo oder unterschiedliche Selbstregulationsfähigkeiten. Prototypisch unterscheiden wir in Abb. 4.1 vier **differenzierende Aufgabentypen**, die im Folgenden erläutert werden.

Differenzierende Aufgabentypen mit unterschiedlicher äußerer Struktur

Paralleldifferenzierende Aufgaben:
Unterschiedliche, aber analoge Aufgaben

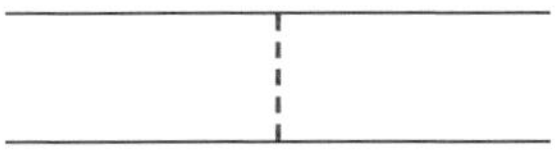

Selbstdifferenzierende Aufgaben:
Gemeinsames Arbeiten auf unterschiedlichen Niveaus

Gestuft differenzierende Aufgaben:
Teilaufgaben mit gestufter Schwierigkeit oder Offenheit

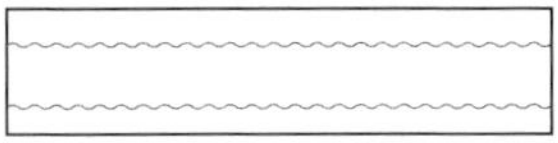

Aufgabengruppen mit Wahl und Pflicht:
Zuteilen/Auswählen verschiedener Lernwege, ggf. diagnosegeleitet

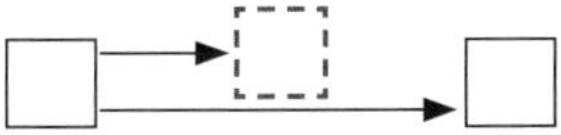

ABB. 4.1 Vier differenzierende Aufgabentypen

4.4.1 Paralleldifferenzierende Aufgaben

> Die Grundidee von Paralleldifferenzierung besteht darin, dass verschiedene Lernende(ngruppen) gleichzeitig mit verschiedenen Aufgaben arbeiten, dabei aber immer noch eine gewisse inhaltliche Parallelität gewährleistet ist.

Dabei gibt es viele Möglichkeiten, worin diese Parallelität besteht und wie weit sie geht, denn nahezu alle in Abschnitt 4.2 und 4.3 beschriebenen Merkmale können theoretisch zur Konstruktion von parallelen Aufgabenvarianten herangezogen werden, wie Tabelle 4.3 zeigt.

Aufgabenmerkmale ermöglichen systematische Paralleldifferenzierung

Aufgabenspalte auf niedrigerem Anspruchsniveau	**Aufgabenspalte auf höherem Anspruchsniveau**
• auf weniger Vorwissen zurückgreifend • Förderung einzelner Grundvorstellungen • Muster erkennen und/oder beschreiben • einschrittig, wenige Verknüpfungen • eher geschlossen • stärker angeleitet • wenig Transfer, vertrauter Kontext • sprachlich vereinfacht • konkrete Beispiele/Veranschaulichungen • mehrfache Wiederholungen	• Voraussetzung von umfassenderem Vorwissen • Zurückgreifen auf mehrere Grundvorstellungen • Muster verallgemeinern und/oder begründen • mehrschrittig, mehrere Verknüpfungen • eher offener Lösungsweg, über/unterbestimmte Aufgabe • Transfer auf neue Kontexte • höhere sprachliche Anforderungen • auch formaler, ohne Bezug zu konkretem Beispiel • wenige Wiederholungen

TABELLE 4.3 Mögliche Merkmale bei paralleldifferenzierenden Aufgaben

Weil paralleldifferenzierende Aufgaben einfach herzustellen und im Unterricht zu nutzen sind, sind sie in manchen Lehrwerken beliebt.

Bei der Beurteilung und Auswahl von Schulbuchaufgaben lohnt es sich allerdings, einen Blick dafür zu gewinnen, in welchem/n Merkmale/n sich die parallelen Aufgaben unterscheiden, denn oft wird nur nach Kompliziertheit differenziert, wie im Beispiel 4.15 (1) und im Beispiel 1 in Abschnitt 1.2.1. Die anderen Teilaufgaben des Beispiels 4.15 dagegen zeigen Differenzierungen nach anderen Merkmalen und berücksichtigen damit auch andere Differenzierungsaspekte.

Beispiel 4.15: Zahlzerlegungen üben – in Paralleldifferenzierung (Kl. 6)

2. Lückenfüller

a) Übertrage die Rechnungen in dein Heft und ergänze die fehlenden Zahlen.

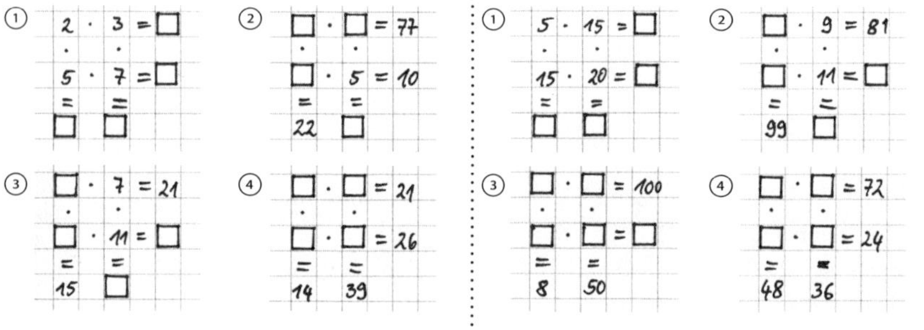

(Mathewerkstatt 6, PREDIGER ET AL. 2013b, 36)

Die linken Aufgaben (1)–(3) sind eher geschlossen, sie erwarten mehrfaches einschrittiges Vorwärts- oder auch einmal Rückwärtsrechnen. Teilaufgabe (4) ist dagegen offener, bei der mehrere (aber überschaubar viele) Lösungen möglich sind. Die rechten Aufgaben haben ein analoges Bauprinzip, doch wird sowohl nach Kompliziertheit mit größeren Zahlen als auch nach Offenheit und kognitiven Aktivitäten differenziert, sodass mehr Zerlegungsmöglichkeiten zu untersuchen und zu kombinieren sind.

Die Beispiele sind als zwei Spalten dargestellt, sodass man sie direkt vergleichen kann. Die parallelen Aufgaben könnten aber auch auf verschiedenen Blättern, z. B. in einer A- und einer B-Version getrennt stehen. Die Spaltendarstellung hat allerdings den Vorteil, dass Lernende die unterschiedlichen Anspruchsniveaus erkennen und auswählen können – und dies sogar bei jeder Aufgabe aufs Neue.

Natürlich müssen es nicht immer genau zwei Parallelaufgaben sein, vorstellbar sind auch drei oder sogar mehr. Möglicherweise kann dies auch von Aufgabe zu Aufgabe variieren. Es gibt konkrete Unterrichtsmodelle, die eine konsequente Dreiteilung vorsehen (z. B. die sogenannte *tiered instruction* – „gedrittelter Unterricht", KINGORE 2004).

Grenzen und Probleme von paralleldifferenzierenden Aufgaben

Paralleldifferenzierende Aufgaben gehören von ihrer Struktur her zu den geschlossenen Differenzierungsformaten, die eine leichte Öffnung erfahren, wenn die Lernenden das Niveau auswählen dürfen. Dies ist allerdings anspruchsvoll: Denn damit Lernende auswählen können, müssen sie zunächst beide Aufgabenstellungen wahrnehmen und so weit durchschauen, dass sie eine rationale Entscheidung treffen können. Dies ist bei vielen Aufgabentypen schwieriger als das Lösen der Aufgaben. (Zur Frage der Auswahl oder Zuteilung von Aufgaben vgl. Abschnitt 5.4.2).

Wer wählt aus? Wie wird die Nutzung passgenau?

Materialien, die vorgeben, eine solche mehrstufige Paralleldifferenzierung konsequent umzusetzen, sollte man stets gründlich prüfen: Leisten die Aufgaben wirklich eine solche Passung, oder wurden hier einfach nach Belieben verschieden komplizierte Aufgabenvarianten erzeugt (was im Fach Mathematik immer sehr leicht funktioniert)?

Aber auch bei angemessenen Parallelaufgaben bleibt (wie in Abschnitt 1.2.1 bereits andiskutiert) die Frage, inwiefern dieses Aufgabenformat wirklich adaptiv genutzt werden kann. Denn die (zuweilen vordergründige) Aufteilung auf zwei (oder drei) Niveaus garantiert noch keine „passgenaue Nutzung". Zudem besteht die Gefahr einer zu starren und nicht adaptiven Zuordnung von Lernenden, an Stellen, an denen das noch gar nicht nötig ist. Schnell werden Lernende als „links-Schüler", „G-Kurs-Schülerinnen" etc. etikettiert.

4.4.2 Gestuft differenzierende Aufgaben

Mehrstufigkeit kann flexibel realisiert werden

Im Gegensatz zu paralleldifferenzierenden Aufgaben, die unterschiedliche Varianten derselben Aufgabe vorsehen, wird in gestuften Aufgaben innerhalb einer Aufgabe durch gestufte (Anfangs- und) Endpunkte differenziert.

Die einfachsten gestuften Formate sind dabei meist zwei- oder dreistufig.

Grundaufgabe für alle
Optionale weitergehende Aufgabe

Die Grundaufgabe ist eine Aufgabe, die alle Lernenden bearbeiten sollen, z. B. wenn man weiß, dass bestimmte neue Techniken von allen Lernenden in gewissem Maße trainiert werden sollen, ohne dass ein zu großer Transfer von dem zuvor Erarbeiteten nötig ist. Wenn zu erwarten ist, dass dieser Schritt von stärkeren oder schnelleren Lernenden schnell abgearbeitet ist, so kann man ihnen weitergehende Aufgaben anbieten. Diese können durch unterschiedliche schwierigkeitsgenerierende Merkmale aus Abschnitt 4.3 erzeugt werden oder inhaltlich weiterführen, zum Beispiel durch Transfer. Für dieses Aufgabenformat sind drei Bedingungen zu beachten:

- Die Grundaufgaben sind für Lernende auf allen Niveaus relevant, sie langweilen die Schnelleren nicht durch zu viele Wiederholung.
- Schwächere Lernende können ohne zusätzliche Hilfestellung einsteigen und finden einen Zugang zu den Aufgaben.
- Die weitergehenden Aufgaben sind wirklich optional, d. h. sie vertiefen den Inhalt der Grundaufgabe, aber enthalten keine Lerngelegenheiten, die auch für die anderen Lernenden relevant sind.

Ein etwas anderer zweistufiger Typ ist dieser:

Verständnissichernde Einstiegsaufgabe
Kernaufgabe für alle

Hier wird einer Kernaufgabe eine Aufgabe vorangestellt, die einigen Schülerinnen und Schülern den Zugang erleichtern kann, die aber für stärkere Schülerinnen und Schüler keine besondere Hürde oder besonderen Aufwand bedeutet. Diese Funktion erfüllt die erste Aufgabe im Beispiel 4.16.

Beispiel 4.16: Zweistufiges Aufgabenpaar zum Subtrahieren von Brüchen (Kl.6)

1) Eine Flasche ist mit 1 Liter Apfelsaft gefüllt. Sie wird in einen Becher mit $\frac{7}{10}$ Liter umgegossen, bis dieser voll ist. Wie viel Apfelsaft ist danach noch in der großen Flasche?

2a) $1 - \frac{4}{5}$ **b)** $1 - \frac{1}{3}$ **c)** $1 - \frac{3}{8}$ **d)** $1 - \frac{7}{10}$ **e)** $1 - \frac{1}{6}$
f) $1 - \frac{4}{9}$ **g)** $1 - \frac{1}{2}$ **h)** $1 - \frac{3}{4}$ **i)** $1 - \frac{6}{7}$ **j)** $1 - \frac{2}{7}$

Wenn die inhaltlichen Vorstellungen bei allen Lernenden stabil aufgebaut sind, ist eine verständnisklärende Einstiegsaufgabe nur für einige notwendig, die anderen gehen direkt zur Kernaufgabe des Rechnen in Aufgabe 2.

Um zu vermeiden, dass alle wirklich zehn Aufgaben des ähnlichen Typs bearbeiten müssen, könnte man hier noch zugunsten einer vertiefenden Aufgabe reduzieren, z. B. $2 - \frac{1}{3}$ oder „Erfinde eigene Aufgaben. Worauf musst du bei den Zahlenwerten achten? Warum?". Dann ist man bei dem nachfolgenden dreistufigen Aufgabentyp angekommen:

Dreistufig kann die Aufgabe z. B. durch folgende Struktur werden:

Verständnissichernde Einstiegsaufgabe
Kernaufgabe für alle
Vertiefende Aufgabe für Stärkere/Schnellere

Für den Fall, dass man bereits vorhersehen kann, dass eine bestimmte Teilgruppe nicht ohne Hilfe in die Aufgabenbearbeitung einsteigen kann, eignet sich eine solche, dreiteilig gestufte Aufgabe, bei der im ersten Aufgabenteil der Aufgabeneinstieg explizit unterstützt wird. Diese Funktion des ersten Teils kann man auch für Lernende kenntlich machen, z. B. durch Textpassagen wie: „Wenn du die Situation noch nicht richtig verstanden hast, erstelle eine Zeichnung".

Beispiel 4.17: Dreistufige Aufgabe zum Teiler untersuchen (Kl. 5/6)

a) Rechts sind zwei Tafeln mit unterschiedlich vielen Stücken abgebildet.

Gib jeweils an, auf wie viele Personen diese gerecht aufgeteilt werden können.

Wann gibt es Streit beim Verteilen?

b) Vielleicht gibt es ja rechteckige Tafeln mit günstigeren Anzahlen.

Als Zahlenforscher kannst du bei der folgenden Frage helfen:

Wie viele Stücke sollte eine rechteckige Schokolade haben, damit sie bei möglichst vielen verschiedenen Anzahlen von Personen gerecht aufgeteilt werden kann?

Schreibe – so wie Merve – alle deine Vermutungen und Ideen in dein Heft.

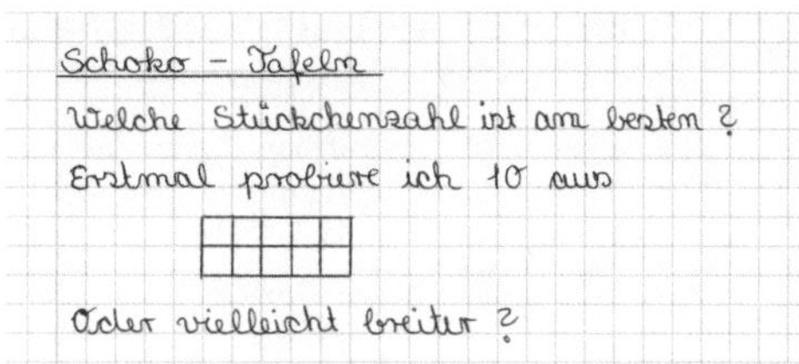

(Mathewerkstatt 6, Prediger et al. 2013b, 26)

c) Schreibe zur Frage in b) deine Empfehlung auf und begründe sie.

Würde man hier mit Aufgabenteil b) einsteigen, wären manche Schülerinnen und Schüler möglicherweise nicht in der Lage, die Gesamtsituation zu erfassen. Der Aufgabenteil a) führt auf die allgemeine Situation in b) hin, indem er dazu anleitet, zwei konkrete Situationen zu durchdringen. Aufgabe c) verlangt eine übergreifende, verallgemeinernde Bewertung. Für manche Lernende würde es vielleicht reichen, ihre gefundenen Beispiele aus b) konkret vorzuführen.

Ein Aufgabenformat, das in die Gruppe der gestuft differenzierenden Aufgaben einzuordnen ist, sind die sogenannten **Blütenaufgaben** (vgl. SCHUPP 2002, BRUDER 2010). Bei ihnen ist vor allem das Merkmal der „Offenheit" leitend für die Konstruktion der erhöhten Anforderungen.

Ähnlich wie bei einer Blüte ist die „Stammaufgabe" zunächst enger und geschlossener, während die hinteren Teile sich gleich einer Blüte für unterschiedliche Bearbeitungswege „öffnen".

Geschlossene Bestimmungsaufgabe
Einfache Problemaufgabe (z. B. Umkehrung)
Erhöhte Anforderungen (z. B. Mehrschrittigkeit, Begründung)
Offene Problemstellung

Beispiel 4.18: Mehrstufige Blütenaufgabe zu Prozenten (Kl. 7)

1. Jörg und seine Freundin Sara fahren zum Sommerschlussverkauf in die Stadt. Im Einkaufszentrum schlendern sie durch die Geschäfte.

a) Sara findet eine Hose, deren ursprünglicher Preis von 50 € auf 40 € gesenkt wurde. Wie groß ist die Ersparnis? Entscheide: 5 %, 10 %, 20 %, 30 %, 40 %

b) Jörg kauft für Sara eine Sonnenbrille. Ihr Preis wurde um 40 % gesenkt und kostet jetzt nur noch 15 €. Wie teuer war sie ursprünglich?

c) Jörg möchte eine Mütze kaufen, deren Preis um 30 % reduziert ist. Wegen eines Farbfehlers kann er den Preis um zusätzliche 20 % herunterhandeln. Wie viel Prozent vom ursprünglichen Preis wird er insgesamt sparen?

d) Sara liest auf einem Werbeplakat ihres Mobilfunkanbieters, dass die Kosten für SMS um ein Drittel gesenkt werden. Sara freut sich: „Jetzt kann ich für denselben Betrag ein Drittel mehr SMS als bislang verschicken!" Jörg widerspricht: „Das sind sogar zwei Drittel mehr!" Wer hat Recht? (Begründe deine Entscheidung)

(nach BRUDER/REIBOLD 2010, 8)

Wie bei den paralleldifferenzierenden Aufgaben stellt sich auch bei gestuft differenzierenden Aufgaben wieder die Frage, wie Lernende differenzierend über ihren Bearbeitungsweg entscheiden und wie man ihnen die Differenzierungsstruktur explizit kenntlich macht.

Alle Formen der gestuften Aufgaben gehen davon aus, dass nicht alle Lernenden alle Stufen bearbeiten müssen. Stärkere können beispielsweise über die einfacheren ersten Aufgabenschritte hinwegspringen, ohne dass sie bei der weiteren Bearbeitung Nachteile haben. Langsamere Lernende wissen, dass von ihnen nicht erwartet wird, dass sie zu den hinteren Aufgabenteilen vorstoßen. Daher ist diese Differenzierungsform sehr alltagstauglich.

Da bei gestuften Aufgaben die Struktur der einzelnen Aufgabenteile aber von Aufgabe zu Aufgabe unterschiedlich ausfallen kann, ist es wichtig, dass Lernende wissen, welche Bearbeitungen jeweils von ihnen erwartet werden: Welche Aufgaben sind „freiwilliger Einstieg", welche sind „verpflichtender Kern", welche sollten „verpflichtender Versuch" sein und welche sind „Herausforderung"? Eine Orientierung können dabei wiederkehrende Kennzeichnungen bieten, die aber nicht dazu führen sollten, dass Lernende grundsätzlich nur noch „ihre Aufgabenteile" bearbeiten.

4.4.3 Selbstdifferenzierende Aufgaben

Eine Aufgabe für alle Lernenden

Während die Differenzierungstypen der letzten beiden Abschnitte ihren Differenzierungscharakter schon durch ihre äußere Struktur widergespiegelt haben, verhält es sich bei dem Aufgabentyp dieses Abschnittes anders. Die sogenannten „selbstdifferenzierenden Aufgaben" oder auch „natürlich differenzierenden Aufgaben" (WITTMANN/MÜLLER 2004 und Abschnitt 1.2.3) zeichnen sich dadurch aus, dass allen Lernenden – unabhängig von ihrem Leistungsniveau oder ihren Voraussetzungen und Vorlieben – *dieselbe* Aufgabe angeboten wird. Alle Schülerinnen und Schüler arbeiten und lernen mit derselben Aufgabe, die Differenzierung stellt sich dadurch ein, dass die unterschiedlichen Lernwege, die Lernende einschlagen, auf natürliche Weise zu ihren Fähigkeiten und Bedürfnissen passen – so jedenfalls die Annahme, die mit der Darbietung solcher Aufgaben verbunden ist.

Ein weitgehendes Beispiel ist in Abschnitt 1.2.3 unter dem Differenzierungsansatz 3 vorgestellt, dabei sind Lernende mit ganz unterschiedlichen Voraussetzungen gemeinsam auf dem Weg zum Volumenkonzept. Die Aufgabe im Beispiel 4.19 zeigt, wie eine heterogene Lerngruppe das Konzept des Flächeninhaltes erarbeiten kann.

▶ **Beispiel 4.19:** Selbstdifferenzierend das Flächeninhaltskonzept erkunden (Kl. 5)

Zur Aufgabe gehört eine Karte, aus der man die verschiedenen Gehegeformen ausschneiden kann. Aufgabenteil a) lässt den Lernenden alle Möglichkeiten des Flächenvergleiches, sie können sich einfache und schwierigere Beispiele aussuchen. Sie können die konkreten Flächen zur Hilfe nehmen, oder auch abstrakt argumentieren. In Aufgabenteil b) tauschen sich die Lernenden über ihre Ansätze aus – hier besteht die Chance, dass einige Schülerinnen und Schüler Ansätze der anderen aufgreifen.

Gehege im Zoo vergleichen

Pia und Till besuchen den neuangelegten Australienbereich im Zoo.
Sie vergleichen die Größe der Gehege.

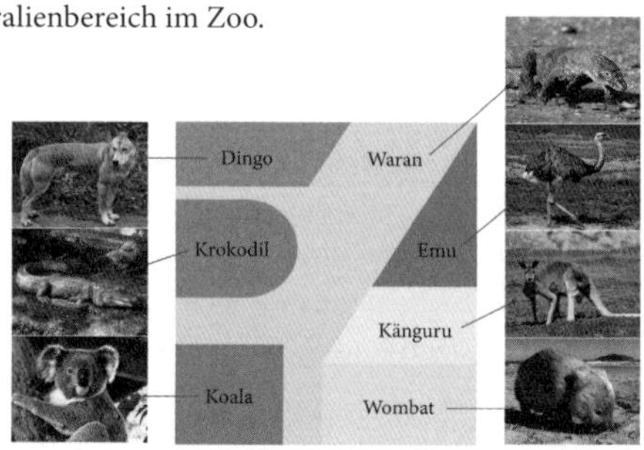

a) Überlege, in welchen Gehegen die Tiere mehr Platz haben als andere.
Finde verschiedene Wege, um zwei Gehege zu vergleichen.
Schreibe deine *Ansätze* zuerst auf.
Probiere dann einen oder mehrere aus.

b) Erklärt euch gegenseitig eure *Ansätze*, um die Gehege zu vergleichen.
Welche Gemeinsamkeiten und Unterschiede haben sie?

(Mathewerkstatt 5, Barzel et al. 2012, 170)

Selbstdifferenzierende Aufgaben erzeugen Vielfalt

In einer Unterrichtsphase des Erarbeitens neuer mathematischer Inhalte kann es völlig ausreichen, wenn die Lernenden unterschiedlich weit kommen. Es muss nur gesichert sein, dass alle Lernenden ein grundlegendes Verständnis des Gegenstands erreicht haben.

Selbstdifferenzierende Aufgaben wie diese können also für das Differenzierungsziel *Unterschieden gerecht werden* genutzt werden. Sie können aber auch dem Differenzierungsziel *Vielfalt erzeugen und nutzen* dienen, wenn die entstehende Vielfalt von der ganzen Lerngruppe genutzt werden soll. Dazu sind im Anschluss aber auch Aufgaben (oder Unterrichtssituationen, vgl. Abschnitt 5.4) erforderlich, die die Lernenden dazu anleiten und Ordnung in die Vielfalt bringen, wie die Aufgabe im Beispiel 4.20 (zu solchen Ordnen-Aufgaben vgl. Prediger et al. 2011a und Abschnitt 5.4.3).

Beispiel 4.20: Ordnen-Aufgaben zur Weiterarbeit mit Vielfalt zum Flächeninhalt (Kl. 5)

Flächen nach ihrer Größe vergleichen

Pia, Merve und Ole haben sich jeweils einen Ansatz überlegt, wie man zwei Flächen nach ihrer Größe vergleichen kann.

a) Wähle aus dem Arbeitsblatt „Flächenvergleich“ im Materialblock zwei Flächen aus und vergleiche die beiden Flächen mit einem der Ansätze.
Überlege zuerst, welcher Ansatz für die ausgesuchten Flächen geeignet ist.

(Mathewerkstatt 5, Barzel et al. 2012, 176)

Diese Aufgabe soll nach der offenen Erkundung eine gemeinsame Basis herstellen. Dies ist gerade wichtig, wenn alle Zugangsweisen und Strategien für alle Lernenden relavant sind. Während Schnellere die entsprechenden Strategien möglicherweise schon selbst entwickelt haben, brauchen langsamere Lernende noch einmal ihre konkrete, handelnde Anwendung auf vorgegebene Beispiele.

Gute Beispiele für selbstdifferenzierende Aufgaben in der Sekundarstufe findet man z.B. bei Büchter/Leuders (2016), Hußmann/Prediger (2007), Schelldorfer (2007) und in den Lehrwerken *mathbu.ch* (Affolter et al. 2003ff) und *mathewerkstatt* (Barzel et al. 2012ff) – aber natürlich auch in vielen anderen Schulbüchern.

Unterstützungsmöglichkeiten für selbstdifferenzierendes Lernen

Das Differenzierungspotential der selbstdifferenzierenden Aufgaben kann durch den unterrichtlichen Rahmen noch unterstützt werden. Als Lehrkraft kann man die Bearbeitungsprozesse beobachten und auf verschiedene Weise eingreifen:

- Lernende, die der Bearbeitung ausweichen, indem sie z. B. das Bearbeiten von hinreichend vielen Beispielen vermeiden und Reflexionsfragen durch oberflächliche Antworten „erledigen“, können einen einengenden Auftrag erhalten („Schreibe erst einmal drei weitere Beispiele in a) auf.“).
- Lernende, die offensichtlich schnell dic wesentlichen Probleme gelöst haben, können zu weiteren Erkundungen oder Begründungsversuchen angeregt werden: „Kannst du mehrere Lösungen angeben?“, „Kannst du alle Lösungen finden?“, „Kannst du begründen, warum das alle Lösungen sind?“.

Grenzen und Probleme von selbstdifferenzierenden Aufgaben

Selbstdifferenzierende Aufgaben bieten eine Chance für gemeinsames Lernen, für das Nutzen von Vielfalt und für die Kommunikation im Mathematikunterricht. Sie haben aber auch ihre Grenzen, vor allem dann, wenn die Inhalte und Lernziele für verschiedene Lerngruppen weit auseinandergehen – dies gilt vor allem für die höheren Klassen der Mittelstufe: Eine gemeinsame Erarbeitung von Funktionstermen für Parabeln macht beispielsweise keinen Sinn, wenn ein Teil der Lernenden das Thema laut Lehrplan gar nicht behandeln muss.

Selbstdifferenzierung ist „natürlich", aber läuft nicht automatisch

Oft werden selbstdifferenzierende Aufgaben als „automatisch differenzierend" betrachtet in der Hoffnung, dass allein durch die Aufgabenanlage Lernende automatisch das für sie günstige Bearbeitungsniveau nutzen, was jedoch zu optimistisch ist, wie Studien zeigen (Prediger/Scherres 2012). Stattdessen müssen Lernende zum Arbeiten auf einem individuell (jeweils) möglichst hohen Niveau immer wieder durch geeignete Impulse angeregt werden. Erst mittelfristig entsteht so eine Unterrichtskultur, bei der die Lernenden eine hohe Anstrengungsbereitschaft beim Lernen entwickeln.

Bevor man diese Kritik an dem Aufgabenformat aber als Argument gegen den Einsatz selbstdifferenzierender Aufgaben ins Feld führt, sollte man einen ehrlichen Vergleich zur Wirkung von geschlossenen Differenzierungsformaten in der Praxis anstellen. Auch eine Aufgabe, die Lernenden genaue Vorgaben macht, was auf welchem Niveau zu tun ist, wird nicht „automatisch" den Lernbedürfnissen der Lernenden gerecht. Im Gegenteil: Allzu oft stellen wir Aufgaben für alle, die uns die Illusion der Kontrolle über die Lernprozesse vermittelt, während bei den Lernenden ganz andere Prozesse entstehen. Schwächere sind überfordert, fallen aber nicht auf, weil sie sich die Lösung der Aufgabe durch unverstandene Nachahmung von Regeln (im Buch oder vom Nachbarn) zurechtlegen. Stärkere sind nach wenigen Aufgaben demotiviert, lernen auch nicht mehr dazu und beginnen, – im ungünstigen Fall – sich dem Mathematikunterricht zu verweigern.

4.4.4 Aufgabengruppen mit Wahl und Pflicht

Wahlaufgaben ermöglichen Lernenden Auswahl …

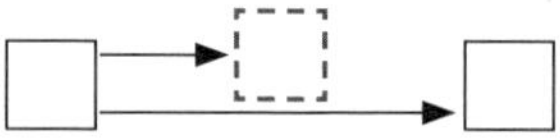

Zur Differenzierung kann man nicht nur die einzelne Aufgabe einsetzen, sondern auch Aufgabengruppen, die nach Pflicht- und Wahlaufgaben strukturiert sind und den Lernenden die Aufgabenauswahl in unterschiedlichem Grad überlassen.

Solche Aufgabengruppen passen zu einem *offenen Differenzierungsformat* und gehen davon aus, dass Lernende aus einem breiteren Angebot von Aufgaben individuell passende Aufgaben auswählen können. Sie finden ihren Einsatz sowohl auf der Ebene von Unterrichtsmethoden wie dem Stationenlernen (Barzel et al. 2007) als auch auf Ebene der Unterrichtsstrukturen wie dem sogenannten *offen Unterricht* (Bohl/Kucharz 2010). Pragmatisch entstehen sie durch Auswahl von Aufgaben aus dem Schulbuch.

Aufgaben können nach Pflicht- und Wahlaufgaben angeboten werden und Lernende orientieren sich bei ihrer Wahl danach. Entscheidend für das Differenzierungspotential ist, welche Differenzierungsaspekte beim Aufgabenangebot in den Vordergrund gerückt werden:

- Aufgaben können unterschiedliche Kontexte oder Zugangsweisen anbieten, sodass Lernende nach Interesse oder Neigungen wählen.
- Aufgaben können nach Schwierigkeitsgrad gekennzeichnet sein, sodass Lernende entscheiden können, welches Anforderungsniveau sie sich zutrauen.
- Unterscheiden sich die Aufgaben nach Inhalt oder Lernziel, dann wählen die Lernenden die Inhalte mit größtem Übungsbedarf, um z. B. einen bestimmten Abschluss zu erreichen.

... doch wonach wählen sie eigentlich?

Jede dieser Möglichkeiten enthält allerdings hohe Anforderungen an die Aufgaben und an die Lernenden:

- Inwieweit können Lernende sachgerecht Aufgaben auswählen? Wie stellt man sicher, dass sie nicht nur nach oberflächlichen Kriterien entscheiden, oder lieber das üben, bei dem sie sich schon sicher sind und sich damit wohler fühlen?
- Inwieweit ist gewährleistet, dass die Lernenden durch die Wahl von Aufgaben auch das lernen, was für sie relevant ist?

Während der Unterricht mit solchen Aufgabengruppen mit Wahl- und Pflichtaufgaben meist organisatorisch gut gelingt, zeigt sich, dass die inhaltliche Strukturierung der Aufgaben und die kognitive Aktivierung oft nur unzureichend sind (Kleinknecht 2010). Lernende können bei der Aufgabenauswahl durch Checklisten oder noch wirksamer durch Selbstdiagnoseaufgaben unterstützt werden, die Hinweise für die Lernbedarfe geben (vgl. Differenzierungsansatz 2 in Abschnitt 1.2 und Abschnitt 5.4.1).

4.5 Differenzieren entlang der Merkmale und Aufgabentypen – ein Arbeitsbeispiel zum Abschluss

Tägliche Arbeit von Lehrkräften mit Aufgaben

Wie kann man nun mit den Merkmalen (aus Abschnitt 4.2 und 4.3) und Aufgabentypen (aus Abschnitt 4.4) differenzierenden Unterricht gestalten? Zunächst einmal ist es günstig, wenn man die Merkmale überblicksartig vor Augen hat, dazu hilft Abb. 4.3. Damit kann man verschieden vorgehen:

- aus verschiedenen Materialien die jeweils passenderen Aufgaben **auswählen**, ohne sie zu verändern und ungeeignete auslassen;
- vorliegende Aufgaben (z. B. aus dem eingeführten Schulbuch) analysieren und so (moderat) **verändern**, dass ihr Differenzierungspotenzial erhöht wird (das ist wohl die in der Regel gängigste Praxis);
- neue Aufgaben **konstruieren**, was angesichts begrenzter Arbeitszeit nur exemplarisch und kooperativ bewerkstelligt werden kann.

ABB. 4.3 Ein Überblick über Aufgabenmerkmale

Am Beispiel des Themenfelds „Vergleichen von Brüchen" soll ein möglicher Weg von der Aufgabensichtung bis zur Aufgabenstellung und die Nutzung der Merkmale exemplarisch nachgezeichnet werden.

Der inhaltliche Fokus einer Aufgabe oder einer Aufgabengruppe (das Lernziel) liegt bei der täglichen Arbeit mit Aufgaben meist schon durch den Lehrplan und den Stoffverteilungsplan fest. Beim Überarbeiten von Aufgaben sollte man sich vergewissern, diesen Fokus nicht aus den Augen zu verlieren. Dies kann erfahrungsgemäß leicht passieren, wenn man „schöne" Aufgaben erstellt. In einem ersten Schritt wird man also wahrscheinlich das vorliegende oder selbst erzeugte Aufgabenmaterial auf Passung zum Lernziel sichten.

Die im Beispiel 4.21 abgedruckten Übungsaufgaben zum Üben des flexiblen Bruchvergleichs stammen aus verschiedenen Lehrwerken. Diese Fähigkeit soll mit der differenzierenden Aufgabengruppe flexibilisiert werden, indem Brüche *zwischen* gegebenen Brüchen gesucht werden sollen. Dabei wird zusätzlich ein Verständnis für die Dichtheit der Bruchzahlen ermöglicht.

Beispiel 4.21: Verschiedene Übungsaufgaben zur Flexibilisierung des Bruchvergleichens (Kl. 6)

① **Welche Brüche liegen**

a) zwischen 1 und 2?

$\frac{5}{3}$; $\frac{9}{2}$; $\frac{7}{4}$; $\frac{1}{10}$; $\frac{1}{4}$; $\frac{1}{10}$; $\frac{1}{10}$

b) zwischen $\frac{1}{2}$ und 1?

$\frac{5}{3}$; $\frac{3}{4}$; $\frac{2}{5}$; $\frac{3}{8}$; $\frac{6}{7}$; $\frac{5}{13}$; $\frac{8}{15}$; $\frac{9}{20}$

② **Zwischen zwei Brüchen lassen sich durch Erweitern immer weitere Brüche finden. Gib einen oder mehrere Brüche zwischen beiden an.**

a) $\frac{1}{3}$ und $\frac{1}{2}$ **b)** $\frac{4}{5}$ und $\frac{5}{6}$

c) $\frac{5}{7}$ und $\frac{3}{4}$ **d)** $\frac{2}{3}$ und $\frac{3}{4}$

③ **Anteile abschätzen und mit Streifen vergleichen**

a) Welche Anteile sind …

① kleiner $\frac{1}{4}$?

② zwischen $\frac{1}{3}$ und $\frac{1}{2}$?

③ zwischen $\frac{3}{4}$ und 1?

$\frac{11}{12}$ $\frac{3}{8}$ $\frac{2}{3}$ $\frac{2}{5}$ $\frac{3}{5}$ $\frac{1}{8}$ $\frac{1}{5}$ $\frac{5}{6}$

b) Kontrolliere deine Ergebnisse:

Zeichne dazu einen 12 cm-Streifen in dein Heft und trage $\frac{1}{4}$, $\frac{1}{3}$, $\frac{1}{2}$, $\frac{3}{4}$, 1 und die Anteile auf den Kärtchen ungefähr in den Streifen ein.

④ **Wer findet den letzten Bruch dazwischen?**

Arbeitet zu zweit: Eine Person nennt einen Bruch kleiner als 1 und trägt ihn auf einem Streifen ein (im Beispiel: $\frac{2}{9}$).

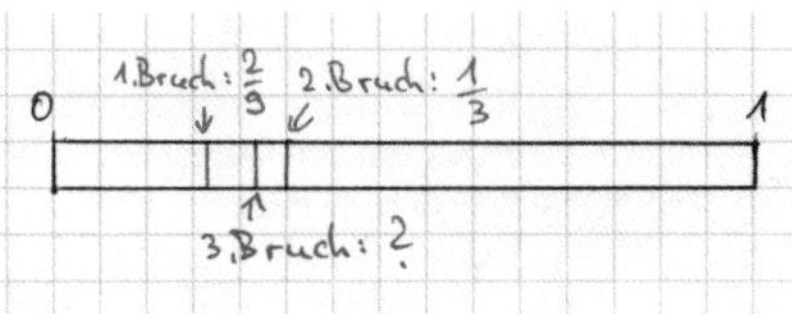

Die andere Person nennt einen Bruch zwischen dem ersten Bruch und 1 (hier: $\frac{1}{3}$) und zeichnet ihn ein.

Die erste Person sucht nun einen neuen Bruch zwischen den beiden eingezeichneten Brüchen. So geht es abwechselnd weiter.

Wer an der Reihe ist, trägt einen Bruch zwischen den beiden vorherigen ein. Wer keinen Bruch mehr findet, hat verloren.

⑤ Wahr oder falsch?

a) Zwischen $\frac{1}{8}$ und $\frac{1}{10}$ passt ein einziger anderer Bruch

b) Zwischen $\frac{1}{9}$ und $\frac{1}{10}$ passt kein anderer Bruch

c) Zwischen $\frac{1}{2}$ und $\frac{1}{10}$ passt kein anderer Bruch

(①, ② Schnittpunkt 6, Baden-Württemberg, Böttner et al. 2006, 44;
③, ④, Mathewerkstatt 6, Prediger et al. 2013b, 66f;
⑤ (gekürzt) Lambacher Schweizer 5, Niedersachsen, Baum et al. 2012, 195)

Systematische Analyse des Differenzierungspotentials von Aufgaben

Die Tabellen 4.4 und 4.5 fassen zusammen, wie man die verschiedenen Aufgabenmerkmale nutzen kann, um das Differenzierungspotential der gefundenen Aufgaben in den Differenzierungsaspekten zu erkennen: Zunächst gibt eine Analyse der inhaltlichen Merkmale (Tabelle 4.4) Aufschluss über den Gehalt der Aufgaben. Bei dieser ersten inhaltlichen Betrachtung der Aufgabe wird klar: Um den Unterschieden der Lernenden gerecht zu werden, ist eine deutlichere Unterstützung des Verstehens nötig als in Aufgabe 1 und 2 angelegt. Elemente aus Aufgabe 3b) und 4 können hier helfen.

Fragen zu inhaltlichen Merkmalen	Beispiele für Überlegungen zu den Aufgabenbeispielen aus 4.21
Vorwissen (→Abschnitt 4.2.1): • Passen die Aufgaben zum Vorwissen? • Ist die Aktivierung von Vorwissen bei einigen Lernenden nötig?	Alle Aufgaben setzen voraus, dass Lernende Brüche mit verschiedenen Nennern vergleichen können. Eventuell müssen einige dies an einem Aufgabenbeispiel oder anhand des Merkheftes noch einmal vorab wiederholen.
Grundvorstellungen (→Abschnitt 4.2.2): • Sollten Grundvorstellungen expliziter genutzt/angeregt werden? • Lassen sich für einige Lernende Unterstützungen wie Visualisierungen oder Materialien nutzen?	Aufgabe ①, ② und ③ fordern zum Erweitern auf, ohne damit eine Vorstellung zu verbinden. ③b) und ④ erlauben die Vorstellung „dazwischen" durch eine Visualisierung zu sichern. Dabei kann man „Erweitern" auch als „Verfeinern" erleben.
Kognitive Aktivitäten (→Abschnitt 4.2.3): • Welche kognitiven Aktivitäten werden angesprochen? (vgl. Liste auf S. 112) • Wie könnte bzgl. der kognitiven Aktivitäten mit Blick auf das Lernziel differenziert werden? • Welche weiteren kognitiven Aktivitäten wären möglich?	Alle Aufgaben sind nicht rezeptartig zu lösen, fordern also das Problemlösen. Aufgabe ⑤ fordert zudem zum Begründen auf. Immer besteht die Möglichkeit, eine Darstellung heranzuziehen, aber bei ① und ② wird das nicht explizit gefordert. ⑤ könnte zusätzlich ein Bild als Begründung fordern. Aufgabe ③ lässt Lösungen auswählen, bei ② müssen sie aktiv erzeugt werden.

TABELLE 4.4 Inhaltliche Merkmale beim Zusammenstellen differenzierender Aufgaben

In einem nächsten Schritt kann man die innere Struktur der Aufgaben betrachten, um herauszufinden, welche Anforderungen bzw. Schwierigkeiten hier erzeugt werden, welche davon lernrelevant sind bzw. welche möglicherweise für einige Lernende vermieden werden können.

Fragen zur inneren Aufgabenstruktur	Beispiele für Überlegungen zu den Aufgabenbeispielen aus 4.21
Komplexität (→Abschnitt 4.3.1): • Wie komplex ist die Aufgabe? • Welche Komplexität ist lernrelevant? • Wie könnte man Komplexität variieren?	Aufgabe ③ reduziert die Komplexität, weil man gegebene Brüche auswählt. Das mehrschrittige Vorgehen bei ② und ③b) trifft den Kern der Lernziele.
Kompliziertheit (→Abschnitt 4.3.2): • Wie kompliziert ist die Bearbeitung? • Wie wichtig ist das Einüben in den Umgang mit komplizierten Zahlen für wen?	In ① und ② variieren die Teilaufgaben allenfalls nach Kompliziertheit. Da es um Verständnis und nicht um Rechensicherheit geht, ist das nicht zielführend. Eine Variation der Kompliziertheit lohnt hier also nicht.
Offenheit/Geschlossenheit (→Abschnitt 4.3.3): • Was kann man durch Öffnung gewinnen? Welche Probleme ergeben sich? • Wie kann man durch Anleitung oder Vorstrukturierung die Bearbeitung erleichtern? Bleibt dabei die kognitive Aktivität erhalten?	Aufgabe ② und ④ sind sehr offen für verschiedene Ergebnisse („einen oder mehrere") und erlauben Unterschiede (selbstdifferenzierend). Aufgabe ④ enthält ein Beispiel, das könnte auch bei den anderen den Zugang erleichtern.
Kontext (→Abschnitt 4.3.4): • Wie vertraut ist den Lernenden der Kontext/ die Situation? • Für wen ist Transfer hier lernrelevant?	Brüche wurden bereits verglichen, bei keiner Aufgabe wird ein Transfer auf neue Situationen erwartet. Wenn die Lernenden allerdings zuvor keine Streifen gezeichnet haben, so kann das einen erheblichen Transfer bedeuten, der für einige unterstützt werden sollte.
Sprachliche Komplexität (→Abschnitt 4.3.5): • Welche Schwierigkeiten gibt es auf Wort-/Satz-/ Textebene? • Für wen sollten sie vermieden werden? • Welche Hilfen zur Spracherschließung kann man geben?	Aufgabe ② formuliert eine Situation auf sprachlich anspruchsvolle Weise. Dies könnte für einige durch eine Visualisierung und einfachere Sätze vereinfacht werden. Aufgabe ④ schildert die Spielregel mit komplexen, satzübergreifenden Beziehungen. Schwächere können die Regel im Kleingruppengespräch mit Moderation erarbeiten.
Grad des Formalen/Konkreten (→Abschnitt 4.3.6): • Welche Rolle spielen formale Darstellungen? Sind sie notwendig/vermeidbar? • Wird der Übergang zum Formalen durch Konkretes gestützt?	Aufgabe ② fordert zum formalen Vorgehen auf („Erweitern") und stützt das nicht durch konkretisierende Beispiele. Aufgaben ③a) und ⑤ lassen offen, ob man konkret oder formal argumentieren soll. ③b) fordert zum konkreten Prüfen im zweiten Schritt auf.
Umfang der Wiederholungen (→Abschnitt 4.3.7): • Wie oft werden die zielführenden Tätigkeiten wiederholt? • Kann man/sollte man auf intelligente/flexible Weise die Zahl der Wiederholungen erhöhen?	Aufgabe ① fordert explizit viele Wiederholungen, allerdings ohne Struktur und Reflexion. Aufgabe ④ erlaubt durch den Spielcharakter implizit viele Wiederholungen.
Vielfältige Zugänge (→Abschnitt 4.3.8): • Welche Zugänge wären möglich? • Inwiefern kann wer von verschiedenen Zugängen profitieren?	Bei allen Aufgaben kann man symbolisch oder bildlich vorgehen. Gerade Stärkere sollten flexibel die Darstellungen vernetzen können.

TABELLE 4.5 Innere Struktur beim Zusammenstellen differenzierender Aufgaben

Die Betrachtung verschiedener Merkmale hat dazu geführt, dass man über relevante Differenzierungsaspekte und verschiedene Chancen zur Differenzierung der Aufgaben nachdenkt und dabei möglicherweise bereits verschiedene Kombinationen und Varianten der vorliegenden Aufgaben erwägt. Selbst wenn man nicht alles gleichzeitig in den Blick nimmt, kann man hier z. B. zu folgenden Schlüssen kommen:

- Die Offenheit bei der Suche der Zwischenzahlen ist lernrelevant, weil sie den Vergleich flexibilisiert und Dichtheit erfahrbar macht.
- Die Möglichkeit durch konkrete, visuelle Darstellung und nicht nur durch formale Argumentation zu Lösungen zu gelangen, ist für alle Lernende wesentlich, um die zentralen Grundvorstellungen zu aktivieren. Für Stärkere ist es vermutlich selbstverständlich, für Schwächere nochmals zu thematisieren.
- Wenn die Aufgaben in individuellen Übungsphasen eingesetzt werden, muss die sprachliche Komplexität reduziert werden.
- Kooperative Elemente, etwa bei der Lösungskontrolle, sind jedoch willkommen und können Argumentationsfähigkeiten fördern.

Auf dieser Basis können nun die verschiedenen Elemente der Aufgaben in einer der äußeren Strukturen realisiert werden. Da eine gemeinsame Besprechung von Ergebnissen nicht notwendig ist, kann man mit paralleldifferenzierenden Aufgaben arbeiten. Aber auch ein gestuftes Format ist denkbar und macht teilweise kooperatives Üben eher möglich, da Lernende dabei dieselbe Aufgabe vorliegen haben.

- **Verständnisklärende Einstiegsaufgabe:** Die Situation „dazwischen" und die Strategie, dass dies bildlich und konkret zu finden ist, kann vorab in einer geschlosseneren Form bearbeitet werden. Als zusätzliche Lösungshilfe kann eine Streifentafel hinzugezogen werden (vgl. Beispiel 4.22). Dass auch stärkere Lernende dies nicht durch eigenes Problemlösen finden, nimmt ihnen keine Lernchance, da sie die Streifentafel in früheren Aufgaben bereits gesehen haben.
- **Kernaufgabe für alle:** Die eigentliche Übung des Findens von Bruchzahlen kann für alle gleich lauten und sprachlich einfach formuliert werden. Durch geeignete Offenheit kann man ein selbstdifferenzierendes Vorgehen ermöglichen. Lernende entscheiden zum Beispiel selbst, wie lange sie noch Visualisierungen hinzuziehen.
- **Vertiefende Aufgabe für Stärkere/Schnellere:** Das Problem der Aufgabe lässt sich leicht verallgemeinern und bietet vielfältige Möglichkeiten für anspruchsvolle mathematische Explorationen.

Beispiel 4.22: Gestuft differenzierende Aufgabe zur Flexibilisierung des Bruchvergleichens (Kl. 6)

Welche Brüche liegen zwischen zwei Brüchen?

a) Untersuche, welcher der folgenden Brüche zwischen $\frac{1}{4}$ und $\frac{2}{3}$ liegt. Du kannst dazu die Streifentafel verwenden.

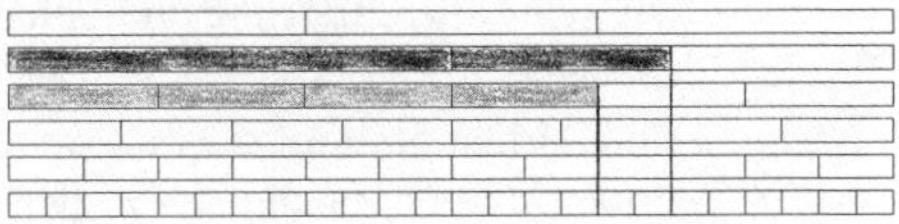

$\frac{1}{2}$ $\frac{1}{3}$ $\frac{2}{4}$ $\frac{3}{4}$ $\frac{2}{5}$

Erkläre deine Ergebnisse auch, indem du Brüche geeignet erweiterst.

b) Finde jeweils einen oder mehrere Brüche, die zwischen den beiden folgenden Zahlen liegen:

① $\frac{1}{4}$ und $\frac{1}{2}$ ② $\frac{3}{4}$ und 1 ③ $\frac{1}{3}$ und $\frac{1}{4}$

Erkläre deine Lösungen deinem Nachbarn.

Kontrolliert eure Lösungen gegenseitig.

c) Untersuche, wie du *alle* Brüche findest, die zwischen zwei anderen Brüchen liegen. Diese Tipps können dir helfen.

- Finde alle Brüche zwischen $\frac{1}{2}$ und $\frac{1}{3}$, die den Nenner 4 haben.
- Gehe ebenso mit kleineren Nennern 5, 6 usw. vor.
- Beschreibe dein Vorgehen allgemein. Versuche so, auch für zwei andere Brüche alle dazwischen liegenden zu finden.

Natürlich kann man als Lehrkraft nicht alle Aufgaben so ausführlich unter die Lupe nehmen. Wenn man aber immer wieder einmal bei der Auswahl von Aufgaben die Kriterien dieses Kapitels zu Rate zieht (z. B. in Form der Frageliste in den Tabellen 4.4 und 4.5 dieses Abschnittes), so gewinnt man nach und nach eine immer bessere Intuition im Umgang mit Aufgaben und ihrem Differenzierungspotential.

Wie Aufgaben sich im differenzierenden Unterricht auch auf Methoden- und Strukturebene einbinden lassen, wird im Kapitel 5 vorgestellt.

5 Flexible Differenzierungsansätze für verschiedene Unterrichtsphasen [5]

Für gute Differenzierung im Mathematikunterricht gibt es kein allumfassendes, einfaches Rezept – diese Selbstverständlichkeit gilt für jeden Aspekt guten Unterrichts. Stattdessen müssen bei der Gestaltung von differenzierendem Unterricht Entscheidungen zu Differenzierungszielen und -aspekten, Differenzierungsformaten und -ebenen getroffen werden (vgl. Kapitel 1). Diese Entscheidungen hängen vor allem von den Voraussetzungen der Lerngruppe, insbesondere den Heterogenitätsaspekten, und von den verfolgten Lernzielen, dem Fokus der Förderung, ab (vgl. Kapitel 2 und 3). Hier gilt: Es gibt nicht eine Lösung für alles, nicht einen sich durchziehenden „besten" Differenzierungsansatz. Die Differenzierungsentscheidungen müssen vielmehr flexibel variieren, auch abhängig davon ob z. B. ein neuer Lerninhalt eingeführt oder geübt wird. Daher bearbeitet dieses letzte Kapitel folgende Fragen:

- Welche unterschiedlichen Anforderungen und Möglichkeiten des Differenzierens sind in verschiedenen Unterrichtsphasen zu beachten? (→Abschnitt 5.1)
- Welche konkreten Differenzierungsansätze haben sich für jede dieser Unterrichtsphasen bewährt? (→Abschnitte 5.2 bis 5.5)
- Wie können die unterschiedlichen Differenzierungsansätze bei der Planung von differenzierendem Mathematikunterricht ausgewählt und sinnvoll kombiniert werden? (→Abschnitt 5.6)

5.1 Flexibel differenzieren mit phasengerechten Differenzierungsansätzen

Wenn man sich in der Situation der Unterrichtsplanung befindet (ob nun für einzelne Stunden, Unterrichtsreihen oder ein ganzes Schuljahr), hat man die komplexe Aufgabe vor sich, aus den vielen Optionen passend auszuwählen und zu kombinieren. Ein konkreter, stimmiger Differenzierunganſatz entsteht dann, wenn man die Entscheidungsfelder für differenzierenden Unterricht („ZAFE") berücksichtigt (Abb. 5.1).

Solche übergreifenden Kategorien für die Unterrichtsplanung gibt es schon seit vielen Jahrzehnten unter der Bezeichnung „allgemeindidaktische Modelle" (Heimann et al. 1969, Klafki/Stöcker 1985). Sie umfassen in der Regel das gesamte

[5] Dieses Kapitel greift z. T. zurück auf Leuders & Prediger (2012)

Gefüge aller Unterrichtsaspekte, in denen Entscheidungen getroffen werden müssen. Die Entscheidungsfelder ZAFE sollen dabei helfen, die Bereiche zu ordnen, die für die Gestaltung von *differenzierendem Unterricht* bedeutsam sind. Die Entscheidungen in den Feldern hängen dabei eng miteinander zusammen und beeinflussen sich gegenseitig.

ZAFE = Entscheidungsfelder für die Gestaltung von differenzierendem Unterricht

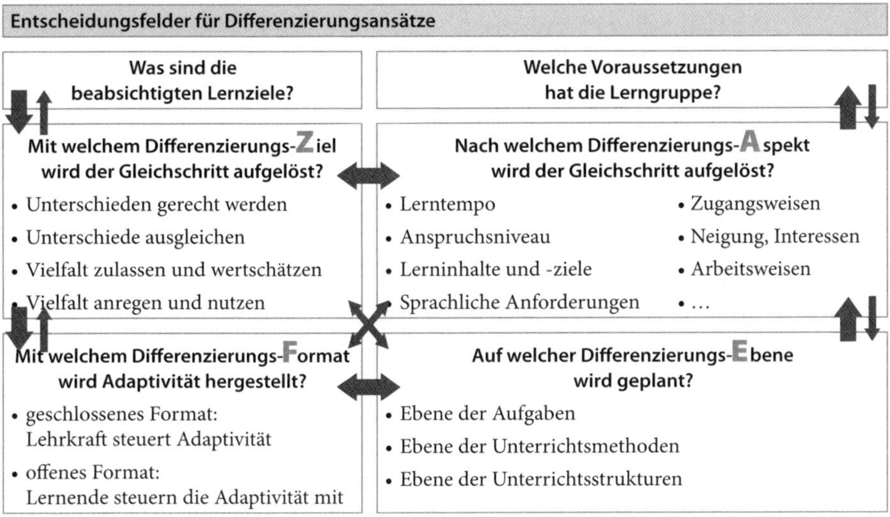

ABB. 5.1 Entscheidungsfelder ZAFE helfen beim Planen des differenzierenden Unterrichts

Wie trifft man beispielsweise eine Entscheidung darüber, welches Differenzierungsziel angemessen ist? Die vier möglichen Differenzierungsziele dürfen nicht missverstanden werden als übergreifende „Differenzierungsphilosophien", also als pädagogische Haltungen, denen man sich generell verpflichtet fühlt und nach denen man dann seinen gesamten Unterricht ausrichtet. Im Gegenteil: Es kann sein, dass es bei dem einen Unterrichtsthema angemessen ist, Vielfalt zu fördern (beispielsweise, wenn die Vielfalt von Lösungsstrategien allgemeines Lernziel ist) und bei einem anderen Thema vor dem Weiterlernen erst einmal Unterschiede ausgeglichen werden sollten (z. B. wenn bestimmtes algebraisches Basiswissen für das Weiterlernen notwendig ist).

Unterrichtsphasen haben verschiedene didaktische Funktionen

Die Planung von differenzierendem Unterricht nach einem solchen Schema verlangt also eine gewisse Flexibilität – und zwar nicht nur beim Wechsel von einem Unterrichtsthema zum nächsten, sondern auch bereits *innerhalb* eines Unterrichtsthemas. Das liegt daran, dass ein Lernprozess kein einfacher, homogener Vorgang ist, sondern in bestimmten **Unterrichtsphasen** verläuft. Jede Unterrichtsphase hat dabei spezifische **didaktische Funktionen**: Geht es um das

Erarbeiten neuer Inhalte? Geht es um das Üben oder Wiederholen von zuvor Gelerntem? (Büchter/Leuders 2016; Prediger et al. 2014b).

Die **Funktion der Unterrichtsphase** hat dabei Einfluss auf *alle* didaktischen und methodischen Entscheidungen, also z. B. auf das Moderationsverhalten und die Aufgaben (Büchter/Leuders 2016) und somit auch auf die Auswahl und Gestaltung von Differenzierungsansätzen (Leuders/Prediger 2012). Schon bei den Differenzierungsansätzen in Kapitel 1 war dies zu sehen: Jeder der Ansätze war auf eine bestimmte Unterrichtsphase angelegt, z. B. auf das individualisierte *Üben* oder das Vielfalt anregende *Erarbeiten* im Stationenbetrieb.

Auf diese besondere Rolle der Unterrichtsphasen hat bereits Klafki hingewiesen (Klafki/Stöcker 1985, s. Abb. 5.2). Als Kriterienraster für Unterricht mit innerer Differenzierung unterschied er schon vor vierzig Jahren vier Unterrichtsphasen (Aufgabenstellung, Erarbeitung, Festigung und Anwendung) und regte dazu an, für jede dieser Phasen zu entscheiden, welche Differenzierungsaspekte (er nennt hier sechs) jeweils eine besondere Rolle spielen können. Dadurch entsteht das Bild eines reichhaltigen Unterrichts, der flexibel und differenziert mit Differenzierungsansätzen umgeht.

C. Aneignungs- bzw. Handlungsebenen
a) konkrete Aneignungs- bzw. Handlungsebene
b) explizit-sprachliche Aneignungs- bzw. Handlungsebene
c) rein gedankliche Aneignungs- bzw. Handlungsebene

B. Differenzierungsaspekte / A. Unterrichtsphasen	1. Stoffumfang/ Zeitaufwand	2. Komplexitätsgrad	3. Anzahl der notwendigen Durchgänge	4. Notwendigkeit direkter Hilfe/ Grad der Selbstständigkeit	5. Art der inhaltl. od. method. Zugänge/ der Vorerfahrung	6. Kooperationsfähigkeit
I. Aufgabenstellung, -entwicklung						
II. Erarbeitung						
III. Festigung						
IV. Anwendung/Transfer						

Abb. 5.2 Klassisches Planungsraster mit Differenzierungsaspekten und Unterrichtsphasen (Klafki/Stöcker 1985, 134)

Ein einfaches Schema für Unterrichtsphasen schafft Überblick, auch beim Differenzieren

Welches sind nun heute, vierzig Jahre nach Klafki, die Unterrichtsphasen, nach denen man unterscheiden sollte? Welche unterschiedlichen Ziele haben sie? Und welche Differenzierungsansätze passen zu diesen Unterrichtsphasen? Phasenmodelle haben in der allgemeinen Didaktik eine lange Tradition (vgl. Weinert 1996, Schulz 1996, für den Mathematikunterricht: Roth 1957, Aebli 1983, Überblick bei Prediger et al. 2014b). Speziell mit Blick auf die Frage des Differenzierens nutzen wir die folgende Unterteilung nach **Unterrichtsphasen** (nach Prediger et al. 2014b) und erläutern kurz die didaktische Funktion dieser Phasen.

In den nachfolgenden Abschnitten (5.2 bis 5.5) werden dann zu jeder Phase spezifische Differenzierungsüberlegungen angestellt und konkrete Differenzierungsansätze vorgestellt.

Unterrichtsphase	Mögliche didaktische Funktionen
Phase des Erarbeitens	• Anknüpfen an Vorerfahrungen • Erfinden und Entdecken • Erarbeiten
Phase des Systematisierens	• Austauschen und Integrieren • Systematisieren • Sichern
Phase des Übens und Wiederholens	• Vertiefen und Vernetzen • Automatisieren • Anwenden und Transfer • Wiederholen und Reaktivieren
Phase des Überprüfens	• Kompetenzerleben • Rückmeldungen über Leistungsstand • Leistungsbeurteilung

Phase des Erarbeitens: Die Erarbeitung neuer mathematischer Inhalte (z. B. Konzepte, Zusammenhänge und Verfahren) umfasst verschiedene „Zwischenetappen" und didaktische Funktionen: Zunächst müssen die Lernenden eine Gelegenheit haben, an ihr Vorwissen (ob aus ihrem Alltag oder aus vorigem Unterricht) anzuknüpfen. Dann können Lernende sich mit mathematikhaltigen Situationen befassen und dabei mathematische Ideen entwickeln – mit unterschiedlichem Grad der Anleitung, vom Erfinden von Mathematik auf eigenen Wegen bis zum Erklären vorgegebener Beispiele. Schließlich können sie sich über ihre Erfahrungen und Erkenntnisse austauschen, und verschiedene Wege miteinander vergleichen. Jede Erarbeitungsphase kann diese verschiedenen Ziele miteinander verbinden und auch verschieden gewichten. Wie dabei unterschiedliche Differenzierungsziele, -aspekte, -formen und -ebenen berücksichtigt werden können, zeigen die Differenzierungsansätze im Abschnitt 5.2.

Phase des Systematisierens: Je offener und vielfältiger die Phase des Erarbeitens verlaufen ist, desto wichtiger ist eine nachfolgende Phase, in der diese Ergebnisse zusammengeführt, integriert und mit der „fertigen Mathematik" in Verbindung gebracht werden. Ein erstes Ziel kann dann die Zusammenführung und Reflexion der verschiedenen Wege und Ergebnisse sein. Schließlich muss die Phase aber auch das Ziel haben, die Ergebnisse zu systematisieren und für ein späteres Zurückgreifen festzuhalten und zu sichern. Die Konsequenzen für das Differenzieren zeigen die Differenzierungsansätze im Abschnitt 5.3.

Phase des Übens und Wiederholens: Der Lernprozess ist mit dem Systematisieren nicht abgeschlossen, weil erst mit weiterem Üben die Nachhaltigkeit des Wissens und Könnens erreicht wird. Manche Begriffe oder Verfahren sollten schnell automatisiert abrufbar sein, anderes muss vertieft, angereichert, vernetzt oder für Transfer bereitgestellt werden. Für die langfristige Verfügbarkeit ist zudem wiederholendes Üben erforderlich. Für diese Funktionen gibt es zahlreiche Differenzierungsansätze, die im Abschnitt 5.4 dargestellt werden.

Phase des Überprüfens: Das formative Überprüfen kann die Funktion haben, Lernenden Rückmeldungen über ihren Leistungsstand zu geben, die das weitere Lernen beeinflussen, zum Beispiel bei einer diagnosegeleiteten, adaptiven Förderung. Summative Überprüfungen sind am Ende notwendig, um erreichte Leistungsstände zu attestieren, z. B. in Noten. Gerechte Differenzierungsansätze für die Phase des Überprüfens werden im Abschnitt 5.5 dargestellt.

Für jede der genannten Unterrichtsphasen werden im Folgenden konkrete Beispiele für Differenzierungsansätze aus der Praxis vorgestellt. Die Beispiele zeigen, dass kein Differenzierungsansatz die Funktionen aller Phasen gleichermaßen befriedigend erreichen kann. Vielmehr geht es darum, zu jedem Unterrichtsthema auszuloten, in welcher Unterrichtsphase welche Differenzierungsansätze dem Thema und den Lernenden am besten gerecht werden.

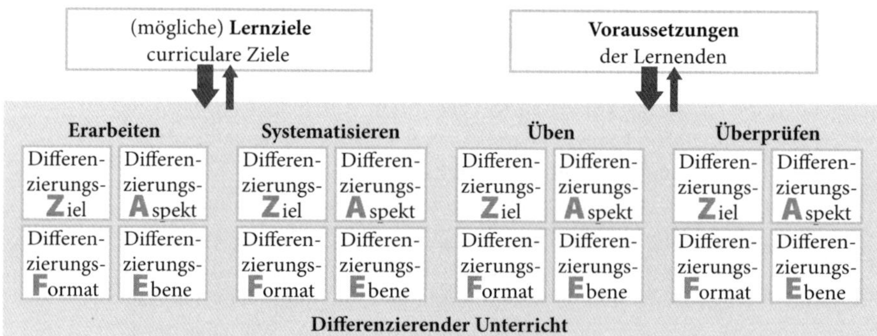

ABB. 5.3 Flexibel differenzieren mit vier Entscheidungsfeldern pro Unterrichtsphase

5.2 Differenzierungsansätze für das Erarbeiten

5.2.1 Differenzierungsansatz 1a: An Vorerfahrungen anknüpfen

Grundidee

Zu Beginn eines Lernprozesses steht die Annäherung der Lernenden an den Inhalt. Schülerinnen und Schüler können noch nicht einschätzen, was sie erwartet, insbesondere welche Mathematik ihnen begegnen wird. Die Lehrkraft will mehr über die individuellen Vorerfahrungen und die Lernvoraussetzungen der konkreten Lerngruppe erfahren. In der allgemeinen Didaktik findet man oft die Forderung nach einem informierenden Unterrichtseinstieg (GRELL/GRELL 1994), in der Lernpsychologie nach der Transparenz der Lernziele (HELMKE & WEINERT 1997). Das mag für manche Lerninhalte gewinnbringend sein („Aus welchen Situationen kennt ihr Koordinaten?"), aber selten kann die fertige Mathematik Ausgangsorientierungen bieten („Was sind quadratische Gleichungen?"). Im Differenzierungsansatz *An Vorerfahrungen anknüpfen* kann stattdessen eine selbstdifferenzierende und anknüpfende erste Annäherung an das Thema erfolgen (vgl. z. B. LENGNINK ET AL. 2011, LEUDERS ET AL. 2011). Die Grundideen lauten:

Anküpfen und Diagnostizieren …

- Lernende können ihre individuellen Vorerfahrungen (und möglicherweise ihre unterschiedlichen Interessen) einbringen.
- Lehrende können die Heterogenität wahrnehmen und wertschätzen und in dieser und der nächsten Unterrichtsphase produktiv an die Voraussetzungen anknüpfen.

… mit selbstdifferenzierenden, offenen Aufgaben

Eine zu diesem Differenzierungsansatz gehörende Lernumgebung setzt ein eher offenes Differenzierungsformat voraus, bei dem die Aufgaben selbstdifferenzierenden Charakter haben. Die eingesetzten Methoden sollten diese Offenheit durch die Förderung von Austausch und Kooperation unterstützen und zugleich der Lehrperson die Möglichkeit geben, im Lernprozess möglichst breit diagnostische Informationen über die Lernenden zu sammeln. Damit ergibt sich folgende Einordnung in die Entscheidungsfelder ZAFE:

Unterrichtsphase: Erarbeiten
Differenzierungsansatz 1a: An Vorerfahrungen anknüpfen

Differenzierungs-Ziel	**Differenzierungs-Aspekt**
• Adaptive Förderung aller Lernenden • Vielfalt zulassen und wertschätzen	• Vorerfahrungen, Interessen • Lerntempo, Arbeitsweisen
Differenzierungs-Format	**Differenzierungs-Ebene**
• Verantwortung für Passung haben eher Lernende (offenes Format)	• Aufgaben-Ebene und/oder • Methoden-Ebene

Die Offenheit des Unterrichts für die Anknüpfungspunkte der Lernenden wird im Konzept des *diagnostic teaching* (BELL 1993) besonders betont. Dessen Lernwirksamkeit beruht darauf, dass das gewonnene Wissen über die Lernvoraussetzungen und Fehlkonzepte auch für die Gestaltung der nachfolgenden Lernprozesse genutzt wird.

Konkretisierung

Das Beispiel 5.1 zeigt einen solchen vorerfahrungsaktivierenden, selbstdifferenzierenden Einstieg in das Thema Symmetrie. Die Phase des Anknüpfens wird durch den selbstdifferenzierenden Auftrag initiiert, das Gleiche woanders zu zeichnen in sogenannten „Zweihändebildern“ oder „Vierhändebildern“. Das Zeichnen nach dem Prinzip „Das Gleiche woanders“ holt die Lernenden bei individuellen Symmetrieerfahrungen ab und führt auf den Begriff der Spiegelsymmetrie, beim Vierhändebild sogar möglicherweise auf die Drehsymmetrie.

► **Beispiel 5.1:** Aktivieren von Vorerfahrungen zur Symmetrie (Kl. 5)

Ausgangspunkt und sinnstiftender roter Faden für die Unterrichtseinheit zur Symmetrie ist die Kernidee „Das Gleiche woanders“, die in vielen (später symmetrisch genannten) geometrischen Situationen eine Rolle spielt.

Dazu zeichnen die Fünftklässler „Zweihändebilder“ (d. h. Bilder mit zwei Feldern und einer Symmetrieachse) oder „Vierhändebilder“ (also Bilder mit vier Feldern und mehr Symmetrien). Zwei Arbeitsprodukte:

(Hußmann/Leuders 2011)

Diese Lernsituation führt zielorientiert auf die Symmetriebegriffe, gleichzeitig ermöglicht die Offenheit, dass die Lernenden im Sinne einer Selbstdifferenzierung auf unterschiedlichen Wegen und Kompliziertheitsniveaus Bilder erzeugen und damit ihre Erfahrungen zur Symmetrie aktivieren können, wie die zwei Arbeitsprodukte zeigen. Zudem kann ein solcher Einstieg auch kompensatorisch wirken, indem Lernende mit eher begrenzten Alltagserfahrungen im kontrollierten Zeichnen von Figuren hier Defizite ausgleichen können.

Zielorientierung und Offenheit

Parallel beobachtet die Lehrkraft Lernstände bzgl. Fertigkeiten, Vorerfahrungen und Verbalisierungsfähigkeiten: Wie gut können Lernende Prinzipien der Symmetrie als Erzeugungstechniken bereits umsetzen? Aktivieren sie dabei Dreh- oder Spiegelsymmetrien oder vermischen sie beides? Wie exakt zeichnen sie? Welche Sprachmittel nutzen sie zur Beschreibung ihrer Bilder?

Herausforderungen und Möglichkeiten der Umsetzung

Das differenzierende Anknüpfen muss die heterogenen Vorerfahrungen der Lernenden ernst nehmen und dazu die notwendige Offenheit bieten. Lernende können, wenn das Thema es zulässt, beispielsweise entscheiden, mit welchen Mitteln und Werkzeugen sie vorgehen wollen, ob sie allein, mit einem Partner oder in einer Gruppe arbeiten wollen oder mit welchem Gegenstand sie sich beschäftigen wollen. Dies ermöglicht ein Anknüpfen an die Vorerfahrungen und möglicherweise an die Interessen der Lernenden.

Das Anknüpfen bietet Lernenden auch (in begrenztem Maße) Gelegenheit, Vorerfahrungsdefizite durch unterrichtliche Tätigkeiten auszugleichen. Dazu muss die zu bearbeitende Aufgabe ebenfalls einen Einstieg auf sehr geringem Niveau ermöglichen und es muss hinreichend viel Bearbeitungszeit zur Verfügung stehen.

Vorerfahrungen ausgleichen

Auch Lernende mit Behinderungen können in diesem Differenzierungsansatz einbezogen werden und am gleichen Gegenstand arbeiten: Lernende mit dem Förderschwerpunkt geistige Entwicklung oder Lernen können z. B. die Idee „Das Gleiche woanders“ gut auf ihrem Niveau bearbeiten. Für Lernende mit Förderschwerpunkt Sehen bietet sich eine Erweiterung auf tastbare oder hörbare Symmetrien an.

Inklusives Lernen am gleichen Gegenstand

Um diagnostisches Potential zu entfalten, muss die Lehrkraft genügend Gelegenheit haben, die Produkte der Lernenden in Ruhe und ohne Entscheidungsdruck anzusehen, zum Beispiel, wenn die Situation in den letzten 20 Minuten einer Stunde stattfindet.

Bei der Umsetzung ist jede Form günstig, die den Lernenden genügend Spielraum und Zeit lässt, ihre individuellen Anknüpfungspunkte auch wahrzunehmen. Ein direkt einsetzendes Unterrichtsgespräch („Welche geometrischen Formen kennt ihr schon?“) setzt insbesondere schwächere Lernende zu sehr unter

Druck. Daher sind alle methodischen Ansätze günstig, die individuelle Überlegungen und individuelles Tempo begünstigen, wie z. B.:

- Eine vorbereitende Hausaufgabe zur Explorationen der heimischen Lebenswelt („Schreibt eine Woche lang Lebensmittel auf, die eure Familie einkauft. Welche Mengen werden jeweils eingekauft?")
- Eine Ich-Du-Wir-Phase, bei denen Lernende sich erst individuell mit einer Frage befassen, dann zu zweit austauschen und sich erst danach in ein Unterrichtsgespräch einbringen, z. B. mit dem Auftrag, in der Wir-Phase Beispiele oder Fragen aufzuschreiben.
- Eine systematische, sich auf die gesamte Unterrichtsstruktur auswirkende Methode haben GALLIN und RUF (1998) mit der Führung von Lerntagebüchern etabliert: Lernende bearbeiten schriftlich umfangreiche Aufträge, die die Lehrkraft zunächst ausführlich zuhause studiert, rückmeldet und darauf den weiteren Unterricht aufbaut.

5.2.2 Differenzierungsansatz 1b: Eigenaktiv erkunden

Grundidee

Im Differenzierungsansatz *Eigenaktiv erkunden* geht es um selbstdifferenzierendes, eigenaktives Erfinden und Entdecken mathematischer Konzepte. Die Entwicklung mathematischer Konzepte bei Lernenden erfordert die (kognitiv) aktive Auseinandersetzung mit diesen Konzepten. Beim Mitteilen „fertiger Mathematik" (und anschließender Durcharbeitung) besteht die Gefahr, dass man zu schnell die Verankerung der mathematischen Konzepte in verständlichen und vorstellungsaufbauenden Situationen überspringt. In diesem Differenzierungsansatz sollen sich Lernende mit heterogenen Voraussetzungen daher mit zugänglichen Situationen aktiv auseinandersetzen und Erfahrungen machen, die eine Basis für tragfähige nachhaltige Begriffsbildung bilden.

Lernen auf verschiedenen Wegen

Kognitive Aktivierung in differenzierenden Aufgaben

Initiiert werden die Lernprozesse durch selbstdifferenzierende oder gestuft differenzierende Aufgaben. Gemäß der Unterschiedlichkeit der Lernenden entsteht eine Vielfalt an Bearbeitungen, auch unterschiedliche Lerntempi und Arbeitsweisen sind möglich. Ziel ist es in diesem Differenzierungsansatz nicht, dass alle Lernenden im Rahmen der Erkundung denselben Stand erreichen. Durch geeignete, zielgerichtet unterstützende Maßnahmen (z. B. Hilfsimpulse, unterschiedliche Engführung, usw.) kann aber erreicht werden, dass allen Lernenden die grundlegenden Aspekte zugänglich gemacht werden. Damit ergibt sich folgende Einordnung in die Entscheidungsfelder ZAFE:

Unterrichtsphase: Erarbeiten Differenzierungsansatz 1b: Eigenaktives Erkunden	
Differenzierungs-Ziel • Unterschieden gerecht werden • Vielfalt zulassen und wertschätzen	**Differenzierungs-Aspekt** • Vorerfahrungen, Interessen • Lerntempo, Arbeitsweisen
Differenzierungs-Format • Verantwortung für Passung haben eher Lernende (offenes Format) • und ggf. die Lehrkraft durch Impulse	**Differenzierungs-Ebene** • Aufgaben-Ebene und/oder • Methoden-Ebene

Gestütztes entdeckendes Lernen ist effektiv

Zahlreiche Studien der Lehr-Lernforschung (ALFIERI ET AL. 2011) belegen, dass auf Entdecken beruhende Lehr-Lern-Formen sich dann als lernwirksam erweisen, wenn Lernende durch geeignete Maßnahmen dabei unterstützt werden (sogenannte guided discovery). Dies können z. B. Selbsterklärungselemente (CHI ET AL. 1994), Rückmeldungen (feedback) und entlastende Beispiele sein (worked examples, RENKL/SCHWORM/HILBERT 2004, vgl. auch Differenzierungsansatz 5.2.4).

Konkretisierung

Bei einigen Themengebieten ist tatsächlich ein einziger selbstdifferenzierender, offener Erkundungsauftrag vollkommen ausreichend, wie etwa der offene Erkundungsauftrag „Quader bauen“ (Beispiel 1.3 in Abschnitt 1.2.3), der durch schlichte Umkehrung der klassischen Frage zur Volumenberechnung entsteht. Lernende unterscheiden sich bei der Bearbeitung im Tempo, wie lange sie das Material zur Stützung brauchen, und in der Systematik, mit der sie sicherstellen, alle gefunden zu haben. Saskia im Beispiel 1.3 geht von Beginn an vom „quadratischsten“ zum länglichsten Rechteck, Kai dagegen hat ebenso wie Hamet Mühe, die Vollständigkeit zu prüfen. Alle erarbeiten ganz nebenbei die Volumenformel.

Während in diesem Beispiel die Aufgabe unterschiedliche Lösungsstrategien auf unterschiedlichem *Anspruchsniveau* zulässt, können Aufgaben für das selbstdifferenzierende Erarbeiten auch nach verschiedenen *Zugangsweisen* differenzieren (wie zahlreiche Beispiele von GALLIN/RUF 1998 zeigen) und diese Zugangsweisen sogar explizit vorschlagen.

Dies wird durch die folgende Teilaufgabe a) aus Beispiel 5.2 exemplarisch veranschaulicht. Der erste Dialog zwischen dem Zahlenkünstler und Pia repräsentiert das sacherschließende Problem: Wie kann der Zahlenkünstler so schnell rechnen? Als Verständnisstütze findet man einen Hinweis, der verbal und ikonisch beim Verständnis der Aufgabe („Quadrat“) unterstützen soll.

▶ **Beispiel 5.2:** Verschiedene Differenzierungsstrategien bei einer Aufgabe zur Entdeckung einer binomischen Formel (Kl. 8)

Quadrieren im Kopf

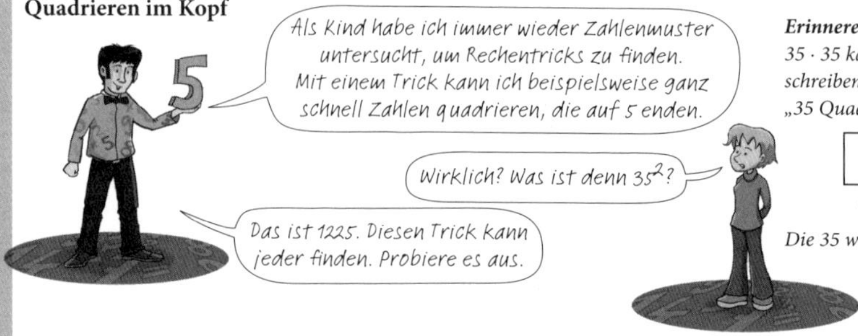

Erinnere dich
35 · 35 kann man als 35^2 schreiben, gesprochen: „35 Quadrat".

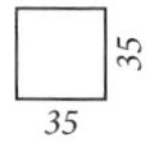

Die 35 wird quadriert.

a) Untersuche die Quadrate von mindestens fünf zweistelligen Zahlen, die auf 5 enden.Kannst du ein Muster entdecken? Kannst du die Ergebnisse auch schnell vorhersagen?
Probiere es mit weiteren Beispielen aus.

b) Ole, Pia und Till haben verschiedene Strategien genutzt.
Versuche, jede der drei Strategien nachzuvollziehen.
Wie könnten die drei auf ihre Weise den Trick erklären?

Erinnere dich
Diese Strategien helfen dir dabei:
- *ein Bild zeichnen*
- *einen Term aufstellen*
- *eine ähnliche Aufgabe nutzen*

Ole verwendet ein Quadratbild, um die Rechnung zu untersuchen.

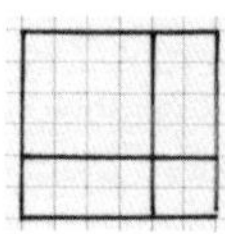

- Übertrage das Bild in dein Heft.
- Welchen Flächeninhalt haben die einzelnen Flächen?
- Wie kann man das Ergebnis von (30 + 5) · (30 + 5) am Bild erklären?

Pia schlägt vor, die Zehner und Einer wieder mit einem Term aufzuschreiben.

- Wie schreibt sie die Zahlen 15, 25, 35, usw. allgemein mit x auf?
- Wie sieht Pias Term aus?
- Versuche, Pias Term zu quadrieren.

Till erinnert sich an eine ähnliche Situation, das Malkreuz.

Er verwendet jedoch ein x.

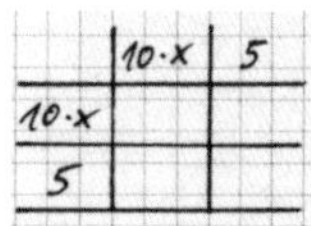

- Kannst du am Malkreuz den Trick erklären?

(Mathewerkstatt 8, Hußmann et al. 2014, 153)

Insgesamt repräsentiert die Teilaufgabe a) also einen offenen Einstieg, der Möglichkeiten des selbstständigen Entdeckens von Zusammenhängen bei quadratischen Zahlentermen gibt. Die Teilaufgabe b) bietet dann bereits weitgehend gelöste Beispiele an, die inhaltlich auf das zentrale Erkundungsziel eingehen. Diese Angebote erfolgen in alternativen Repräsentationen, von denen die Lernenden für sich auswählen können, welche ihnen beim Verständnis des Zusammenhangs helfen.

In einer leistungsheterogenen Klasse kann man eine Gruppe schwächerer Schülerinnen und Schüler direkt mit der geschlosseneren Aufgabenvariante b) beginnen lassen, mit der sie sich dann länger befassen können, während die Stärkeren erst einmal auf eigenen Wegen den Trick erkunden und dann ihre Lösungsideen mit denen aus b) vergleichen können. Hier würde dann also neben den Zugangsweisen auch nach dem Grad der Offenheit bzw. der Vorstrukturierung differenziert. Dabei sollte allerdings den Schwächeren nicht immer die Gelegenheit zum offenen Erkunden genommen werden.

Bei inklusivem Unterricht kann in derselben Situationen auch zieldifferent gearbeitet werden

Für Lernende, die wegen ihres langsameren Lerntempos zieldifferent unterrichtet werden, die also hier z. B. gar nicht bis zu den binomischen Formeln geführt werden müssen, kann man in derselben Situation bleiben, aber auf einfachere Rechentricks zurückzugreifen, z. B. die Verwendung von Hilfsaufgaben beim $1 + 1$ oder 1×1. Die Ergebnisse dieser Gruppe können dann sogar in der ganzen Klasse verwendet werden, um den anderen Lernenden z. B. die Möglichkeit zu geben, an Vorgehensweisen aus der Grundschule anzuknüpfen.

Herausforderungen und Möglichkeiten der Umsetzung

Damit eine eigenaktive Auseinandersetzung mit einer mathematischen Situation wirklich für alle zielgleich unterrichteten Lernenden möglich ist, muss man verschiedene Bedingungen auf der Ebene der Aufgaben und der Methoden berücksichtigen:

- Die genutzten Aufgaben müssen den Einstieg auf allen Niveaus ermöglichen. Die Idealform der *vollständig selbstdifferenzierenden Aufgabe*, die man wirklich allen Lernenden in der gleichen Form stellen kann, hat den Charme, dass man anschließend mit der ganzen Klasse daran arbeiten kann (vgl. Abschnitt 5.3 zum Systematisieren), sie sind aber nicht immer leicht zu finden bzw. herzustellen. Einfachere Ansätze auf Aufgabenebene bieten verschiedene Formen *gestuft differenzierender Aufgaben* (vgl. Abschnitt 4.4.2), bei denen einigen Lernenden der Einstieg durch vorgeschaltete Teilaufgaben besonders erleichtert wird.

Weiterhin kann man die differenzierende Aufgabenbearbeitung auf verschiedene Weise *methodisch unterstützen*, z. B.

- durch das Bereitstellen von differenzierendem Zusatzmaterial (wie im obigen Beispiel 1.3 aus Abschnitt 1.2.3 die Holzwürfel),
- durch das Einrichten von Mentorensystemen, d. h. Expertenschülerinnen und -schülern, die anderen helfen können,
- durch gezielt überlegte Impulse der Lehrkraft (z. B. nach dem Prinzip einer gestuften Hilfe: zunächst motivational, dann heuristisch, dann auch inhaltlich).

Generell besteht die Herausforderung, während der Bearbeitungsphase in den heterogenen Lernverläufen die kognitive Aktivität zu stützen und darauf zu achten, dass die Motivation und das Durchhaltevermögen möglichst hoch bleiben. Dies sind Lernvoraussetzungen, die man natürlich nicht nur während einer konkreten Aufgabe herstellt, sondern die durchgehend durch ein positives Arbeitsklima und eine gewisse Selbstregulation der Lernenden befördert werden.

Eine besondere Herausforderung für die Lehrkraft liegt in der Offenheit der Ergebnisse solcher Phasen. Schon beim zweiten Mal, wenn man eine solche Erkundung durchführt, hat man allerdings bereits eine gute Einschätzung der zu erwartenden Ergebnisse oder Schwierigkeiten. In der nachfolgenden Unterrichtsphase besteht dann die Herausforderung darin, die unterschiedlichen Ergebnisse produktiv in eine systematisierende Sammlung einzubinden (vgl. Abschnitt 5.3 für geeignete Differenzierungsansätze). Günstig ist es, wenn man die Unterrichtsphasen so organisieren kann, dass man zwischen Erkunden und Systematisieren die Ergebnisse mit nach Hause nehmen und ohne den unmittelbaren Handlungsdruck sichten kann.

5.2.3 Differenzierungsansatz 1c: Angeleitet erarbeiten

Grundidee

Im Differenzierungsansatz *Angeleitet erarbeiten* werden neue mathematische Inhalte unter Anleitung der Lehrkraft im Unterrichtsgespräch erarbeitet, d. h. in der Regel im Klassenverband. In einem gelungenen Unterrichtsgespräch lassen sich die Vorteile der aktiven Rolle der Lehrperson nutzen:

Vorteile der Anleitung im Klassengespräch

- Kurze Vorträge durch die Lehrkraft können nötiges (Vor-)Wissen flexibel an solchen Stellen darstellen, an denen es gebraucht wird.
- Die Lehrkraft kann versuchen, die Aktivität aller Lernenden zu überblicken und aufrechtzuerhalten, insbesondere, indem sie einen Dialog zwischen den Lernenden unterstützt.
- Der Fortgang der Argumentation kann auf hohem Niveau gehalten werden. Das laute Denken der Lehrkraft kann als Modell für die spätere Arbeit der Schülerinnen und Schüler dienen.

Dieser Ansatz hat somit durchaus die Möglichkeit, adaptiv auf die Bedürfnisse und Lernwege der Lernenden einzugehen (vorausgesetzt, die Bedürfnisse der Lernenden sind der Lehrkraft gut bekannt). Zusätzlich kann die Lehrkraft versuchen, die entstehende Vielfalt an Ideen durch geeignete Verknüpfungen sogleich für die Klasse produktiv zu machen. Damit ergibt sich folgende Einordnung in die Entscheidungsfelder ZAFE:

Unterrichtsphase: Erarbeiten
Differenzierungsansatz 1c: Angeleitet erarbeiten

Differenzierungs-Ziel	Differenzierungs-Aspekt
• Tempo • Unterschieden gerecht werden	• Vorerfahrungen, Interessen
Differenzierungs-Format	**Differenzierungs-Ebene**
• geschlossen	• Methoden-Ebene

Die Anleitung kann dabei unterschiedliche Grade der Beteiligung der Lernenden ermöglichen: In vielen Ländern wird die besondere Form des „direkten Unterrichts" (*direct instruction*) propagiert. Dabei demonstriert die Lehrkraft erwartetes Verhalten explizit und sichert durch Rückfragen das Verständnis (Adams/Engelmann 1996, Grell 1999). Solche Formen zeigen sich als effektiv für das Lernen von bestimmten Inhalten (Hattie 2008; Seidel/Shavelson 2007), und zwar vor allem für einfach strukturierte Zusammenhänge und automatisierbare Verfahren. Außerdem vor allem dann, wenn sie hinreichend kleinschrittig für alle Lernenden (ggf. bis auf diejenigen mit spezifisch sonderpädagogischem Förderbedarf) darstellbar sind, und wenn anspruchsvolle Phasen des angeleiteten und selbstständigen Übens hinzukommen.

Konkretisierung

Das Beispiel 5.3 soll andeuten, wie die Teilbarkeitsregel durch 3 im Unterrichtsgespräch erarbeitet werden kann. Die einzelnen Denkschritte (Aufteilung der Zahl nach Stellen, Bestimmung der einzelnen Reste, Zusammenfassung der Reste) werden gemeinsam entwickelt. Auch wenn nur einige Lernende diese Ideen selbst einbringen, besteht die Chance, dass die meisten den Ideen folgen können, wenn sie an der Tafel gut strukturiert festgehalten werden.

▶ **Beispiel 5.3:** Situation an der Tafel beim angeleiteten Erarbeiten der Teilbarkeitsregeln (Kl. 6)

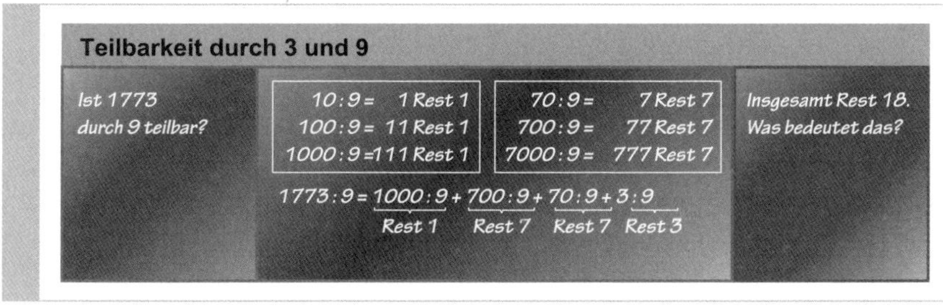

Herausforderungen und Möglichkeiten der Umsetzung

Grenzen des angeleiteten Unterrichtsgesprächs

Die internationale Unterrichtsforschung (HIEBERT ET AL. 2003) bescheinigt dem deutschen Mathematikunterricht eine hohe Dominanz des sogenannten „fragend-entwickelnden Unterrichts". Die Gefahren, die damit verbunden sind, sind wohlbekannt (GRELL/GRELL 1994). Die oben genannten Vorteile der Erarbeitung im Unterrichtsgespräch können sich nur entfalten, wenn die Lehrkraft die komplexe Situation beherrscht: Kann man alle Lernenden im Blick behalten? Lässt sich das hohe Niveau auch bei hoher Heterogenität des Vorwissens für alle realisieren? Sind Lernende, die sich eher ungerne mündlich äußern oder langsamer begreifen, im Nachteil?

Die von der Lehrkraft moderierte Erarbeitung in der Klasse muss nicht zwangsläufig nur im schnellen Pingpong zwischen einzelnen Lernenden und der Lehrperson verlaufen, stattdessen lassen sich viele Formen der kommunikativen Variation einbauen, wie z. B. eine Murmelrunde zwischen Tischnachbarn, oder eine einfache Ich-Du-Wir-Phase. Dadurch können Unterschiede im Lerntempo oder in der Bereitschaft, sich vor der Gruppe zu äußern, abgefangen werden.

Einfache Zwischendiagnosen

Eine besondere Herausforderung für Lehrkräfte besteht in einem solchen Unterricht darin, einzuschätzen, inwieweit die Lernenden mehrheitlich dem Gedankengang folgen. Solche regelmäßigen, kurzen Zwischendiagnosen sind wichtig, dürfen aber nicht den Lernprozess behindern. Neben den an einzelne Lernende gerichteten Fragen kann man auch die Methode der sogenannten „Minitafeln" anwenden (Swan 2005, 12). Die Lehrkraft stellt einfache „Zeig-mir"-Fragen, z. B. „Zeig mir einen Bruch, der größer als 1 ist", „Zeig mir den Rest bei Teilen durch 5". Die Lernenden notieren das Ergebnis auf einem Blatt oder eine Tafel und halten es gleichzeitig hoch.

5.2.4 Differenzierungsansatz 1d: Individuell nachvollziehen

Grundidee

Im Differenzierungsansatz *Individuell nachvollziehen* geht es um individualisiertes Erarbeiten neuer Inhalte, gestützt durch Lösungsbeispiele (RENKL ET AL. 2004). Dieser Weg der Erarbeitung neuer Inhalte engt die Lernwege von Anfang an stärker ein als das entdeckende Lernen. Hierbei können sich Lernende an gelösten Beispielen orientieren und darauf konzentrieren, wie ein mathematisches Verfahren oder Konzept angewendet werden kann und welche Schritte bzw. Aspekte zu beachten sind, ohne selbst viele verschiedene Wege zu erfinden.

Engeres und stärker gestütztes Erarbeiten

Differenzierend wird das Lernangebot vor allem durch die Möglichkeit des individuellen Arbeitens. So kann man durch unterschiedliche Lerntempi *Unterschieden gerecht werden.* Denkbar ist auch eine fokussierte Förderung mit Lösungsbeispielen mit dem Differenzierungsziel *Unterschiede auszugleichen*, indem Lernende durch individuelles Wiedererarbeiten Wissenslücken schließen. Inwieweit sich diese Vorteile entfalten können und inwiefern hier wirklich auf angemessenem Niveau gelernt wird, hängt natürlich stark von der Qualität und der Passung der Lernmaterialien ab. Damit ergibt sich folgende Einordnung in die Entscheidungsfelder ZAFE:

Unterrichtsphase: Erarbeiten
Differenzierungsansatz 1d: Individuell nachvollziehen

Differenzierungs-Ziel	**Differenzierungs-Aspekt**
• Unterschieden ausgleichen • Unterschieden gerecht werden	• Lerntempo • Lernziele
Differenzierungs-Format	**Differenzierungs-Ebene**
• geschlossenes Format: Verantwortung für Passung hat eher Lehrkraft	• Aufgaben-Ebene und/oder • Methoden-Ebene

Das in der Lehr-Lehrforschung gewichtigste Argument für die Verwendung von Lösungsbeispielen lautet: Gerade bei schwächeren Lernenden muss darauf geachtet werden, dass die kognitiven Anforderungen beim Erarbeiten (z. B. Problemlöseprozesse) nicht der fokussierten Beschäftigung mit den Inhalten im Wege stehen, sondern diese unterstützen (SWELLER 1994).

Konkretisierung

Die Ansprüche, die an Lösungsbeispiele für die individuelle Erarbeitung durch Nachvollziehen gestellt werden müssen, sind hoch. Das soll an zwei Beispielen erläutert werden.

▶ **Beispiel 5.4:** Brüche in Darstellungen erkennen

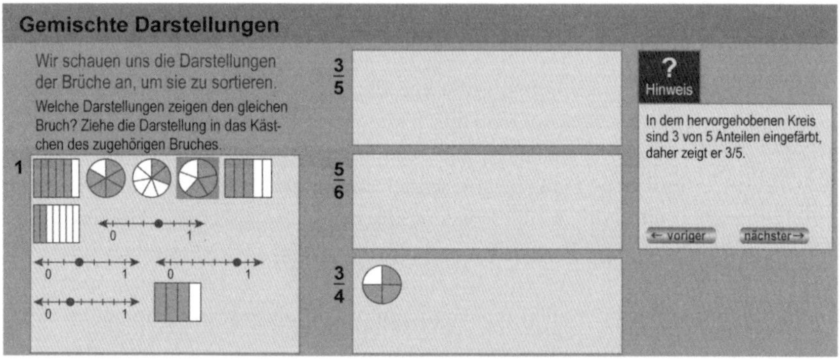

(Cognitive tutor, https://mathtutor.web.cmu.edu/)

Das Beispiel ist einem computergestützten Lernprogramm entnommen, das in vielen amerikanischen Schulen zur individuellen Erarbeitung der Bruchrechnung eingesetzt wird. Die Lernenden werden durch eine Zahl von Aufgaben geführt, bei der sie Brüche zwischen verschiedenen Darstellungen übersetzen müssen. In der ersten Aufgabe geht es darum, in gegebenen Kreisbildern vorgegebene Brüche wiederzuerkennen. Wissen Lernende nicht, was zu tun ist, bekommen sie einen ersten Hinweis: „Schaue dir den markierten Kreis an. Welchen Bruch zeigt er?". Rufen sie einen weiteren Hinweis ab, erhalten sie eine Erklärung, welcher Bruch dargestellt ist (s. o.). Auf diese Weise lernen sie, zunehmend komplexere Wechsel zwischen Bruchdarstellungen zu vollziehen. Die Grenzen des Beispiels liegen auf der Hand: Eine Reflexion der Bedeutung von Brüchen findet in diesem Rahmen nicht statt, die Lernenden müssen ihre Ideen nicht selbst verbalisieren und etwaige grundsätzliche Fehlvorstellungen werden nicht aufgegriffen. Dennoch sind solche Programme beliebt, da Lernende sie in der Regel aufgrund ihrer interaktiven, gestuften Hilfestellungen individuell und im eigenen Tempo durcharbeiten können. Noch lernwirksamer werden sie, wenn sie von Kommunikation, zum Beispiel in Kleingruppen, begleitet werden.

Das Beispiel 5.5 zeigt, dass sich nicht jede in einem Schulbuch dargestellte gelöste Aufgabe als Lösungsbeispiel für die eigenständige Erarbeitung eignet. Diese Schulbuchaufgabe genügt den Anforderungen erklärender Lösungsbeispiele nicht, denn sie scheint eher als Vorlage für das Unterrichtsgespräch geschrieben worden zu sein. Aus medienpsychologischer Sicht fehlen die Verbindungen zwischen den verschiedenen Elementen: Es ist nicht ersichtlich, was wodurch erklärt wird, oder welche Beziehungen zwischen den Termen am Rand und dem Bild bestehen. Die algebraische Herleitung der binomischen Formeln kann etwaige Probleme im Termverständnis nicht auffangen. Die gelösten Beispiele enthalten zwar alle Komplexitätsgrade, die beherrscht werden sollen, es fehlen jedoch Erläuterungen, was an den Beispielen jeweils zu beachten ist und wofür sie stehen. Daher hat Frau Klopp eine gute Möglichkeit gefunden, um zu verhindern, dass Umformungen nur oberflächlich und ohne Reflexion erlernt werden. Eine Übertragung auf andere Situationen könnte sich dann anschließen.

▶ Beispiel 5.5: Individuell nachvollziehen der Erklärung der binomischen Formeln an Lösungsbeispielen (Kl. 8)

Referendarin Frau Klopp setzt die abgedruckte Schulbuchaufgabe in einem Lernatelier ein, damit sich Lernende das Thema „Binomische Formeln" anhand dieser Einführungserklärungen und gelösten Beispiele individuell erarbeiten.

Die Produkte $(a + b)(a + b)$, $(a - b)(a - b)$ und $(a + b)(a - b)$ sind besondere Produkte. Werden sie multipliziert, so ist der Aufbau des Summanden immer gleich.

$(a + b)^2 = (a + b)(a + b)$	$(a - b)^2 = (a - b)(a - b)$	$(a + b)(a - b)$
$= a \cdot a + a \cdot b + b \cdot a + b \cdot b$	$= a \cdot a - a \cdot b - b \cdot a + b \cdot b$	$= a \cdot a - a \cdot b + b \cdot a - b \cdot b$
$= a^2 + 2ab + b^2$	$= a^2 - 2ab + b^2$	$= a^2 - b^2$

Durch das Zusammenfassen ergeben sich nur drei, im dritten Fall sogar nur zwei Summanden. Es lohnt, sich diese Umformungen als Formeln zu merken.

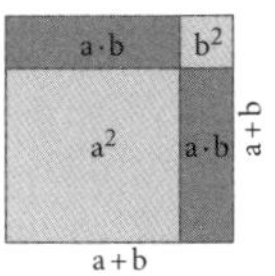

$(a + b)^2$
$= (a + b)(a + b)$
$= a^2 + ab + ba + b^2$
$= a^2 + 2ab + b^2$

Binomische Formeln

$(a + b)^2 = a^2 + 2ab + b^2$ 1. binomische Formel
$(a - b)^2 = a^2 - 2ab + b^2$ 2. binomische Formel
$(a + b)(a - b) = a^2 - b^2$ 3. binomische Formel

! Achtung Vorzeichen!

Beispiele

a) $(c + 3)^2 = c^2 + 2 \cdot 3c + 3^2 = c^2 + 6c + 9$

b) $(5 + w)(5 - w) = 5 \cdot 5 - w \cdot w = 25 - w^2$

c) $(x - 3y)^2 = x^2 - 2 \cdot x \cdot 3y + (3y)^2 = x^2 - 6xy + 9y$

d) $(-2r + 3s)^2 = (-2r)^2 + 2 \cdot (-2r) \cdot 3s + (3s)^2 = 4r^2 - 12rs + 9s^2$

e) $(3m - 7n)(3m + 7n) = (3m)^2 - (7n)^2 = 9m^2 - 49n^2$

f) $(-7a - 10b)^2 = (-7a)^2 - 2 \cdot (-7a) \cdot (10b) + (10b)^2 = 49a^2 + 140ab + 100b^2$

(Schnittpunkt 4, Baden-Württemberg, Böttner et al. 2006, 20)

Doch schnell merkt sie, dass die Lernenden mit dem Lösungsbeispiel allein nicht zurechtkommen. Die Beziehung zwischen Bildern und Umformungen sind zu wenig klar, und die Lernenden weichen dem Erklären ganz aus. Schnell entscheidet sie, die eigentliche Erklärung am Bild ins Unterrichtsgespräch zu verlagern. Den Starken gibt sie den Auftrag, die Umformungsbeispiele zu kommentieren und Hinweise zu ergänzen, worauf man achten muss. Damit können die Schwächeren dann in ihrem Tempo arbeiten. Sie haben so Ansprechpartner für jede Aufgabe, denen sie jeweils die letzte Aufgabe erläutern.

Herausforderungen und Möglichkeiten der Umsetzung

Anforderungen an das Lernen aus Lösungsbeispielen

Das Ziel des *Individuell Nachvollziehens* an Lösungsbeispielen ist die Vermittlung von mathematischen Konzepten und Verfahren durch individuelles Nachvollziehen. Wichtig ist dabei, dass die Präsentation gelöster Beispiele das Lernen nicht auf ein unverstandenes Rezeptlernen reduziert. Vielmehr soll das Lernen auf die wichtigen Aspekte fokussiert werden: Nicht das gelöste Problem, sondern die verstandene Struktur des Lösungsweges steht im Zentrum. Damit die Arbeit am Beispiel diese Wirkung hat, helfen zusätzliche Elemente, um Lernende auf Wichtiges aufmerksam zu machen, z. B.

- durch die Aufforderung zu sogenannten Selbst- (oder Partner-) erklärungen („Was siehst du hier?", „Warum geht man so vor?"),
- durch Variieren und Ausprobieren der Konsequenzen („Was geschieht, wenn man das x und die 2 vertauscht?"),
- durch Untersuchen der Voraussetzungen für das Beispiel („Kann man genauso vorgehen, wenn statt einem + ein – steht?", „Warum (nicht)?".

Die Eignung von Lösungsbeispielen ist stark vom Thema abhängig. Besonders unpassend sind sie bei der Erarbeitung neuer Konzepte, bei denen mit Fehlvorstellungen zu rechnen ist, z. B. weil bisherige Vorstellungen im Wege stehen („Multiplizieren vergrößert" erschwert das Verständnis der Division durch einen Bruch). Passender sind sie dann, wenn es um die Erarbeitung von gut strukturiertem Faktenwissen oder klar ablaufenden Verfahren geht.

Grenzen besonders in der Flexibilität

Für den Einsatz des Lernens an Lösungsbeispielen zur Differenzierung ist festzustellen, dass der Ansatz zwar adaptiv im Lerntempo ist, aber ansonsten nicht flexibel auf unterschiedliche Voraussetzungen von Lernenden reagiert. Stärkere Lernende fühlen sich durch zu eng geführte Beispiele in ihren Lösungsideen zu sehr eingeengt und können ihr Potential nicht entfalten. Bei schwächeren Lernenden hingegen können Lösungsbeispiele nicht die Adaptivität bieten, die die Kommunikation mit einer Lehrperson hat. Mögliche Fehldeutungen eines Beispiels durch Lernende können nur erkannt und behoben werden, wenn sie von Kommunikationssituationen begleitet werden. Besser gelingt der Einsatz von Lösungsbeispielen, wenn schon eine gewisse Verstehensgrundlage vorhanden ist, also beim Wiedererarbeiten oder beim wiederholenden Üben (vgl. Abschnitt 5.4).

5.3 Differenzierungsansätze für das Systematisieren

5.3.1 Differenzierungsansatz 2a: Lösungswege austauschen

Grundidee

Der Differenzierungsansatz *Lösungswege austauschen* zielt auf den kommunikativen Austausch individueller Vorgehensweisen, Rechenwege, Strategien oder Zugangsweisen und vollzieht sich in einer methodischen Form, die man als „Strategiekonferenz“ bezeichnen kann.

Wenn beim Erarbeiten das Differenzierungsziel *Vielfalt zulassen* oder sogar *Vielfalt nutzen* im Vordergrund stand, muss in einer nachfolgenden Unterrichtsphase die erzeugte Vielfalt tatsächlich für die Lernenden sichtbar werden. Dies gilt insbesondere, wenn der Differenzierungsaspekt *Zugangsweisen und Strategien* im Vordergrund stand. Hier können nicht nur die Lernenden unterschiedliche Wege (und ggf. Anforderungsniveaus) wählen, sondern oft ist es auch Lernziel, dass sie unterschiedliche Zugangsweisen kennen und nutzen.

Vielfalt aus einer offenen Erkundungsphase explizit machen

Im Differenzierungsansatz *Lösungswege austauschen* werden also vielfältige individuelle Lösungswege, Zugangsweisen oder Strategien zwischen den Lernenden ausgetauscht, damit die Lernenden eine Vielfalt kennenlernen und reflektieren (z. B. STERN/SCHUMACHER 2004). Eine solche „Du-Phase“ benötigt eine Differenzierung auf der Ebene der Unterrichtsmethoden. Inszeniert wird dazu eine Strategiekonferenz, in der die Lernenden in Kleingruppen ihre Ideen und Lösungswege austauschen und sich dabei – ggf. mit Moderation – in alternative Wege eindenken (SUNDERMANN 1999). Im Endergebnis müssen nicht *alle* Lernenden *alle* Zugänge beherrschen. Hier entscheiden unterschiedliche Ziele oder unterschiedliche Möglichkeiten der Lernenden darüber, welche Aspekte aus dem Austausch in einer nachfolgenden Phase gesichert werden können. Damit ergibt sich folgende Einordnung in die Entscheidungsfelder ZAFE:

Unterrichtsphase: Systematisieren
Differenzierungsansatz 2b: Lösungswege austauschen

Differenzierungs-**Z**iel	Differenzierungs-**A**spekt
• Vielfalt anregen und nutzen	• Zugangsweisen und Lösungswege • danach auch Lernziele
Differenzierungs-F**ormat**	**Differenzierungs-E****bene**
• offenes Format: Lernende steuern die Adaptivität mit	• Methoden-Ebene • Struktur-Ebene

Das kommunikative Austauschen der Lernenden ist zentrales Merkmal eines sozial-konstruktivistisch orientierten Mathematikunterrichts (REUSSER 2005,

2006). Insbesondere die Reflexion über die eigenen Lösungen erweist sich dabei als lernwirksam (z. B. STERN/SCHUMACHER 2004).

Konkretisierung

Hilfen bei der Umsetzung von Strategiekonferenzen

Strategiekonferenzen lassen sich in der Klasse auch zeitlich dezentral organisieren: Wer mit der Aufgabe fertig ist, trägt sich in eine Liste ein. Wenn vier eingetragen sind, ziehen sie sich zur Konferenz zurück. Klar verteilte Rollen helfen, die Gespräche zu strukturieren, z. B.:

- die Konferenzleitung: Vorsitzende/r der Gruppe, leitet das Gespräch und achtet darauf, dass alle zu Wort kommen,
- die Protokollführung: schreibt die Ergebnisse der Gruppenarbeit auf und bringt das Protokoll zur Lehrkraft,
- die Frage-Verantwortung: notiert Fragen und Ideen, die nach Meinung der Gruppe im Klassengespräch geklärt werden sollen,
- das Management für den Gesamtablauf: achtet darauf, dass die Gruppe beim Thema bleibt, alle sich die Ergebnisse notieren und der Arbeitsplatz der Gruppe aufgeräumt verlassen wird.

▶ **Beispiel. 5.6:** Strategiekonferenz zum Brüche vergleichen (Klasse 6)

Eine 6. Klasse bearbeitet zunächst individuell folgende offene Aufgabe vor der Einführung des Normalverfahrens *Gleichnamig machen*:

Welcher Bruch ist größer, $\frac{2}{3}$ oder $\frac{2}{4}$?

Finde mehrere Wege, um das zu entscheiden.

Danach wird eine Strategiekonferenz mit festen Rollen inszeniert:

„Sobald Du die Aufgabe bearbeitet hast, trägst Du Dich auf die Konferenz-Liste ein. Wenn dort vier Kinder draufstehen, setzt Ihr Euch zusammen und verteilt Eure Rollen. Vergleicht nun Eure Strategien: Wie habt Ihr die Brüche verglichen? Jeder soll die Erklärungen der anderen verstehen!"

Auszüge aus zwei Protokollen:

Protokoll der Strategiekonferenz

Name Konferenzleitung: Vanessa

Name Protokollführung: Paulina

Name Frageverantwortung: Emma

Name Manager/in: Robin

Name: Die Nette: Nina

Diese Wege haben wir gefunden, zu erklären, dass $\frac{2}{3}$ größer ist als $\frac{2}{4}$:

Robin sagt: $\frac{2}{3}$ sind mehr, weil $\frac{3}{3}$ weniger Stücke hat als $\frac{2}{4}$. Die Stücke sind aber größer als $\frac{2}{4}$. Die anderen der Konferenz Stimmen zu.

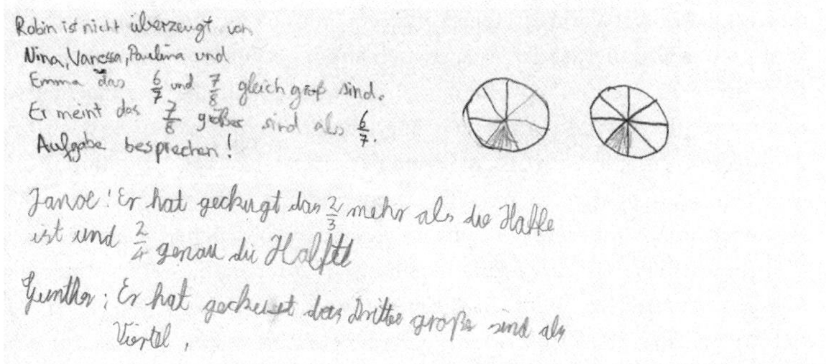

Der durch die Methode der festen Rollenzuweisung (Konferenzleitung, Protokollführung, ...) unterstützte Arbeitsauftrag, jeder solle die Erklärungen der anderen verstehen, hat gerade durch das Protokollieren eine große Ernsthaftigkeit gewonnen, und die Kinder staunen: So viele Strategien gibt es?

- Bruchteile in Zeichnung eintragen (wie Nina, Vanessa und Paulina)
- eine Verteilungssituation überlegen, in der die Brüche vorkommen (wie implizit Robin)
- überlegen, wie viel bei den Brüchen zum Ganzen fehlt
- überprüfen, ob die Brüche größer oder kleiner als $\frac{1}{2}$ sind (wie Janoe)
- bei gleichen Zählern Nenner vergleichen (wie Robin)
- bei gleichem Nenner Zähler vergleichen (Normalverfahren)
- Umrechnen in Prozente

(Prediger et al. 2006)

Ein weiteres Umsetzungsbeispiel, in dem die Zugänge bereits in der Aufgabe explizit vorgeschlagen werden, zeigt die Aufgabe aus Beispiel 4.14 zur Multiplikation von Dezimalzahlen in Abschnitt 4.3.8.

Herausforderungen und Möglichkeiten der Umsetzung

Anforderungen an Austauschphasen

Für einen erfolgreichen Einbezug unterschiedlicher Lernvoraussetzungen sind aus fachdidaktischer Perspektive jeweils zwei Anforderungen an die vorausgehende Aufgabe zentral:

- *Zugänglichkeit* für alle: Die Denkwege der anderen Lernenden dürfen nicht so fremd sein, dass Schwächere sie nicht verstehen.
- *Zielorientierung*: In der Gestaltung der Austauschphasen sollte eine explizite Fokussierung auf geeignete Lernziele (Strategien oder Repräsentationen kennen oder beherrschen) angelegt sein.

Wenn Kinder sich noch nicht gut gegenseitig zuhören können, können die ersten Strategiekonferenzen auch als Plenumsgespräche inszeniert werden, sodass die Lehrkraft bei der Moderation unterstützen kann. Lernförderliches Diskussionsverhalten in solchen Strategiekonferenzen muss am besten längerfristig eingeübt werden, daher ist der Ansatz auch auf der Strukturebene angesiedelt.

Differenzieren nach Stufen der Beherrschung von Strategien

In vielen mathematischen Themen sind unterschiedliche Herangehensweisen nicht nur für die individuelle Zugänglichkeit wichtig, sondern auch für den Aufbau einer flexiblen mathematischen Kompetenz (vgl. Abschnitt 2.2.3 und 4.3.8). In einigen Bereichen sollten Lernende alle Herangehensweisen beherrschen lernen, in anderen, wie dem Vergleichen von Brüchen dagegen, wird man sich gerade bei langsamer Lernenden damit begnügen, dass *eine* Strategie sicher beherrscht wird. So bildet das Lernen von Strategien ein Beispiel dafür, wie Lehrkräfte (für jedes Thema neu) ganz bewusst gestufte Lernziele für einzelne Lernende festsetzen können, etwa gemäß folgender Stufung mit aufsteigendem Anspruchsniveau der Lernziele (HUßMANN/PREDIGER 2007 und Abschnitt 1.2.3):

Stufe 1 eine Strategie/Repräsentation/ein Verfahren kennen und sicher beherrschen;
Stufe 2 mehrere Strategien/Repräsentationen/Verfahren kennen und eine Variante sicher beherrschen;
Stufe 3 mehrere Strategien/Repräsentationen/Verfahren beherrschen;
Stufe 4 mehrere Strategien/Repräsentationen/Verfahren beherrschen und situationsangemessen eine optimale Variante auswählen.

Die letzte Lernstufe ist unter dem Stichwort *flexibles* bzw. *adaptives* Rechnen im Fokus der Arithmetikdidaktik und Lernpsychologie (z. B. HEINZE/STAR/VERSCHAFFEL 2009). Diese Stufe ist für Grundrechenarten ein wichtiges Ziel, für Inhalte höherer Klassen allerdings bzgl. der Angemessenheit aus curricularer Perspektive und unter Berücksichtigung individueller Lernstände im Einzelfall zu prüfen.

In Unterrichtsversuchen hat sich daher zur Differenzierung bewährt, wenn Lehrkräfte zu dieser Stufung Rechenschaft ablegen und sich für jeden mathematischen Gegenstand überlegen, welche Stufe welche Lernenden erreichen sollen.

5.3.2 Differenzierungsansatz 2b: Lösungswege inszenieren

Grundidee

Der Differenzierungsansatz *Lösungswege inszenieren* zielt in der Phase des Systematisierens darauf, die unterschiedlichen Lösungen und unterschiedlichen Niveaus in einer Klasse integrierend und wertschätzend unter der Moderation der Lehrkraft zusammenzuführen. Diese Integration von individuellen Wegen durch inszenierte Präsentation in der Klasse heißt auf Japanisch *neriage*, also „Aufräumen" nach Entdeckungs- und Problemlösephasen (TAKAHASHI 2008, INOUE 2011, deutsch: TAKAHASHI 2015). Der Ansatz läuft in den beiden Phasen des Erarbeitens und Systematisierens etwa so ab:

Lösungswege inszenieren als Kern eines mehrschrittigen Unterrichtsablaufs

1 Die Lernenden erhalten ein hinreichend offenes Problem (selbstdifferenzierend oder Blütenaufgabe), die Lehrkraft stellt knapp sicher, dass der Kern des Problems verstanden wurde.
2 Die Lernenden bearbeiten das Problem (in Gruppen, allein, oder auch nach Wahl), die Lehrkraft beobachtet die Lösungsversuche und notiert sich die wichtigsten Aspekte auf einem Klassenplan. Zusammen mit zuvor überlegten möglichen Lösungswegen entsteht so ein Überblick über die Vielfalt in der Lerngruppe.
3 Die Lehrkraft bittet Einzelne aus verschiedenen Gruppen systematisch um die Vorstellung ihrer Lösungsideen. Dabei können Gruppen, die nicht sehr weit gekommen sind, ihre ersten Ansätze zu Beginn schildern. Hierdurch wird die entstandene Vielfalt nicht nur wertgeschätzt, sondern auch lernförderlich genutzt.
4 Während der Präsentationen regt die Lehrkraft die Klasse an, zu reagieren, zunächst ohne wertend einzugreifen. Sie unterstützt allenfalls die Verständlichkeit (z. B. durch das Wiederholen, das Zusammenfassen oder das Anlegen von Tafelbildern), um mögliche Unterschiede beim Verstehen der Lernenden auszugleichen.
5 Abschließend moderiert die Lehrkraft ein Gespräch mit Bezug auf alle Lösungen, deren Unterschiede und Gemeinsamkeiten, Vor- und Nachteile und vernetzt so die Lösungswege.

Im Rahmen der Entscheidungsfelder ZAFE lässt sich dieser Differenzierungsansatz so einordnen:

Unterrichtsphase: Systematisieren
Differenzierungsansatz 2b: Lösungswege inszenieren

Differenzierungs-Ziel	**Differenzierungs-Aspekt**
• Vielfalt zulassen und wertschätzen • Vielfalt anregen und nutzen	• Lösungswege, Strategien • Zugangsweisen • Lerntempo, Anspruchsniveau
Differenzierungs-Format	**Differenzierungs-Ebene**
• Lehrkraft „inszeniert“ und übernimmt Verantwortung für Passung	• Methoden-Ebene

Die Aufmerksamkeit für Ansätze des japanischen Mathematikunterrichts entstand durch die Erfolge japanischer Schülerinnen und Schüler bei internationalen Leistungsvergleichen in Verbindung mit der TIMSS-Videostudie (Stigler/Hiebert 1999). Unabhängig von der Frage, ob man hier einen ursächlichen Zusammenhang herstellen darf, inspirierten die im japanischen Inszenierungsmuster enthaltenen Unterrichtsmerkmale die Unterrichtsentwicklung auch in Deutschland, insbesondere das Lösen anspruchsvoller und komplexer Aufgaben, das selbstständige Entdecken und das beschriebene Besprechen von Lösungsideen (Keitel 1998; Leuders 2001, 215)

Konkretisierung

Beispiel 5.7: Inszenierte Präsentation am Beispiel Verhältnis

Die Klasse bearbeitet die nachfolgende Aufgabe in Kleingruppen.

Überfüllung

Kyoshi und seine Freunde übernachten im Ferienlager in den Hütten A, B und C.

Welche Hütte ist am vollsten?

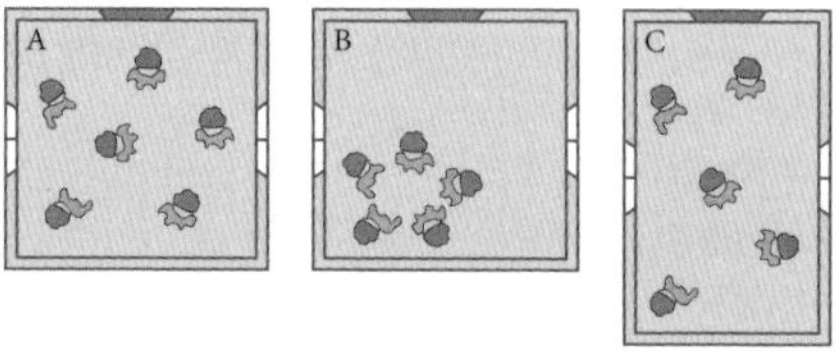

Im Klassengespräch klärt die Lehrerin, dass alle Lernenden die Situation verstanden haben. Zusätzlich präsentiert sie die folgende Tabelle:

	Flächeninhalt (m^2)	Personenzahl
Hütte A	16	6
Hütte B	15	5
Hütte C	16	5

Wenn die Lernenden bemerken, dass sie zwar A und C und vielleicht auch B und C, nicht aber A und B vergleichen können, ist das Problem geklärt und die Gruppenphase beginnt. Darin entwickeln die Lernenden verschiedene Lösungsansätze, wie z. B. diese:

Lösungsweg 1:
Hütte A. 6 : 16 = 0,375, Hütte B. 5 : 15 = 0,33 … Wir haben dividiert, um herauszufinden, wie viele Personen auf 1 m^2 kommen. Weil mehr Leute auf einen 1 m^2 kommen, ist Hütte A am vollsten.

Lösungsweg 2:
Hütte A: 16 : 6 = 2,66 … , Hütte B: 15 : 5 = 3. Wir haben dividiert, um zu sehen, wie viele Quadratmeter es pro Person sind. Hütte A ist voller, weil dort am wenigsten Fläche pro Person ist.

Lösungsweg 3:
Ein gemeinsames Vielfaches von 16 und 15 ist 240. Hütte A: 6 · 15 = 90, Hütte B: 5 · 16 = 80. Wir schauen, wie viele Personen in eine Hütte kämen, wenn beide Hütten dieselbe Fläche hätten. Dazu haben wir 240 m^2 als Vielfaches der Hüttenflächen gewählt. Hütte A ist am vollsten, weil am meisten Personen auf 240 m^2 kämen.

Lösungsweg 4:
Ein gemeinsames Vielfaches von 6 und 5 ist 30. Hütte A: 16 · 5 = 80, Hütte B: 15 · 6 = 90. Wir schauen, wie viel Fläche pro Person vorhanden wäre, wenn beide Hütten dieselbe Fläche hätten. Dazu haben wir 30 als Vielfaches der Personenzahlen gefunden. Hütte A ist am vollsten mit weniger Fläche pro Person.

Während der Arbeitsphase verschafft sich die Lehrerin einen Überblick und bittet dann in der nachfolgenden Diskussion zunächst einen Schüler, der den häufigsten Weg beschritten hat, diesen vorzustellen. Dabei vermeidet sie jede Art der Bewertung und lässt allein die Lernenden diskutieren. Sie unterstützt aber dadurch, dass sie zu den Lernendenäußerungen an der Tafel passende Bilder oder Rechnungen ergänzt, sodass möglichst jeder jeden Lösungsweg versteht. Erst danach moderiert sie eine vergleichende Diskussion, die dazu führen soll, die wichtigsten Konzepte herauszuarbeiten (hier z. B. das Verhältnis als geeignetes Maß).

(Hironaka/Sugiyama 2006)

Herausforderungen und Möglichkeiten der Umsetzung

Bei inklusivem Unterricht kann zieldifferent gearbeitet und präsentiert werden

Die Zusammenführung von Ergebnissen einer offeneren Erkundungsphase kann auf verschiedenen Wegen vollzogen werden. Ebenso wie die Strategiekonferenz des vorangehenden Differenzierungsansatzes strukturiert die *inszenierte Präsentation* die Zusammenführung auch auf der methodischen Ebene, in Form eines durch die Lehrkraft organisierten und moderierten Unterrichtsgespräches. Dieses läuft nicht im fragend-entwickelnden Modus ab, sondern entfaltet sein Differenzierungspotential dadurch, dass die verschiedenen Beiträge wertschätzend integriert und genutzt werden. Durch die Inszenierung kann die Lehrkraft, anders als bei der Strategiekonferenz, auch die Lösungen von schwächeren Lernenden und zieldifferent Lernenden in den Mittelpunkt stellen. Insbesondere können so zur Geltung kommen:

- unterschiedliche Lösungsstrategien, deren Vergleich und Bewertung dem Strategieerwerb zugutekommen können,
- verschiedene Perspektiven auf ein mathematisches Konzept, aus denen sich die Lernenden die ihnen nächste auswählen können, die aber zusammen auch einen reichhaltigeren Blick auf den Inhalt ermöglichen,
- verschiedene Niveaus und Bearbeitungstiefen unterschiedlicher Lernendengruppen, die (das ist der besondere Kern des Ansatzes) nicht in unkontrollierter Reihenfolge präsentiert werden, sondern zuvor von der Lehrkraft sorgsam gestuft inszeniert werden,
- Lösungen von Aufgaben auf niedrigerem Niveau, die unterstützend angelegt sind (s. Sara im Beispiel 3.11).

Besondere Rolle der Lehrperson bei der Vorbereitung und Durchführung

Die dazu nötigen Überlegungen stellt die Lehrkraft zu zwei Zeitpunkten an: einerseits während des Beobachtens der Problembearbeitungen und andererseits im Vorfeld (bei der Unterrichtsvorbereitung) durch eine ausführliche Vorbereitung und Sammlung aller möglichen Antworten, denn dann gelingt die Einordnung schneller. Hier ist es natürlich nützlich, wenn man eine analoge Stunde mehrfach hält bzw. mit Kolleginnen und Kollegen zusammen entwickelt und ausprobiert (was in den japanischen Lesson Studies systematischer erfolgt als bislang in Deutschland).

Auch für die Phase, bei der Lernende durch gezieltes Fragen zum reflektierenden Vergleichen angeregt werden sollen, ist eine ausführliche Vorbereitung geeigneter Fragen entscheidend. Dazu gehören neben den Fragen, die spezifisch zum jeweiligen Inhalt gehören, auch folgende allgemeine Fragen:

- Worin unterscheiden sich die Lösungswege? Worin ähneln sie sich?
- Welche Vor-/Nachteile hat der Lösungsweg?
- Welches ist deine/eure bevorzugte Strategie? Warum?
- Seid ihr einverstanden mit dem Vorgehen/dem Argument? Warum (nicht)?

5.3.3 Differenzierungsansatz 2c: Eigenaktiv ordnen

Grundidee

Allen Differenzierungsansätzen für die Phase des Systematisierens ist gemeinsam, dass sie mit den Unterschieden, welche in einer offeneren Phase des Erarbeitens entstehen (ja mitunter sogar explizit angeregt werden), weiterarbeiten müssen. Einige Schülerinnen und Schüler haben bereits alles vollständig durchdrungen und im Kopf systematisiert (sie müssen es nur noch aufschreiben), andere haben erste Erfahrungen und Ideen entwickelt, müssen nun jedoch ihr Wissen noch systematisieren und mit den regulären Wissensbeständen der Fachmathematik harmonisieren (PREDIGER ET AL. 2011a). Im Sinne eines nachhaltigen, konsolidierten Wissensaufbaus muss nun allerdings gesichert werden, dass eine gemeinsame Wissensbasis besteht.

Mehr Aktivität und Verantwortung beim Systematisieren durch Ordnen-Aufgaben

Der hier vorgestellte Differenzierungsansatz *Eigenaktiv ordnen* löst dies auf etwas andere Weise ein als die vorigen beiden, da den Lernenden hier mehr Verantwortung übergeben wird. Das geschieht mithilfe von besonderen, sogenannten Ordnen-Aufgaben, die zwei Eigenschaften verbinden (vgl. Abschnitt 4.2.3 zur kognitiven Aktivierung und 4.3.3. zur Offenheit):

- Ordnen-Aufgaben sind eher geschlossener gehalten und führen daher zu mehr Konvergenz.
- Ordnen-Aufgaben sind kognitiv aktivierend durch sogenannte Aneignungshandlungen.

Die beiden Eigenschaften müssen in ein Gleichgewicht gebracht werden, denn sie sind gewissermaßen gegenläufig: Je größer die Konvergenz, desto geringer die kognitive Aktivität.

Auf methodischer Ebene bearbeiten die Lernenden die Ordnen-Aufgaben zunächst individuell. In einem zweiten Schritt tauschen sie sich untereinander aus, korrigieren mögliche Fehler oder schließen Lücken. Die Lehrkraft hat dann die wichtige Rolle zu überprüfen, ob die Ergebnisse der Lernenden möglicherweise (trotz der Konvergenz) immer noch Probleme aufwerfen, oder ob sie als gemeinsame Wissensbasis gesichert und in dieser Form für den langfristigen Abruf dokumentiert werden können.

Aktiv erstellte Wissensspeicher statt fertige rote Kästen

An die Stelle der weithin bekannten „roten Kästen“, die fertiges Wissen präsentieren, ohne die Lernenden in dessen Konstruktion hinreichend aktiv einzubeziehen, tritt so ein „Wissensspeicher“, der teilweise vorstrukturiert ist und teilweise von den Lernenden aktiv erzeugt wird.

Da es hier um die Schaffung einer *gemeinsamen* Wissensbasis geht, besteht das Differenzierungsziel eher darin, *Unterschiede* in dem beim Erarbeiten erreichten Wissensstand *auszugleichen*. Allenfalls in der Form der Aneignungshandlung kann man *Unterschieden gerecht werden*, z.B. durch einen unterschiedlichen Grad an Vorstrukturierung. Im Rahmen der Entscheidungsfelder ZAFE lässt sich dieser Differenzierungsansatz so einordnen:

Unterrichtsphase: Systematisieren
Differenzierungsansatz 2c: Eigenaktiv Ordnen

Differenzierungs-Ziel	**Differenzierungs-Aspekt**
• Unterschiede ausgleichen in Bezug auf gemeinsame Wissensbasis • Unterschieden gerecht werden durch verschiedene Vorstrukturierung	• Lerntempo, Arbeitsweisen • Offenheit und Vorstrukturierung
Differenzierungs-Format	**Differenzierungs-Ebene**
• Geschlossene Differenzierung durch konvergente Aufgaben, ggf. auf verschiedenen Niveaus	• Aufgaben-Ebene

Der Ansatz der Wissenssicherung über Ordnen-Aufgaben und Wissensspeicher ist für den deutschen Mathematikunterricht ein eher neues Format. Er greift bewährte Instrumente wie das Merkheft auf und systematisiert die vorangehende Phase durch einen dafür eigens entwickelten und empirisch vielfach erprobten Aufgabentyp (Barzel et al. 2013).

Konkretisierung

Das Beispiel 5.8 zeigt, wie ein relativ offenes Erkunden durch Ordnen-Aufgaben systematisiert wird, bei denen die Lernenden kognitiv aktiviert werden und gleichzeitig zu konvergenten Ergebnissen kommen.

Wenn die Lernenden in Aufgabenteil a) aus vier vorgegebenen und bereits ausformulierten Möglichkeiten der Berechnung eine auswählen sollen, so ist dies ein wesentlich konvergenterer Vorgang als die eigenständige Formulierung,

▶ Beispiel. 5.8: Ordnen von Flächeninhalt und Umfang (Klasse 5)

Erkundet hat die Klasse 5a zunächst eine sehr offene Aufgabe:
Bei der Tierfütterung im Zoo wollen alle Zuschauer gut sehen.
Welches Becken ist dafür am besten?

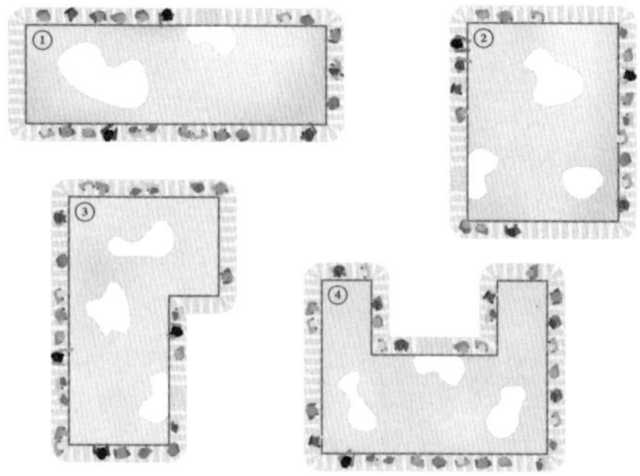

Dabei entdecken die Kinder den Unterschied zwischen Umfang und Flächeninhalt auf unterschiedlichen Niveaus: Die Starken haben entdeckt, dass nicht-konvexe Formen größere Umfänge bei gleichem Flächeninhalt haben, auch wenn sie dafür noch eigene Worte wie „Ränder“ und „Inneres“ benutzen. Die Schwächeren haben erste Ideen zum Unterschied von Flächeninhalt und Umfang entwickelt, aber das intuitive Verstehen ist noch nicht gefestigt.
Um diese Ergebnisse zu systematisieren, informiert der Lehrer, Herr Müller, die stärksten vier in der Klasse über die Vokabeln Umfang und Fläche und gibt ihnen dann den freien Auftrag, selbstständig aufzuschreiben, wie man beides berechnet. Die anderen arbeiten an folgender, deutlicher vorstrukturierten Ordnen-Aufgabe, um dieselbe Wissensbasis sicher zu erlangen:

Flächeninhalt und Umfang unterscheiden

Bei den Pinguinbecken im Zoo haben die vier Freunde gesehen, dass manche Flächen einen längeren Rand haben als andere. Zur Länge des Randes sagt man auch Umfang*.

** **Neues Wort***
*Eine Fläche hat nicht nur einen Inhalt, sondern auch einen **Umfang**.*

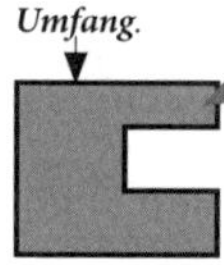

a) Jeder der vier Freunde beschreibt einen Rechenweg.
Welcher der Rechenwege passt zum Flächeninhalt und welcher passt zum Umfang? Zeichnet und berechnet jedes Mal ein Beispiel.

b) Merve merkt sich, was Umfang und Flächeninhalt ist, mit einer Eselsbrücke.
Was gehört wohl in die Lücken dieser Eselsbrücke?

■■fang ist dr■■ her■■,
Flächen■■halt ist ■■nen dr■■.

c) Vergleicht eure Ergebnisse aus a) und b) und korrigiert sie, wenn nötig. Tragt sie in den Wissensspeicher ein. (Mathewerkstatt 5, Barzel et al. 2012, 173, 179)

Der Vergleich in c) erfolgt per Folien auf dem Overhead-Projektor, denn Herr Müller will sicher sein, dass alle Wissensspeicher richtig sind.

die Herr Müller daher nur seinen vier Stärksten zumutet. Für die Schwächeren ergeben sich in Aufgabenteil a) zudem genügend Diskussionen, bei denen Fehlvorstellungen ausgeräumt werden können. Obwohl der Flächeninhalt bereits zuvor erarbeitet war, ist die direkte Kontrastierung mit dem Umfang für die Konsolidierung von Abgrenzungswissen hier wichtig. In stärkeren Klassen hätte Herr Müller die Vergleichsphase auch in Kleingruppen durchführen können.

Herausforderungen und Möglichkeiten der Umsetzung

Verschiedene Funktionen des Systematisierens

Die besondere Herausforderung in der Unterrichtsphase Systematisieren besteht darin, die divergierenden Lernergebnisse der vorangehenden offeneren Phasen wieder zusammenzuführen und mit der „fertigen Mathematik“ in Einklang zu bringen. Sie erfüllt dabei vier Funktionen (PREDIGER ET AL. 2011a):

- Reflektieren (Erfahrungen bewusst machen),
- Regularisieren (individuell Erarbeitetes mit dem regulären mathematischen Wissen abgleichen),
- Vernetzen (fragmentiertes Wissen miteinander in Beziehung setzen),
- Dokumentieren (Gelerntes im Wissensspeicher schriftlich festhalten, um später darauf zugreifen zu können).

Je offener die vorangehenden Phasen verlaufen sind, desto größer wird die Herausforderung: Lernende haben möglicherweise unterschiedliche Strategien oder Zugänge gewählt (die evtl. beim Austauschen bereits in Beziehung gesetzt wurden). Sie sind aber auch unterschiedlich weit gekommen: Während die einen eine Problemsituation bereits weitgehend erfasst haben und ihre Vorgehensweise bereits als allgemeine Lösungsstrategie etabliert haben, sind andere nur bis zu einer Stelle gekommen, an der sie die Problemsituation am Beispiel konkret durchdrungen haben und die nötigen Elemente für eine Lösung verstanden, aber noch lange nicht verbunden haben. Ein fragend-entwickelndes Unterrichtsgespräch mit einer Lerngruppe auf einem derartigen heterogenen Stand kann den unterschiedlichen Voraussetzungen und Lerntempi nur schwer gerecht werden.

Aktivierung durch Aneignungshandlungen

Will man auch in dieser Phase die Lernenden möglichst aktiv beteiligen, dürfen die Lernenden nicht durch zu viel Offenheit überfordert werden. Entwickelt wurden für diesen Zweck eine Vielzahl von *Aneignungshandlungen* im Spektrum zwischen Selbstfinden und Nachvollziehen (PREDIGER ET AL. 2011a, teilweise adaptiert aus SWAN 2005), (s. Abb. 5.4). Man erkennt hier die gegenläufige Struktur der Anforderungen an eine Aufgabe: Gänzlich offene Aneignungshandlungen („eigene Formulierung finden“) sind nicht hinreichend konvergent, gänzlich geschlossene („Definition abschreiben“) nicht hinreichend kognitiv aktivierend. Dazwischen liegen Aneignungshandlungen wie z. B. zuordnen statt selbst erstellen, begonnene Beispiele zu Ende führen, einen Fehler korrigieren, etc. In dem Spektrum, das durch den unterschiedlichen Grad der Vorstrukturierung entsteht, lassen sich ggf. auch zwei Varianten der gleichen Ordnen-Aufgabe finden, mit denen unterschiedliche Lerngruppen arbeiten können.

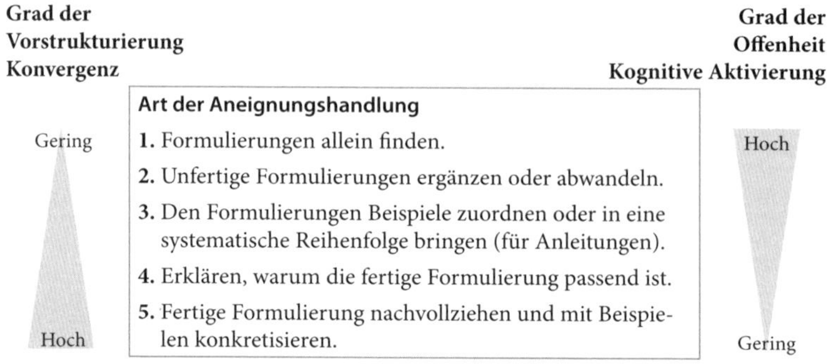

ABB. 5.4 Verschiedene Aneignungshandlungen und ihre Balance zwischen dem Grad der Vorstrukturierung und kognitiver Aktivierung.

Abschließend Richtigkeit des zu Sichernden prüfen

Um wirklich Konvergenz zu erreichen und zu garantieren, dass im Wissensspeicher nur Richtiges dokumentiert wird, ist eine Vergleichsphase unverzichtbar. Die Qualität von Ordnen-Aufgaben besteht darin, diesen Vergleich besonders ökonomisch zu gestalten, etwa durch den schnellen Abgleich der Ergebnisse untereinander oder mit einer Beispiellösung eines Lernenden an der Tafel.

5.4 Differenzierungsansätze für das Üben und Wiederholen

5.4.1 Differenzierungsansatz 3a: Diagnosegeleitet Üben oder Wiederholen

Grundidee

Beim Üben und Wiederholen soll *bestehendes bzw. zuvor erarbeitetes* Wissen und Können bei Lernenden wachgehalten, automatisiert, flexibilisiert, vernetzt oder vertieft werden (Aebli 1983, Winter 1984, Renkl 2000; Leuders 2014b). Sofern Lernende bereits grundlegend über Wissen und Können verfügen, sind sie möglicherweise auch in der Lage, ihren Lernstand – wenigstens grob – selbst einzuschätzen und methodisch individualisiert zu arbeiten.

Individuelleres Üben und Wiederholgen durch Selbstdiagose …

Im Differenzierungsansatz *Diagnosegeleitet Üben oder Wiederholen*, der individualisiert gestaltet wird, kann die Verantwortung für die Steuerung des Lernprozesses und damit für die Differenzierung stärker an die Einzelnen übergeben werden. Die Herausforderung dieses Ansatzes besteht darin, dass Lernende in die Lage versetzt werden, aus Aufgabengruppen mit Pflicht- und Wahlaufgaben (vgl. Abschnitt 4.4.4) angemessen auszuwählen. Dies kann durch die folgenden Strukturen unterstützt werden (Fernholz/Prediger 2007, Römer 2008, Prediger et al. 2011b):

- Explizierung der Lernziele auf Checklisten, durch Kompetenzen in lernendengerechter Sprache und illustrierenden Beispielaufgaben,
- Aufgaben zur Selbstdiagnose mit Hinweisen, auf welche Schwierigkeiten die möglichen Fehler hinweisen.

Dieses allgemein umschriebene Vorgehen kann in vielen Varianten umgesetzt werden, von denen hier zwei Beispiele vorgestellt werden sollen: eine diagnosegeleitete, individualisierte Wiederholungsphase und eine Übungsphase mit Checkliste. Im Rahmen der Entscheidungsfelder ZAFE lässt sich dieser Differenzierungsansatz so einordnen:

Unterrichtsphase: Üben und Wiederholen
Differenzierungsansatz 3a: Diagnosegeleitetes Üben oder Wiederholen

Differenzierungs-**Z**iel	Differenzierungs-**A**spekt
• Unterschieden gerecht werden • Unterschiede ausgleichen	• Lernziele • Lerntempo
Differenzierungs-F̲ormat	**Differenzierungs-Ebene**
• Passung wird durch Diagnose gesichert, also eher durch Lehrkraft, ggf. eigenverantwortlich durch Lernende	• Aufgaben-Ebene und • Methoden-Ebene und • Strukturen-Ebene

Das individualisierte Üben kennt bereits lange Umsetzungsformen wie z. B. den Wochen- oder Arbeitsplan, wie sie in der Grundschule bekannt sind. In der Sekundarstufe findet man neuerdings „Lernweglisten“ oder „Kompetenzraster“. Kritisch zu prüfen ist dabei jeweils, ob nicht zugunsten der einfachen Durchführbarkeit erhebliche Abstriche beim kognitiven Niveau und dem inhaltlichen Anspruch des Unterrichts gemacht werden (Niggli/Kersten 1999; Bohl/Kucharz 2010; Helmke 2013, s. a. weiter unten zu Herausforderungen).

Konkretisierungen

Gerade bei den Übergängen zwischen den Schulformen sind längere Wiederholungsphasen wichtig. Wie sie individualisiert gestaltet werden können, zeigt Beispiel 5.9 (vgl. Prediger 2011b, 2011c).

▶ Beispiel 5.9: Diagnosegeleitete Wiederholung der Arithmetik (Kl. 5)

Das Quadrat einer ungeraden Zahl ist immer ungerade.

Die Klasse 5c wiederholt die Grundschularithmetik mit einem Selbstlernmaterial, den sogenannten Rechenbausteinen. Sie bearbeiten zunächst einen Diagnosetest und werten ihn dann selbstständig aus. Je nachdem, welche Fehler sie noch machen, werden sie zu unterschiedlichen Aufgaben geleitet.

Erkunden A Darstellen und Rechnen in der Stellentafel

1 **Kann ich Zahlen in der Stellentafel ablesen und darstellen?**

a) Zahlen lassen sich unterschiedlich schreiben, z. B. auch in Worten.
Übersetze die Zahlwörter in Zahlen und trage sie wie im Beispiel in die Stellentafel ein.

Zahlwort:	ZT	T	H	Z	E
Beispiel: dreiundzwanzigtausendeinhundertundeins	2	3	1	0	1
(1) sechsunddreißigtausendfünfundsiebzig					
(2) zwölftausendzweiundfünfzig					
(3) eintausendzweihundertfünfzig					

Erkunden
Klappe zuerst die orangene Seite nach hinten.
Lies dir die Aufgabe sorgfältig durch.
Trage die Lösungen ein.

Ordnen A Darstellen und Rechnen in der Stellentafel **A**

1 **So gut kann ich Zahlen in der Stellentafel ablesen und darstellen**

a)

Wie habe ich die Aufgabe gelöst?		*Wie geht es weiter?*
☐ (1) ZT 3, T 6, H 0, Z 7, E 5; (2) ZT 1, T 2, H 0, Z 5, E 2; (3) ZT 0, T 1, H 2, Z 5, E 0	✓	▸ zwei Aufgaben aus Nr. 23–25 (S. 10)
☐ Ich habe die gleichen Ziffern, aber in anderer Reihenfolge.		▸ Nr. 5, 6 (S. 5) ▸ zusätzlich Nr. 7 (S. 5)
☐ Mit den Nullen stimmt etwas bei mir nicht.		▸ Nr. 3, 4 (S. 4)
☐ Ich habe mehrere Ziffern in ein Feld eingetragen.		▸ Nr. 6, 7 (S. 5)
☐ Ich bin mir nicht sicher, wie das geht.		▸ Nr. 1, 2 (S. 4), Nr. 5, 8 (S. 5)

	ZT	T	H	Z	E
(1)	3	6	0	7	5
(2)	1	2	0	5	2
(3)	0	1	2	5	0

Ordnen
Klappe die orangene Seite zurück und vergleiche die Lösungen.
Kreuze die Antwort an, die am besten zu deiner Lösung passt.
Wenn du nicht sicher bist, frage deinen Lehrer oder deine Lehrerin.

Diese Aufgaben auf den Seiten 4–11 werde ich üben (kleine Nummern zuerst) ▸

Wenn du alle Aufgaben verglichen hast, notiere im Arbeitsplan, wo du noch üben wirst.

Ali konnte alles, er trägt in seinen Arbeitsplan Erweiterungsaufgaben ein und bearbeitet sie. Er kann dadurch Problemlöseaufgaben im selben Themenfeld bearbeiten und ist genügend herausgefordert.

Lisa hatte das Prinzip verstanden, aber noch kleinere Fehler, sie wird auf Sicherungsaufgaben verwiesen, die genau auf diese Fehler eingehen.

Leon und Annika hatten noch grundlegende Probleme und sollten eigentlich Wiedererarbeitungsaufgaben bekommen. Da Annika jedoch schummelt und die richtigen Lösungen ankreuzt, wird sie auf zu schwierige Erweiterungsaufgaben verwiesen. Als sie durch den Nachtest fällt, weil sie ihre Lücken nicht aufgearbeitet hat, spricht ihre Lehrerin mit ihr und sie beschließen gemeinsam, dass Schummeln hier nicht sinnvoll ist. Im nächsten Baustein nutzt auch Annika die adaptiven Lerngelegenheiten. Leon tut sich schwer mit dem Lesen, deswegen muss seine Lehrerin ihn bei der Erarbeitungsaufgabe unterstützen. Auch Ali springt dazu manchmal ein.

(Rechenbausteine zur Mathewerkstatt, PREDIGER ET AL. 2011c)

Transparente und verständliche Darstellung der Lernziele

Wichtig an der Strukturierung des Selbstlernmaterials ist die Explizierung der Lernziele in einer für die Lernenden verständlichen Sprache und mit konkreten Beispielaufgaben. Denn nur wenn die Lernenden wissen, an welchen Lernzielen sie arbeiten, können sie dafür die Verantwortung auch mit übernehmen. Dies ist vor allem dann möglich, wenn die zu bearbeitenden Inhalte den Lernenden aus den Vorjahren bekannt sind. Denn dann ist die Chance groß, dass sie die Lernziele auch verstehen und ihren Lernstand einschätzen bzw. gemachte Fehler einordnen können.

Schwieriger, aber ebenfalls möglich ist das Vorgehen, wenn gerade Erarbeitetes geübt werden soll. Dies soll das folgende Beispiel 5.10 zeigen (siehe auch das Beispiel in Abschnitt 1.2.2).

▶ **Beispiel 5.10:** Checklisten zur Klausurvorbereitung (Klasse 8)

Frau Aydin übernimmt die Klasse 8c und will sie zu mehr Selbstständigkeit beim Üben erziehen. Nach einer Phase differenzierenden Erkundens, Ordnens und Vertiefens sagt sie drei Stunden vor der Klassenarbeit: „Ich mache euch jetzt keine Vorgaben mehr, was ihr genau tun müsst. Übt das, was ihr braucht, damit ihr die Klassenarbeit gut besteht".

Die Klasse reagiert bei dieser Ansage etwas hilflos: „Was sollen wir denn können in der Arbeit? Und mit welchen Aufgaben können wir das üben?"

Frau Aydin merkt, dass die Klasse die Checklisten in ihrem Buch noch gar nicht genutzt zu haben scheint. „Auf der Checkliste steht, was ihr jetzt können müsstet, und was damit genau gemeint ist. Probiert die kleinen Aufgaben, um zu checken, ob ihr das schon könnt. Wenn nicht, nutzt die Verweise zu den Übungsaufgaben". Daraufhin arbeitet die Klasse sehr intensiv, und fast alle Lernenden üben genau das, was sie noch brauchen. Eine lernzieldifferenzierende Übungsphase konnte Frau Aydin so auch ohne Kopierschlacht gestalten. Sie gewinnt Freiräume, um mit drei Schülern intensiv zu arbeiten, die allein nicht zurechtgekommen wären.

Checkliste Routenplanung – Mit Funktionen Voraussagen treffen

Ich kann … Ich kenne …	So gut kann ich das …	Hier kann ich üben …
Ich kann Tabellen, Graphen und Gleichungen zu proportionalen Funktionen aufstellen und weitere Werte bestimmen. Till fährt mit seinem Rad eine Durchschnittsgeschwindigkeit von 20 $\frac{km}{h}$ Wie lange braucht er für 42,5 km? Wie weit kommt er in 3,25 h bzw. 4 h 20 min?		S. 24/25 Nr. 1–5 S. 27 Nr. 11 S. 28 Nr. 13
Ich kann zwischen Voraussagen mit Hilfe von Durchschnittsgeschwindigkeiten und den Reiseverläufen mit den tatsächlichen Geschwindigkeiten unterscheiden. Erstelle einen Graphen und eine Tabelle zur Voraussage eines Routenplaners und anschließend einen Graphen und eine Tabelle zu einem möglichen Reiseverlauf.	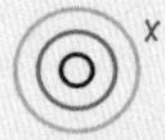	S. 26 Nr. 6, 7 S. 27 Nr. 9 S. 28 Nr. 14, 15
Ich kann Merkmale (fester Faktor/feste Änderung) von proportionalen Funktionen in Tabelle, Graph und Gleichung beschreiben. Ein Auto braucht pro 100 Kilometer durchschnittlich 7 Liter. Erkläre mit Graph, Tabelle und Gleichung, warum es sich hier um eine proportionale Funktion handelt.		S. 25 Nr. 4, 5 S. 26 Nr. 8 S. 27 Nr. 10, 12 S. 28 Nr. 13 S. 35/36 Nr. 34/35
Ich kann Merkmale (feste Änderung/Startwert) von linearen Funktionen in Tabellen, Graphen und Gleichungen beschreiben. Das Auto von Merves Vater braucht pro 100 Kilometer durchschnittlich 7 Liter und es befinden sich immer 5 Liter Reserve im Tank. Erkläre mit Graph, Tabelle und Gleichung, warum es sich hier um eine lineare Funktion handelt.		S. 29 Nr. 17, 18 S. 32 Nr. 26, 27 S. 35 Nr. 32 S. 36 Nr. 36, 37 S. 37 Nr. 39

(Mathewerkstatt 8, HUßMANN ET AL. 2014, MB26)

Begeistert melden zwei Eltern per Mail am Nachmittag zurück: „Endlich wussten wir vor der Arbeit mal, was eigentlich verlangt ist".

Nach der Arbeit gibt Frau Aydin nicht nur die Klassenarbeit zurück, sondern auch die Checklisten, auf denen sich die Lernenden selbst eingeschätzt hatten. An Lara schreibt sie zusätzlich zur 2+: „Du hast in der Arbeit alles bis auf die letzte Kompetenz toll gekonnt, wieso schätzt du dich selbst eigentlich so unsicher ein? Traue dir mehr zu!"

Die Beispiele zeigen, dass die Wiederholungs- und Übungsphasen gezielter individuell adaptiv gestaltet werden können, wenn Strukturelemente der Selbstdiagnose und Lernzieltransparenz diese unterstützen. Eine zusätzliche Rückmeldung über die Angemessenheit der Selbsteinschätzung wie bei Lara im Beispiel 4.10 kann dabei helfen, realistische Selbstkonzepte aufzubauen (vgl. affektive fokussierte Förderung, Abschnitt 3.3.2).

Herausforderungen und Möglichkeiten der Umsetzung

Chance für hohe Flexibilität

Ein diagnosegeleitetes Aufgabensystem kann im Idealfall eine große Hilfe bei der Gestaltung differenzierenden Unterrichts darstellen. Alle Lernenden regulieren ihren Lernprozess selbst, die Lehrpersonen können sich flexibel um bestimmte Lernendengruppen kümmern. Auch wenn in der Inklusion einige Lernende in dieser Phase an Aufgaben auf einem wesentlich niedrigeren Niveau oder mit ganz anderen Inhalten arbeiten, stellt dies kein grundsätzliches Problem dar.

Checklisten und Selbstdiagnose-Möglichkeiten helfen Lernenden und Lehrenden, die Lernziele einer Unterrichtseinheit transparent in Form von Kompetenzen, illustrierenden Aufgaben, Möglichkeiten zur Selbsteinschätzung und dazu passenden Übungsaufgaben darzustellen. Diese könnten auch digital implementiert sein. In manchen Ländern werden zentrale Diagnosen in diesem Sinne ausgebaut, dass nämlich zur Diagnose auch eine Serie abgestimmter Übungs- und Wiedererarbeitungsaufgaben gehört (SCHULZ ET AL. 2015, SCHULZ /LEUDERS 2015).

Die fachdidaktische Qualitätsanforderung an solche Checklisten und diagnosegeleiteten Aufgabengruppen bezieht sich, ähnlich wie in allen Unterrichtsphasen auf die Wissensfacetten, die auf den Checklisten explizit vermerkt sind: Diese sollten nicht nur das Ausführen von Verfahren umfassen, sondern auch Vorstellungen, Darstellungen, Strategien usw. Gerade hier kommen digitale Systeme zum Teil noch an deutliche (technische oder didaktische) Grenzen.

Wer die Inhaltsauswahl weiter im Blick behält, begegnet auch der inzwischen vielfach geäußerten Kritik an einer Reduktion des fachdidaktischen Anspruchs durch methodische Individualisierung (HELMKE 2013).

Anforderungen an eine gelingende Selbstdiagnose…

Auch wenn ein individualisiertes Üben eine höhere Adaptivität verspricht als ein Üben im Gleichschritt, so hat es doch seine Grenzen: Die selbstständige Bearbeitung funktioniert bei Themen besonders gut, bei denen es um eine *Wiederholung* oder *Aufarbeitung* schon einmal behandelter Inhalte geht. Es wird bereits schwieriger, wenn es um einen Transfer oder eine Vertiefung bekannter Inhalte geht. Dann nämlich wird es für den Lernenden zunehmend schwierig, seinen Lernstand bzw. die Qualität seiner Lösungen einzuschätzen.

Weitere Grenzen für den Einsatz solcher diagnosegeleiteter Unterrichtstrukturen wurden zum Teil bereits in Abschnitt 1.2.2 diskutiert:

- Die Selbstdiagnose funktioniert nur dort, wo die Lernenden in der Lage sind, die selbstdiagnostischen Aufgaben auszuwerten. Sie müssen dazu nicht unbedingt „didaktisch vorgebildet" sein, aber sie müssen zumindest ihre Lösung zu einer Musterlösung oder einem Fehlermuster in Beziehung setzen können, dies ist zuweilen anspruchsvoller als der noch schwierige mathematische Inhalt.
- Lernende müssen insbesondere auch erst lernen, mit diesen Unterrichtsstrukturen eigenverantwortlich und angemessen umzugehen – es braucht also eine Eingewöhnungsphase und die gemeinsame Reflexion, bis die Übernahme von Eigenverantwortung geklappt hat (FERNHOLZ/PREDIGER 2007).

Eine bewährte methodische Unterstützung bei der Begleitung solcher Übungsphasen sind Mentorensysteme, bei denen Lernende in systematischer Weise das Lernen anderer unterstützen.

Ein wichtiger organisatorischer Aspekt dieses Differenzierungsansatzes ist der Aufbau und die Aufrechterhaltung der Selbstregulation. Die Herausforderung für Lehrende wie Lernende besteht darin, dass die Kompetenzen, die hier nötig sind, zugleich Ziel und Voraussetzung für erfolgreiches Lernen sind. Das bedeutet, dass man in einer auch langfristig angelegten Einführung die Lernenden an selbstständiges Arbeiten heranführen muss. Dies geschieht nicht im Sinne eines programmierten Übens, sondern soll dem Üben eine gewisse Flexibilität und Transparenz verleihen und eine Selbststeuerung der Lernenden ermöglichen, die Autonomieerfahrungen beim Üben erhöhen (Deci/Ryan 2002). Allerdings benötigen Lernende – vor allem schwächere – eine geduldige Anleitung in der Nutzung eines solchen Instrumentes, wenn es tatsächlich differenzierende Wirkung zeigen soll.

… an die die Lernenden erst herangeführt werden müssen

Da sowohl das Üben als vor allem auch das Wiedererarbeiten nicht gänzlich auf moderierte Kommunikation verzichten kann, werden zwei weitere Ansätze zum Üben vorgestellt.

5.4.2 Differenzierungsansatz 3b: Produktives Üben

Die Unterrichtsphase des Übens ist viel leichter durch individuellere Lernwege adaptiv zu gestalten als das Erarbeiten und Systematisieren. Dennoch bleibt (mit Blick auf die Lehrplanziele und die Gemeinschaft der Lerngruppe) auch beim Üben ein gemeinsamer inhaltlicher Kern wünschenswert. Das vollständig individualisierte Üben im vorigen Differenzierungsansatz ist nicht immer materialökonomisch möglich und aufgrund der fehlenden Kommunikation auch nicht durchgehend erwünscht.

Flexibles Üben mit differenzierenden Aufgaben

Im Differenzierungsansatz *Produktiv üben* wird das flexible Üben als zeitgleiches, aber nicht gleichschrittiges Arbeiten mit den unterschiedlichen differenzierenden Aufgabentypen gestaltet (vgl. Abschnitt 4.4): Parallel-, gestuft- und selbstdifferenzierende Aufgaben und Aufgabengruppen mit Wahl- und Pflichtaufgaben ermöglichen einen flexibel differenzierenden Übungsbetrieb.

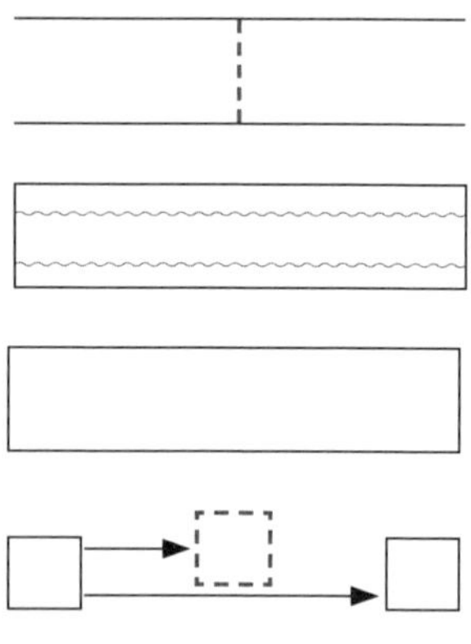

Die Unterrichtsstruktur kann dabei vergleichsweise geschlossen sein (die Lehrkraft wählt die Aufgaben aus), das geschlossen oder offen differenzierende Differenzierungspotential ergibt sich durch das Aufgabenangebot und die methodische Umsetzung. Gerade produktive Übungsaufgaben haben oft selbstdifferenzierenden Charakter und ermöglichen unterschiedliche Zugänge und Lerntempi. Ob die Schülerinnen und Schüler dabei zielgleich oder in Gruppen zieldifferent arbeiten (phasenweise Fachleistungsdifferenzierung), entscheidet sich je nach Unterrichtsinhalt. In die Entscheidungsfelder ZAFE ordnet sich der Differenzierungsansatz so ein:

Unterrichtsphase: Üben und Wiederholen
Differenzierungsansatz 3b: Eigenaktiv erkunden

Differenzierungs-Ziel	**Differenzierungs-Aspekt**
• Unterschieden gerecht werden • Vielfalt nutzen	• je nach Ausgestaltung alle Aspekte möglich • in produktiven Übungsaufgaben Anspruchsniveau auch Zugangsweisen • ggf. Lernziele
Differenzierungs-Format	**Differenzierungs-Ebene**
• Verantwortung bei Lehrenden auf Strukturebene, bei Lernenden innerhalb offen differenzierender Aufgaben oder Wahlaufgaben	• Aufgaben-Ebene (offenes Format bei selbstdifferenzierenden Aufgaben)

Beim Üben zeigt sich vor allem, dass es eine ausbalancierte Berücksichtigung verschiedener Facetten der Übungsziele braucht, wie die Ausbildung von Automatisierungsroutinen, die Transfersteigerung und im weitesten Sinne die Qualitätssteigerung des erworbenen Wissens. Aus der Lehr-Lern-Forschung gibt es Hinweise, dass eine starke Kleinschrittigkeit bei den Übungszielen trotz kurzfristiger Erfolge dem langfristigen Lernen eher abträglich ist: Bjork betont, dass Maßnahmen für langfristiges Behalten und Transfer erfolgreich sind, wenn sie die Lernenden vor spezifische Schwierigkeiten durch variantenreiche Aufgaben stellen (Bjork 1994, 189). Er stellt im Übrigen auch fest, dass Lehrende (und Lernende) solche Übungen bevorzugen, bei denen sich während des Übens Erfolge zeigen, dabei werden nachhaltigere Übungsformen vernachlässigt (ebd., 193). Die Übungskonzepte und -prinzipien der allgemeinen Didaktik und pädagogischen Psychologie sind von der deutschen Mathematikdidaktik immer wieder aufgenommen und fachspezifisch konkretisiert worden (Winter 1984, Wittmann 1989, Leuders 2005, 2009) und haben in der Theorie (und zunehmend auch in der Unterrichtspraxis) zu einem breiten Übungsverständnis unter der Bezeichnung des „produktiven Übens" bzw. des „intelligenten Übens" beigetragen.

Konkretisierung

Automatisieren und Reflektieren zugleich

Das Beispiel 5.11 zeigt eine Mischform der oben angedeuteten Aufgabenformate. Sie sind einerseits selbstdifferenzierend, bieten aber auch gestuft differenzierende Aufgabe an. Zudem zeigen sie, wie solche Aufgaben auf methodischer Ebene umgesetzt werden können.

Das Üben verändert sich, wenn man produktive Aufgabenformate wie hier dargestellt einbezieht. Die Anzahl der Wiederholungen und damit das automatisierende Üben leiden nicht, denn es werden je nach Aufgabenanlage nicht weniger Teilaufgaben bearbeitet. Hier stehen diese allerdings in einem sinnstiftenden Zusammenhang des Erkundens mathematischer Muster oder des Problemlösens. Neu ist zudem, dass (nicht nur stärkere) Lernende bei der Bearbeitung neue Entdeckungen auf ganz verschiedenen Niveaus machen können (Leuders 2014). Diese Entdeckungen sind allerdings (anders als im Erarbeiten) nicht unbedingt stofflich relevant für alle Lernenden. Dennoch kann man die hier entstehende *Vielfalt wertschätzen*, indem man individuell positive Rückmeldungen gibt, und zwar für jede Entdeckung, auch die weit weniger mathematisch tiefgehenden von schwächeren Schülerinnen und Schülern („Ich habe herausgefunden, dass man immer um eins größer schreiben kann").

Entdeckungen beim Üben sind individuell sinnstiftend auf unterschiedlichem Niveau

Beispiel 5.11: Produktives Üben von binomischen Formeln (Klasse 8)

Herr Landruth weiß aus Erfahrung, dass das Beherrschen von Umformungen nach den binomischen Formeln viel Übung benötigt. Die umfangreichen „Päckchenaufgaben" haben seine Klassen allerdings eher davon abgehalten, hier sicherer zu werden. Er probiert es daher mit einer Aufgabengruppe, die auf den ersten Blick weit weniger Gelegenheit zur Wiederholung bietet.

Die Klasse arbeitet eine Unterrichtsstunde lang mit den Aufgaben. Nach je 15 min. sollen alle zur nächsten Aufgabe übergehen, egal wie weit sie kamen.

2 Binomische Formeln (*in selbstdifferenzierender Aufgabe „Muster erkunden"*)

a) Wie geht es weiter? Rechne und setze die Päckchen fort.

①	②
$(x+3)^2+2=x^2+6x+11$	$(x+1)(x+3)=x^2+4x+3$
$(x+2)^2+2=\ldots$	$(x+1)(x+2)=$
$(x+1)^2+2=\ldots$	$(x+1)(x+1)=$

b) Hinter diesen Päckchen stecken immer Muster. Welche Muster kannst du erkennen? Versuch deine Vermutungen zu begründen.

c) Erfindet selbst Päckchen mit ähnlichem Muster und stellt sie euch gegenseitig als Aufgaben.

3 Binomische Formeln (*in selbstdifferenzierender Aufgabe „Beispiele ordnen"*)

a) Ordne die Aufgaben.
Überlege dazu, welche Aufgaben sich zu Gruppen zusammenfassen lassen.

① $x^2 + 3x - 10$	⑤ $x^2 - 25$
② $x^2 - 2x - 1$	⑥ $x^2 + 14x^2 + 49x$
③ $2x^2 + 8x$	⑦ $4x^2 - 64$
④ $x^2 - 20x + 100$	⑧ $x^2 + 24x + 144$

b) Beschreibe, worin sich die Aufgaben in einer Gruppe jeweils ähneln.

c) Tauscht eure Zettel aus und vergleicht die Gruppen, die ihr gebildet habt. Überprüfe mit Umformungen, ob wirklich alle Aufgaben je zu einer Gruppe gehören.

4 Binomische Formeln (*in selbstdifferenzierender Aufgabe „Probleme lösen"*)

$\square\, x^2 + \square\, x + \square = (\square\, x + \square)^2$

Welche Zahlen passen in die Kästchen? Suche zu jeder der folgenden Teilaufgaben möglichst viele verschiedene Lösungen:

a) irgendwelche Zahlen b) nur gerade Zahlen c) nur ungerade Zahlen
d) nur Quadratzahlen e) nur negative Zahlen

(Leuders/Rülander 2011)

Herr Landruth stellt während der Stunde fest: Bei Aufgabe 2 finden alle einen leichten Einstieg, auch die Fortsetzung in b) gelingt allen. Die Schwächeren kommen nicht zum Aufstellen eigener Päckchen in c), während einige Starke sich hier mit unerwartet spannenden Beispielen gegenseitig herausfordern.

Das Ordnen in 3a) und b) verunsichert einige, sie wollen gleich mit ihrem Nachbarn darüber sprechen. Herr Landruth fordert sie aber auf, zunächst ihre eigenen Ideen aufzuschreiben. Beim Herumgehen stellt er fest, dass die Erläuterungen sehr stark in der Qualität variieren. Einige Lernende übersehen in c), ihre Ideen durch Umformen zu überprüfen, sie brauchen einen Impuls.

Bei Aufgabe 4 sind viele Lernende zunächst irritiert, weil sie nicht gewohnt sind, ohne weitere Hilfe eigene Beispiele zu suchen. Einige orientieren sich an den vorigen Aufgaben, um passende für b) und c) zu finden. Da sie dazu keine Lösungen im ausliegenden Lösungsheft finden, sind sie verunsichert, ob sie richtig umgeformt haben. Daher erlaubt Herr Landruth hier Partnerarbeit.

Herausforderungen und Möglichkeiten der Umsetzung

Beim Üben mit produktiven Aufgaben haben Lernende nicht notwendigerweise die Wahl zwischen verschiedenen Aufgaben. Die Offenheit für verschiedene Bearbeitungswege ergibt sich stattdessen innerhalb der Aufgaben, besonders bei selbstdifferenzierenden Aufgaben.

Neben der Offenheit für die Bearbeitung auf verschiedenen Niveaustufen puffern solche Aufgaben die Bearbeitung auch zeitlich. Sie bieten stärkeren Lernenden vertiefte Verstehensoptionen an, ohne sie im Lernprozess zu weit vorauseilen zu lassen und fördern schließlich bei nahezu allen Lernenden prozessbezogene Kompetenzen. Aufgaben wie diese können der gesamten Lerngruppe angeboten werden. Die angesprochenen Differenzierungsaspekte hängen dann von den Merkmalen ab, die bei der Aufgabenkonstruktion berücksichtigt wurden (vgl. Kapitel 4), sowie dem Lerntempo und dem Grad an Unterstützung bei der Bearbeitung.

Typen von produktiven Aufgaben

Die drei Aufgabentypen im Beispiel 5.11 stellen zugleich verschiedene Prinzipien dar, nach denen produktive Übungsaufgaben gebaut sein können (WITTMANN 1989, LEUDERS 2005, 2009):

- *Muster erkunden und dabei üben:* Hier werden strukturierte Aufgabenpäckchen angeboten, die nicht nur durchgearbeitet, sondern auf die entstehenden Strukturen untersucht werden sollen. Dabei ergeben sich meist zusätzliche Erkenntnisse über wichtige Eigenschaften der zugrunde liegenden mathematischen Konzepte.
- *Beispiele ordnen und dabei üben:* Hier werden unstrukturierte Aufgaben angeboten, die vor einer Bearbeitung bzgl. bestimmter Eigenschaften geordnet werden sollen. Der Blick wird hier also nicht nur auf die Verfahren gelenkt, sondern besonders auf möglicherweise entscheidende Merkmale mathematischer Situationen.
- *Probleme lösen und dabei üben:* Das Bearbeiten vieler Beispiele wird motiviert durch eine Problemsituation. Die hierbei aufgeworfene Frage muss auch für schwächere Lernende einsichtig sein und sie dazu anregen, viele Beispiele zu erzeugen und zu bearbeiten. Zweitrangig ist dabei, ob sie das Problem vollständig lösen.
- Gerade für produktives Üben bewähren sich auch *Übungsspiele* (LEUDERS 2008), wie das Würfelspiel im Beispiel 4.13.

Selbstdifferenzierendes Üben ist „natürliche Differenzierung", aber nicht „automatische Differenzierung"

Die Adaptivität solcher Aufgabenformate ist in der Fachdidaktik auf der Seite der Konstruktionsprinzipien ausführlich beschrieben und ein sinnvoller Einsatz in der Praxis wird aus vielen Modellprojekten berichtet, weil sie den Umgang mit breitem Differenzierungspotential ermöglichen (WITTMANN 1995, HENGARTNER ET AL. 2006, KRAUTHAUSEN/SCHERER 2010). Selbstdifferenzierung darf jedoch nicht als „automatische Differenzierung" missverstanden werden, bei der sich die Niveauangemessenheit für einzelne Lernende automatisch einstellt (PREDIGER/SCHERRES 2012). Dazu sind beispielsweise regelmäßige Ermunterungen durch die Lehrkraft notwendig. Diese Rolle der Lehrkraft bei der Umsetzung des produktiven Übens klang bereits mehrfach an. Daneben kann man weitere Unterstützungselemente heranziehen, um Unterschieden bei den Lernenden gerecht zu werden:

- Hilfreich ist z. B. das Vorlegen geeigneter **Musterlösungen** bzw. **Lösungshinweise**. Allerdings gilt: Je offener die Aufgaben, desto schwieriger wird es, in schriftlicher, vorab fixierter Form passende Erwartungen an die Aufgabenlösung zu formulieren, die Lernende auch ohne Unterstützung verstehen können. Hier unterscheiden sich verfügbare Musterlösungen sehr in ihrer Qualität hinsichtlich der Verständlichkeit und Nutzbarkeit für Lernende.
- Eine bewährte methodische Unterstützung bei der Begleitung solcher Übungsphasen sind **Mentorensysteme**, bei denen Schülerinnen und Schüler in systematischer Weise zu Lernunterstützung ihrer Mitschülerinnen und -schüler hinzugezogen werden.

5.4.3 Differenzierungsansatz 3c: Angeleitet wiedererarbeiten

Grundidee

Größere Lücken benötigen Wiedererarbeiten mit einer flexiblen Anleitung durch die Lehrkraft …

Viele mathematische Themen bauen auf basale Verstehensgrundlagen des vorangehenden Unterrichts auf, z. B. setzt das Bestimmen von Rauminhalten schiefer Körper ein sicheres Volumenkonzept voraus. In Phasen des Wiederholens kann es daher notwendig sein, mögliche Lücken in den Verstehensgrundlagen einiger Lernender zunächst zu schließen, bevor diese mit allen anderen in die Erarbeitung eines neuen Themas einsteigen. Dieser in Abschnitt 3.1 ausführlich diskutierte Differenzierungsansatz *Angeleitet wiedererarbeiten* verfolgt also das Differenzierungsziel, *Unterschiede auszugleichen* durch fokussierte ausgleichende Förderung. Im Gegensatz zum angeleiteten Erkunden ist oft nur eine Kleingruppe betroffen.

In Abschnitt 3.1 wurde bereits ausgeführt, auf welche Lerninhalte dabei zu achten ist und warum gerade bei diesem Differenzierungsansatz die Anleitung durch die Lehrkraft wichtig ist: Bei größeren Defiziten in den Verstehensgrundlagen ist nicht damit zu rechnen, dass Lernende diese alleine schließen können. Gebraucht wird eine Lehrperson, die gerade bei schwächeren Lernenden Kommunikation anregt, die Ursachen für Verstehensprobleme treffend diagnostiziert und behutsam eine Förderung anleitet.

… und entsprechende Freiräume

Im Schulalltag stellt sich allerdings die Frage, wie diese Kleingruppenarbeit in den Klassenunterricht integriert werden kann, wenn neben den sechs mit Förderbedarf noch dreißig weitere Lernende sitzen. Im Folgenden werden dafür die verschiedenen Organisationsmodelle vorgestellt, die alle den Differenzierungsansatz der fokussierten, ausgleichenden Förderung erst möglich machen. In die Entscheidungsfelder ZAFE ordnet sich der Differenzierungsansatz so ein:

Unterrichtsphase: Üben und Wiederholen
Differenzierungsansatz 3c: Angeleitet wiedererarbeiten

Differenzierungs-Ziel	Differenzierungs-Aspekt
• Unterschiede ausgleichen	• je nach Ausgestaltung alle Aspekte möglich • in produktiven Übungsaufgaben Anspruchsniveau/Zugangsweisen • ggf. Lernziele
Differenzierungs-Format	**Differenzierungs-Ebene**
• geschlossenes Format	• Methoden-Ebene • Strukturen-Ebene

Konkretisierung

Die nachfolgenden Beispiele 5.12 und 5.13 zeigen Möglichkeiten, sich im Schulalltag Luft zu verschaffen, um mit einer Kleingruppe von Lernenden intensiv zu arbeiten.

Beispiel 5.12: Ad-hoc-Fördergruppe in einer Arbeitsphase (Kl. 10)

Die zehnte Klasse von Frau Aydin ist daran gewöhnt, selbstständig zu arbeiten. Dazu schreiben alle einen Selbsttest und arbeiten dann eigenständig weiter. Wer im Selbsttest das Gefühl erhält, noch erhebliche Verstehenslücken zu haben, wird jeweils zu Ad-hoc-Kleingruppen zusammengetrommelt, in denen die grundlegenden Vorstellungen und Darstellungen noch einmal kurz besprochen werden, bevor sie dann einzeln geübt werden. Dabei sind auch immer die zwei Lernenden mit attestiertem sonderpädagogischen Förderbedarf. Ihnen muss Frau Aydin im Gespräch besonders Zeit lassen, denn sie brauchen länger, um ihre Gedanken auszudrücken. Immer wieder ermuntert und unterstützt sie sie beim Formulieren: „Aha, ich glaube, das ist spannend, was du sagen willst, meinst du das so, … “? Zunehmend gewöhnen sich auch die zwei an, länger am Stück zu erklären, statt nur in Halbsätzen zu reden.

Zweimal in der Woche ist auch der Sonderpädagoge dabei. Da er sich in den Inhalten der Klasse 10 nur wenig zu Hause fühlt, begleitet er lieber die restliche Klasse mit motivationaler Hilfe und Disziplinkontrolle als die Fördergruppe, die fokussierte Unterstützung braucht. Diese Entlastung nimmt Frau Aydin dankbar an.

▶ Beispiel 5.13: Modell feste Fördergruppe in der Arbeitsphase (Kl. 5)

> Zu Beginn des Schuljahres wurde der gesamte Jahrgang 5 mit einem standardisierten Test getestet (Moser Opitz et al. 2015), dabei stellen sich 15 Kinder als förderbedürftig heraus. Herr Palek und seine Kollegen im Jahrgangsteam entscheiden, im Rahmen der wöchentlichen drei Arbeitsstunden, in die die Fächer Deutsch, Mathe und Englisch je eine Stunde einspeisen, eine feste Mathe-Fördergruppe zu installieren. Da 15 Kinder zu viel auf einmal sind, wird eine Gruppe im ersten Vierteljahr gefördert, die zweite im zweiten Vierteljahr.
> In der Kleingruppe machen die Kinder schnell Fortschritte und verbessern auch ihre Selbstkonzepte, sodass sie im Regelunterricht mutig mitdenken. Die geistig behinderte Selma freut sich, dass auch andere Kinder mal ein spezielles Programm bekommen, nicht immer nur sie.
>
> Die Kinder der mittleren Leistungsstufe arbeiten in der gleichen Zeit an einem Selbstlernmaterial, an dem sie selbstständig ihre Lücken diagnostizieren und aufarbeiten können (s. Beispiel 5.9). Dabei benötigen nur diejenigen Hilfe, die noch schlecht alleine lesen.

Herausforderungen und Möglichkeiten der Umsetzung
Die Notwendigkeit einer ausgleichenden Kleingruppenförderung für Verstehensgrundlagen wurde in Abschnitt 3.1 ausführlich dargestellt, auch ihre inhaltliche Ausgestaltung und die Notwendigkeit der Kommunikation mit der Lehrkraft. Herausfordernd in der Umsetzung sind folgende Fragen:

1 Wie organisiert man sich den Raum, um mit einer Kleingruppe 20 min am Stück zu arbeiten?

2 Wie gelingt eine gute Gesprächsführung in der moderierten Kleingruppe?

3 Wie identifiziert man diejenigen Lernenden, die die Kleingruppenförderung am nötigsten haben?

Unterrichtsstrukturen für die ausgleichende Förderung

Die Frage 1) zielt vor allem auf die unterrichts- oder schulorganisatorische Strukturebene. Neben den Beispielen 5.12 und 5.13 haben sich dafür verschiedene Modelle bewährt, bei denen jeweils drei Entscheidungen zu treffen sind (vgl. Tabelle 5.1 und Prediger/Schink 2014):

- Werden Kleingruppen mittelfristig stabil gehalten oder immer flexibel neu zusammengesetzt?
- Erfolgt die Förderung separat vom Regelunterricht, in individualisierten Arbeitsstundenbändern oder teilintegriert in den Klassenunterricht? (Bei der zweiten und dritten Option wird nur die Erarbeitung in Kleingruppen erfolgen, das Üben in die individualisierte Arbeit integriert.)
- Was machen die anderen Lernenden parallel, die keine ausgleichende Förderung brauchen? (Erhalten sie ein anderes Förderangebot, ggf. in anderem Fach, oder arbeiten individuell?)

	Mittelfristig stabile Kleingruppen	Flexibel zusammengesetzte Kleingruppen
Separat vom Regelunterricht	Modell *zusätzliche Förderstunde* (neben Freistunden oder AGs) oder als Ersatz des Regelunterrichts	Modell *Förderband* (neben anderen, flexibel wechselnden Angeboten)
In individualisierten Arbeitsstunden-Bändern	Modell *feste Fördergruppe in Arbeitsphase* (Stärkere arbeiten individuell)	Modell *Ad-hoc-Fördergruppe in Arbeitsphase* (Stärkere arbeiten individuell)
Teilintegriert in den Klassenunterricht	Modell *feste Gruppe in individualisierter Phase des Klassenunterrichts* (Stärkere arbeiten unabhängig von der Lehrperson)	Modell *Abteilungsunterricht* mit wechselnden Gruppen (alle Gruppen arbeiten unabhängig von der Lehrperson, wenn gerade nicht an der Reihe)

TABELLE 5.1 Modelle zur Organisation der Kleingruppenförderung

Auf ideale Weise lassen sich die meisten Modelle organisieren, wenn in der Klasse eine Doppelbesetzung möglich ist, z. B. mit Hilfe der Inklusions-Lehrkräfte. Einige Schulen entscheiden sich auch, Klassen etwas zu vergrößern und so Kapazitäten für phasenweises Teilen zu gewinnen. Doch nach einer Phase der Einarbeitung ist auch in Einzelbesetzung vieles möglich.

Diagnose- und Fördergespräche als anspruchsvolle Tätigkeit

Frage 2) nach der Qualität der Gesprächsführung in der moderierten Kleingruppe ist der Grund, warum gerade den Schulen, die erst in ausgleichende Förderung einsteigen, die separaten Modelle empfohlen werden, denn die separate Organisation macht es leichter, sich wirklich auf die Lernenden zu konzentrieren und ihrem Denken (auch wenn es gerade mathematisch noch nicht tragfähig ist) nachzuspüren, statt nur schnell den richtigen Weg zu erklären.

Das Führen von Diagnose- und Fördergesprächen in der Gruppe ist eine durchaus anspruchsvolle Tätigkeit. Während der Diagnose sollte man möglichst offen für die Ideen der Lernenden sein und diese nicht einengen. Dabei soll nur die Aufgabenstellung erläutert, nicht aber bereits Lösungsideen suggeriert werden. Nur wenn die Lernenden ihre individuellen Ideen und Ansätze aufschreiben, kann die Diagnose aussagekräftige Hinweise für eine anschließende Förderung liefern. Für die Förderphase ist es günstig, wenn man sich vorab schon über zu erwartende Schwierigkeiten und deren mögliche Ursachen kundig gemacht hat (etwa mit Material wie SELTER ET AL. 2014).

Kleingruppe bei Defiziten im Fach und der Selbstregulation

Frage 3) nach der Identifikation der Lernenden mit dem Bedarf an ausgleichender Kleingruppenförderung sollte nicht nur mit Blick auf deren Leistungen, sondern auch auf die Selbstregulationsfähigkeiten der Lernenden beantwortet werden: Wer gut eigenverantwortlich arbeiten und sich Vergessenes auf der Basis von schriftlichem Material selbst wiedererarbeiten kann, wird auch allein Wissenslücken schließen können. Wer jedoch auch auf diesen Ebenen

Schwierigkeiten hat, ist umso mehr auf die Lehrkraft als Gesprächspartner angewiesen.

Neben der Selbstregulation ist natürlich die Frage der inhaltlichen Förderbedarfe zentral, dazu sind aussagekräftige Diagnosen ausgesprochen wichtig (vgl. Abschnitt 5.4.1 und 3.1.3). Die Diagnose erfolgt entweder einmalig in der ganzen Klasse mit dem Ziel der Bildung fester Gruppen. Dann ist ein möglichst leicht korrigierbarer, standardisierter Test geeignet (wie z.B. BasisMath G, MOSER OPITZ ET AL. 2015), der z.B. die ganze Grundschularithmetik abdeckt und möglichst pragmatisch nur Schwellenwerte für Kinder mit besonderen Schwierigkeiten liefert. Oder es wird bezogen auf einzelne Lernbedarfe aussagekräftiger diagnostiziert, wie mit den Lernstandserhebungen 5 (LEUDERS ET AL. 2015), einem standardisierten mündlichen Test (Basismath 4-8, MOSER OPITZ ET AL. 2010) oder schriftlichen Standortbestimmungen (SELTER/SUNDERMANN 2006, Beispiel Brüche in PREDIGER ET AL. 2014). Damit können flexibel jeweils die Kinder identifiziert werden, die zu einem bestimmten Thema in eine Kleingruppe zusammengezogen werden.

5.5 Differenzierungsansätze für das Überprüfen

5.5.1 Differenzierungsansatz 4: Leistungen differenziert auswerten und Rückmeldungen geben

Grundidee

Es gibt viele Typen von Leistungsüberprüfungen: verschiedene Zeitpunkte (zu Beginn, im Verlauf und am Ende eines Lernprozesses), verschiedene Formen (von informellen Fragen bis zu formalen Tests), verschieden Akteure (Selbstüberprüfung, Überprüfung durch die Lehrkraft, zentrale Prüfungen) und verschiedene Funktionen (u.a. Rückmelden, Selegieren, Zuweisen von Förderung) (BARTNITZKY/PORTMANN 1992; GRUNDER/BOHL 2001). Wenn man es etwas holzschnittartig vereinfacht, so sind zwei grundsätzlich verschiedene Formen und Funktionen von Leistungs**überprüfung** voneinander zu unterscheiden:

Bewertung kommt erst nach der Auswertung von Leistungen

- die Leistungs**auswertung**, bei der es darum geht, die Leistungen der Schülerinnen und Schüler möglichst sinnvoll zu erfassen und nutzbringend zurückzumelden und
- die Leistungs**bewertung**, bei der den Leistungen ein bestimmter Wert zugesprochen wird (meist eine Note), die dann wiederum für Selektions- oder Zuweisungsentscheidungen genutzt wird.

Die Leistungsbewertung als zweiter Schritt nach der Auswertung führt noch einmal zu besonderen Herausforderungen der differenzierenden Gerechtigkeit (s. dazu Abschnitt 5.5.2). Eine *differenzierte Leistungsauswertung* hingegen bringt viele Chancen für das Lernen. Sie sollte vor allem die folgenden drei Anforderungen erfüllen (z. B. BOHL ET AL. 2012, BLACK/WILLIAM 2009):

Anforderungen an Leistungsauswertung

1 **Ziele transparent machen:** Lernende und Lernende sollen möglichst offen über die Leistungserwartungen kommunizieren.
2 **Leistungen valide erfassen:** Die Leistungen sollten auf geeignete Weise und in engem Bezug zu den Erwartungen erfasst werden.
3 **lernförderliche Rückmeldungen geben:** Die Formen der Leistungsrückmeldung sollen formativ genutzt werden können, d. h. konkrete weitere Lernhandlungen anregen.

Die formative Nutzung bedeutet auch, dass das Überprüfen nicht unbedingt als letzte Phase einer Unterrichtseinheit, sondern kontinuierlich stattfindet. Es ist bei einigen Ansätzen bereits im Erarbeiten oder Üben integriert: Differenzierungsansatz 1a. an Vorerfahrungen anknüpfen (5.2.1), 1c. bei Zwischendiagnosen angeleiteten Erarbeiten im Unterrichtsgespräch (5.2.3), oder 3a. beim diagnosegeleiteten Üben (5.4.1). „Kontinuierliche Leistungsüberprüfung" und „lernbegleitende Diagnose" sind somit gleichsetzbar (HUßMANN ET AL. 2007).

Für das Fach Mathematik stehen hier viele Formen zur Verfügung (SELTER/SUNDERMANN 2006; FRÖHLICH/SMOLINSKI/STERN 2006, JUNDT/WÄLTI 2010; LEUDERS 2004). Auch in diesem Buch sind schon viele konkrete Formen angeklungen, die man im differenzierenden Unterricht alle kreativ anpassen und flexibel einsetzen kann, wie z. B. die Checklisten oder Standortbestimmungen in Abschnitt 5.4.1 oder die Minitafeln in 5.2.3). Im Rahmen des Entscheidungsfelds ZAFE lässt sich dieser Differenzierungsansatz so einordnen:

Unterrichtsphase: Überprüfen
Differenzierugnsansatz: Regelmäßige, differenzierte Rückmeldungen

Differenzierungs-Ziel	**Differenzierungs-Aspekt**
• Unterschieden gerecht werden • Unterschiede ausgleichen	• Lernziele • Lerntempo
Differenzierungs-Format	**Differenzierungs-Ebene**
• Passung des weiteren Unterrichts wird durch diese Überprüfung gesichert, also eher durch Lehrkraft, • ggf. organisatorisch eigenverantwortlich durch Lernende	• Aufgaben-Ebene und • Methoden-Ebene und • Strukturen-Ebene

In der Unterrichts- und Lehr-Lernforschung haben sich Rückmeldungen (*feedback*) in unterschiedlicher Form als einer der einflussreichsten positiven Faktoren für die Leistungsentwicklung herausgestellt (Hattie 2008); die wichtigsten Qualitätskriterien wurden oben unter 1)–3) bereits genannt. Leistungsüberprüfungen, die informative Rückmeldungen geben, tragen dazu bei, dass Lernende ihren eigenen Lernprozess zunehmend reflektiert wahrnehmen und auch mehr und mehr Verantwortung dafür übernehmen (Deci/Ryan 2002). Im Fach Mathematik wurden in den letzten Jahren viele Formen der formativen Leistungsbewertung entwickelt, die ein Gegengewicht zu neutralen und wenig informativen Tests bilden sollen (Black/Wiliam 2009). Auch im deutschsprachigen Raum wächst das Interesse an Formen der Leistungserfassung, die der Heterogenität der Lernenden Rechnung tragen (z. B. Standortbestimmungen bei Voßmeier 2012; Beurteilen im offenen Unterricht bei Bohl 2009; Alternative Leistungsbewertungen bei Wälti 2014).

Rückmeldungen fördern das Lernen und die Eigenverantwortung

Konkretisierungen

Das folgende Beispiel zeigt eine Form der differenzierenden Leistungsüberprüfung, die eine Differenzierung hinsichtlich vieler verschiedener Aspekte erlaubt: Leistung, Tempo, Arbeitsweise, etc.

▶ Beispiel 5.14: Differenzierende Beurteilungsumgebungen (Jundt/Wälti 2011)

Zur Beurteilung

Zu jeder Beurteilungsumgebung sind 5 Kriterien auf 3 Niveaus formuliert:

[Z] **Zugang:** Dieses Kriterium sollten alle Lernenden erfüllen. Es entspricht in der Regel einem gedanklichen Einstieg in die Problemstellung bzw. den Minimalanforderungen.

[U1] [U2] **Unteres Anspruchsniveau:** Eher einfache Kriterien, die von vielen Lernenden erfüllt werden können

[O1] [O2] **Oberes Anspruchsniveau:** Anspruchsvolle Kriterien, die vorwiegend von leistungsstarken Lernenden erfüllt werden.

Ausgehend von einem Quadrat, wandert Punkt A schrittweise nach rechts, Punkt B nach links.

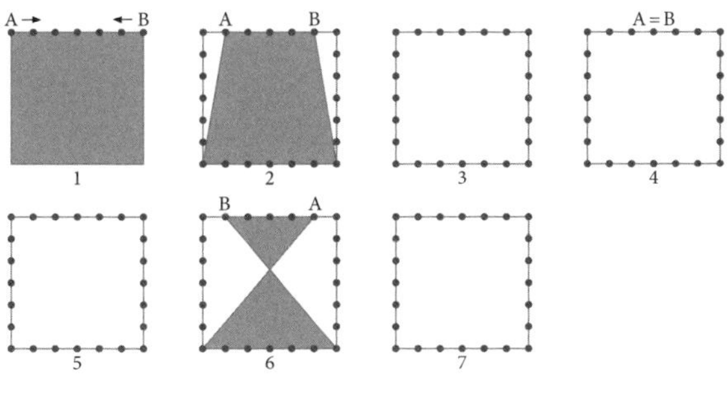

Z U1 Stelle die Figurenfolge von 1 bis 7 vollständig dar.

U1 Beurteile die folgenden Behauptungen mit richtig r /falsch f /nicht zu entscheiden n.

- ☐ Die blaue Fläche ist bei allen Figuren achsensymmetrisch.
- ☐ Die blaue Fläche ist bei allen Figuren gleich groß.
- ☐ Die blaue Fläche ist bei keiner Figur größer als das Quadrat.
- ☐ Die blaue Fläche ist bei allen Figuren größer als das halbe Quadrat.
- ☐ Die blaue Fläche ist bei allen Figuren verschieden groß.
- ☐ Die blaue Fläche wird von Figur 1 bis Figur 7 immer kleiner.
- ☐ Die blaue Fläche bei Figur 7 ist halb so groß wie die bei Figur 1.
- ☐ Die blaue Fläche bei Figur 6 ist halb so groß wie die bei Figur 2.
- ☐ Die blaue Fläche bei Figur 5 ist halb so groß wie die bei Figur 3.

O1 Zeichne die 8. und die 13. Figur der obigen Folge und mache je eine Aussage zur Größe der blauen Fläche in Bezug auf das Einheitsquadrat. (Zwei verschiedene Aussagen!)

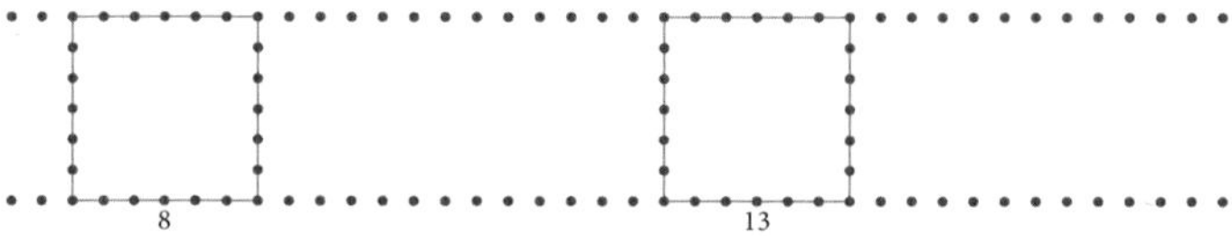

	Beurteilte Tätigkeiten	Kriterien zum Erfüllen der Aufgabe
Z	Figuren nach einer vorgegebenen Gesetzmäßigkeit zeichnen.	Du ergänzt die fehlenden Figuren zu einer vollständigen Figurenfolge. Mindestens 3 von 4 Figuren sind richtig gezeichnet
U1	Form und Größe von Vielecken vergleichen.	Alle 4 Figuren sind richtig gezeichnet. Due beurteilst Aussagen zu Form und Größe der Figuren 1–7. Mindestens 7 von 9 Aussagen sind richtig bewertet.
U2	Dreiecke nach bestimmten Vorschriften zeichen.	Du zeichnest mindstens 2 spitzwinklige Dreiecke mit dem gleichen Flächen-inhalt wie eine vorgegebene Figur.
O1	Eine Figurenfolge weiterführen und interpretieren.	Du zeichnest zwei weitere Figuren der Folge und machst korrekte Aussagen dazu.
O2	Dreiecke nach bestimmten Vorschriften zeichnen.	Du zeichnest mindestens 3 spitzwinklige Dreiecke mit gleichen Flächeninhalt wie eine vorgegeben Figur.

Kreative Varianten von Leistungsüberprüfung

Jundt/Wälti (2011) nutzen solche Aufgaben nicht nur in Form individuell durchgeführter schriftlicher Lernkontrollen, sondern erweitern die Leistungsüberprüfung auch methodisch:

- nicht nur allein, sondern auch im Team arbeiten,
- nicht nur selbstständig lösen, sondern auch Rat einholen dürfen,
- auch Hilfsmittel einbeziehen,
- Arbeitszeiten nicht eng definiert, sondern individuell variabel,
- Lösungen nicht nur als richtig/falsch, sondern vielschichtig und individuell diskutierbar.

Herausforderungen und Möglichkeiten der Umsetzung
Alternative Formen der Leistungsüberprüfung, die differenzierte Erkenntnisse über den Lernprozess liefern, nehmen oft komplexe Formen an und sind auch unterrichtsmethodisch in besonderer Weise einzubetten (Gruppenarbeiten, Präsentationen, Lerntagebücher, Portfolios, Projektprüfungen usw.). Dabei kann man die Überprüfung auch in folgenden Aspekten variieren:

- Lernende bearbeiten die Leistungsüberprüfung nicht zu einem gesetzten Zeitpunkt, sondern wenn sie sich ausreichend sicher fühlen (Beispiel 5.9 in Abschnitt 5.4.1).
- Lernende werden bei der Auswahl der Aufgaben für die Leistungsüberprüfung mit einbezogen (z. B. SAINT-GEORGE 2003).

Formen differenzierter Überprüfungsaufgaben

Traditionellere Formate zur Leistungsüberprüfung kombinieren Aufgaben mit unterschiedlichen Anforderungen auf verschiedene Weise. Typische Formen entsprechen hier den Parallel-, gestuft differenzierenden und Wahlaufgaben (SELTER/SUNDERMANN 2006): Eine Aufgabe wird in verschiedenen Formen mit unterschiedlicher Anforderung angeboten (Spaltenmodell), eine Aufgabe muss nur bis zu einem bestimmten Punkt bearbeitet werden, um eine gewissen Anforderung zu erfüllen (Sternchenaufgabenmodell), Lernende können (auch aus Gründen von Neigungen) aus verschiedenen Aufgaben auswählen. In jedem Fall besteht die Schwierigkeit, dass solche Wahlmöglichkeiten bei Leistungsüberprüfungen zusätzliche, mitunter ausgesprochen hohe Anforderungen an die Lernenden stellen und diese auch nicht unbedingt aus den richtigen Gründen ihre Wahl treffen.

Diagnostische Aufgaben einsetzen

Unabhängig davon, ob die Aufgaben offen oder geschlossen sind, ob sie nur zur Rückmeldung oder auch zur Bewertung genutzt werden, sie sollten in jedem Fall möglichst umfassende inhaltliche Auskunft zum Lernstand geben, z. B. über Fehler, Schwierigkeiten und mögliche Ursachen („diagnostische Aufgaben" bei HUßMANN/PREDIGER/LEUDERS 2007, „verstehensorientierte Aufgaben" bei BÜCHTER/LEUDERS 2008; „informative Aufgaben" bei SELTER/SUNDERMANN 2006).

5.5.2 Vom Dilemma der Gerechtigkeit einer differenzierten Leistungsbewertung

Noten sind unzureichende Rückmeldungen

Abschließend seien noch einige Überlegungen zur Leistungs**bewertung,** welche typischerweise mit Noten vollzogen wird, angestellt: Auch wenn die Politik und viele Eltern diese einfache Form der Rückmeldung gerne als praktische und informative Rückmeldungen ansehen, hat diese stark kondensierte Information für eine *differenzierte Rückmeldung oder spezifische Förderung* kaum einen Nutzen. Sie dienen eher (und auch dafür ist Schule zuständig) der *Selektionsfunktion* für den schulischen Fortgang und Berufseinstieg.

Bei der Leistungs*bewertung* entsteht daher von jeher das Dilemma der Gerechtigkeit: Wie können wir Lernende im Lernprozess jeweils am eigenen Lernfortschritt messen, dann aber doch alle bei der Vergabe von Berechtigungen über einen Kamm scheren? Wie können die Lernenden für zwei oder drei Schulabschlüsse getrennt bewertet werden, nachdem sie vorher gemeinsam unterrichtet wurden? Daher entscheiden sich viele Schulen für die weitest mögliche Aufschiebung der Notengebung. Im Normalfall ist der Entscheidungsspielraum der einzelnen Schule jedoch gering, weil Erlasse klare Vorgaben machen, wie mit dem Dilemma formal umzugehen ist.

Systematisch steckt hinter dem Dilemma die Herausforderung, drei verschiedenen Normen für Leistungsbewertung gerecht zu werden:

- *Individuelle Bezugsnorm:* nach individuellen Lernfortschritten (Wie viel kann Paula jetzt mehr als zu Beginn der Unterrichtseinheit? Wie ist Serkans Lernfortschritt in Bezug auf seine schwierigen Voraussetzungen zu messen?)
- *Kriteriale Bezugsnorm:* nach personenunabhängigen, meist thematisch gegebenen Anforderungen (Verfügt Lisa nun über die im Lehrplan oder der Checkliste geforderten Kompetenzen?)
- *Soziale Bezugsnorm:* Wie ist die Leistung im Vergleich zur gesamten Lerngruppe einzuschätzen? (Gehört er zu den oberen 10 %?)

Das Dilemma der Leistungsbewertung bei differenzierendem Unterricht …

Das Dilemma entsteht, da die für den differenzierenden Lernprozess so wichtige individuelle Bezugsnorm nicht zur Selektion geeignet ist. Zudem gibt es zwar oft die Anforderung, auf zwei oder drei Niveaus zu bewerten, aber kaum klare Aussagen, wie dies kriterial zu unterscheiden ist. Letztlich ist die soziale Bezugsnorm fast nicht zu vermeiden, da ja jede Lehrperson vor allem die Schülerinnen und Schüler der eigenen Klasse und Schule als Vergleich im Blick hat. Hier können Lehrkräfte dem Dilemma nur durch Augenmaß einerseits und feste Verabredungen in der gesamten Schule andererseits entgehen.

… kann man nicht auflösen, aber pragmatisch damit umgehen

Viele Lösungen, die den Schritt von der Auswertung zur Bewertung gehen, wählen ein pragmatisches Verfahren wie das in Abb. 5.5 angedeutete von Jundt/Wälti (2011): Die Leistung wird zunächst über ein Punktesystem mit konkret zugrunde liegenden Kriterien quantifiziert und damit vergleichbar gemacht. Danach werden die Noten in Abhängigkeit von einem (wie auch immer festgelegten) erwarteten Leistungsniveau der jeweiligen Niveaugruppen bestimmt.

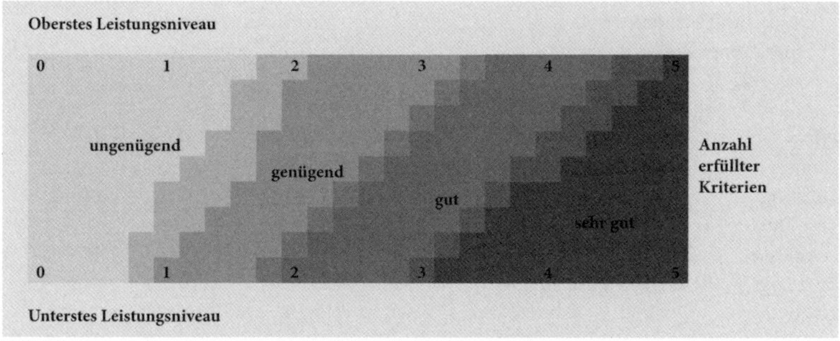

ABB. 5.5 Versuch der Notendefinition auf mehreren Niveaus (JUNDT/WÄLTI 2011)

5.6 Rückblick: Differenzierungsansätze bei der Unterrichtsplanung nutzen

Bereits zu Anfang des Kapitels wurden die verschiedenen „Werkzeuge" aus diesem Buch zusammengestellt, die notwendig sind, um konkreten, differenzierenden Mathematikunterricht zu planen:

- Maßnahmen zur fokussierten Förderung (aus Kapitel 3),
- differenzierende Aufgaben (aus Kapitel 4) und
- Differenzierungsansätze für Unterrichtsphasen (aus den Abschnitten 5.2 bis 5.5).

Die Unterrichtsbeispiele in Kapitel 1 haben gleich zu Beginn verdeutlicht, dass man hier nicht etwa auf der Suche nach einer einzigen Unterrichtsform ist („one size fits all"), sondern je nach Thema, Phase und Lernendengruppe flexibel kombinieren und variieren kann. Dabei wird nicht alles zugleich oder nach subjektivem Belieben umgesetzt („anything goes"), sondern nach konkreten Kriterien, wann welches Format, welcher Aufgabentyp, welcher Ansatz am besten passt.

Eine konkrete Unterrichtsplanung mit den Entscheidungsfeldern ZAFE kann sich also an den Lernzielen, Voraussetzungen und Unterrichtsphasen orientieren (vgl. Abb. 5.3 aus Abschnitt 5.1) und für jedes der Felder Entscheidungen treffen.

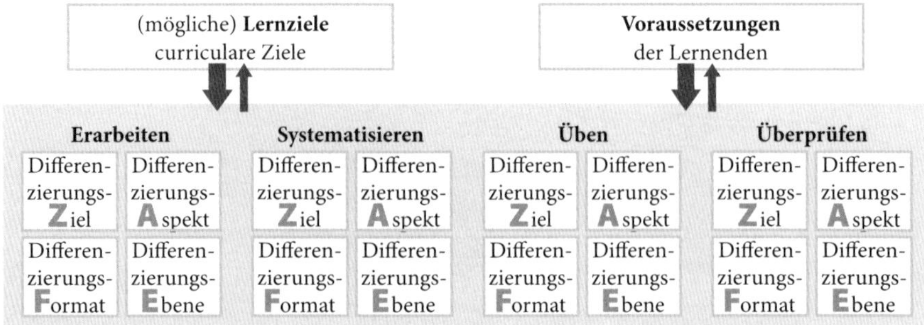

ABB. 5.6 Flexibel differenzieren mit vier Entscheidungsfeldern pro Unterrichtsphase – strukturiert nach Unterrichtsphasen (nochmaliger Abdruck aus Abschnitt 5.1)

Die in den vier Abschnitten 5.2 bis 5.5 vorgestellten typischen Differenzierungsansätze sollen diese Planung vereinfachen. Durch den Zugriff auf einige wenige Prototypen wird die Vielfalt der Entscheidungen erleichtert. Natürlich kann man jeden Ansatz auch abwandeln, anpassen und die Ansätze miteinander kombinieren.

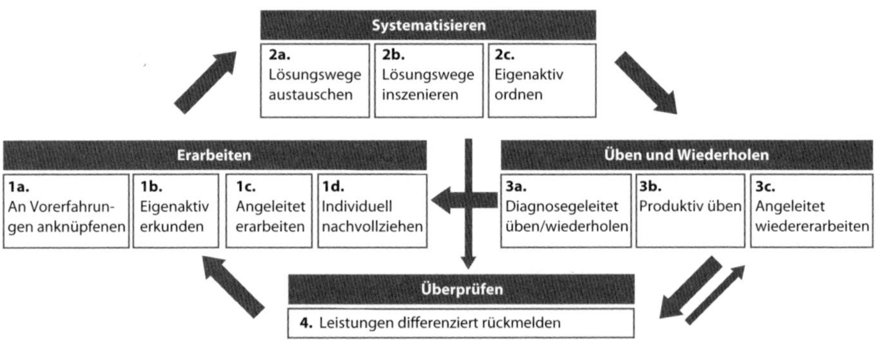

ABB. 5.7 Überblick über alle Differenzierungsansätze zu vier Unterrichtsphasen

Für diese Auswahlentscheidungen werden in der nachfolgenden Tabelle 5.2 zentrale Fragen zusammengestellt. Diese Fragen können die detaillierten Überlegungen der vorigen Kapitel natürlich nicht ersetzen, aber möglicherweise an die wichtigsten Aspekte prägnant erinnern. Diese Fragen helfen nicht nur, die konkreten Differenzierungsansätze auszuwählen oder auszuschließen, sondern auch sie zu kombinieren oder konkret auszugestalten.

Dieser Überblick deutet an, wie man eine ganze Reihe von Zielen und Voraussetzungen abwägen muss, um zu einer Entscheidung über eine Folge von geeigneten Differenzierungsansätzen zu kommen. Einen wichtigen Rahmen bilden dabei die **übergreifenden Unterrichtsstrukturen**, die oft über die Schuljahre und Klassen hinweg festliegen und die Aspekte wie die Struktur des Klassenraums, die Organisation der Lernmaterialien, den Stundenplan oder die Umsetzung von Förder- und Entwicklungsgesprächen umfassen. Solche Strukturen geben allen Beteiligten eine Sicherheit in den Arbeitsformen und Abläufen und sind mit übergreifenden Entscheidungen der Schule verbunden.

<table>
<tr><th colspan="12">Unterrichtsphase Erarbeiten</th></tr>
<tr><td colspan="3">Ansatz 1a
An Vorerfahrungen anknüpfen</td><td colspan="3">Ansatz 1b
Eigenaktiv erkunden</td><td colspan="3">Ansatz 1c
Angeleitet erarbeiten</td><td colspan="3">Ansatz 1d
Individuell nachvollziehen</td></tr>
<tr><td colspan="12">• Wie umfassend besteht die Chance, dass Lernende Vorerfahrungen einbringen können? (→Ansatz 1a)
• Ist es ggf. vorab nötig, Unterschiede auszugleichen und gemeinsame Lernvoraussetzungen herzustellen als vorgeschaltetes Wiederholen? (Ansätze 3a, b, c)
• Wie intensiv sollen Lernende gemeinsam an neuen mathematischen Situationen arbeiten? Möchte man die Vielfalt der Denkwege vielleicht sogar nutzen? (→Ansatz 1b)
• Stehen Aufgaben zur Verfügung, an denen Lernende auf unterschiedlichem Niveau arbeiten können? (→Ansatz 1b)
• Ist zu erwarten, dass die Lernziele auch bei der individuellen Bearbeitung von schriftlichem Material erreicht werden können? (→Ansatz 1d)
• Oder braucht es flexible Moderation und das Vorbild der Lehrperson? (→Ansätze 1b oder 1c oder eine Mischung)
• Sollen Lernende zur Kommunikation und Argumentation angeregt werden? (→Ansätze 1a und 1b berücksichtigen)
• Besteht eine Unterrichtsstruktur, die das individuelle Arbeiten unterstützt und aufrecht erhält? (→Ansatz 1d)</td></tr>
<tr><th colspan="12">Unterrichtsphase Systematisieren</th></tr>
<tr><td colspan="4">Ansatz 2a
Lösungswege austauschen</td><td colspan="4">Ansatz 2b
Lösungswege inszenieren</td><td colspan="4">Ansatz 2c
Eigenaktiv ordnen</td></tr>
<tr><td colspan="12">• Ist es wichtig, dass verschiedene Zugangsweisen berücksichtigt werden sollen, sprich dass Vielfalt genutzt wird? (→Ansätze 2a oder 2b)
• Stehen Aufgaben zur Verfügung, die die Balance zwischen Konvergenz und Aktivität halten? (→Ansatz 2c)
• Ist es wichtig, dass Lernende in der Gruppe einander zuhören und miteinander argumentieren? (→Ansatz 2b, das ist zugleich Lernziel wie Lernvoraussetzung)</td></tr>
<tr><th colspan="12">Unterrichtsphase Üben und Wiederholen</th></tr>
<tr><td colspan="4">Ansatz 3a
Diagnosegeleitet üben oder wiederholen</td><td colspan="4">Ansatz 3b
Produktiv üben</td><td colspan="4">Ansatz 3c
Angeleitet wiedererarbeiten</td></tr>
<tr><td colspan="12">• Gibt es eine Gruppe und einen Aspekt, bei dem Unterschiede ausgeglichen werden müssen? (→Ansatz 3c)
• Gibt es räumliche, personelle und zeitliche Ressourcen für eine Gruppenförderung? (→Ansatz 3c)
• Besteht eine Unterrichtsstruktur, die das individuelle Arbeiten unterstützt und aufrecht erhält? (→Ansatz 3a)</td></tr>
</table>

TABELLE 5.2 Fragen zur Auswahl und Gestaltung von flexibel differenzierendem Unterricht

Nimmt man all diese Aspekte zusammen, so bekommt man eine Vorstellung davon, wie unterschiedlich und vielfältig differenzierender Mathematikunterricht sein kann, wenn man flexibel mit den sich anbietenden Möglichkeiten umgeht. Abschließend wird dies an zwei Beispielen aus unseren (hier anonymisierten) Kooperationsschulen dargestellt, die die wichtige Balance zwischen gemeinsamem und individuellem Lernen unterschiedlich finden.

▶ **Beispiel 5.15:** Individualisierender Unterricht in der Hölderlin-Schule

In der Hölderlin-Schule wird die Balance zwischen individuellem und gemeinsamem Lernen weitgehend Richtung individuellem Lernen ausgestaltet: Nur eine Stunde in der Woche wird (meist in zwei Halbgruppen) gemeinsam gearbeitet („Lernatelier"), die restlichen drei Stunden werden in die zehn fachgemischten Arbeitsstunden pro Woche („Lernbüro") integriert, in dem allein oder zu zweit gearbeitet wird, mit flexiblem individuellen Rat der Lehrkraft. Der Unterricht nutzt vor allem folgende Differenzierungsansätze:

Erarbeiten – Ansatz 1d: ***Individuell nachvollziehen***	Viele Inhalte werden mit Arbeitsplänen und Lösungsbeispielen individuell erarbeitet. Die Lernenden organisieren sich mithilfe von Lernweglisten (Aufgabenlisten für mehrere Niveaus) und entscheiden selbst über das Lerntempo. Die Lehrkraft führt wöchentlich Coaching-Gespräche über Lernverhalten und Ziele.
Erarbeiten – Ansatz 1b: ***Eigenaktiv erkunden***	Für einige Inhalte, die tieferes Verstehen erfordern, beginnen die Lernenden zu zweit in den Lernbüros selbstdifferenzierende, längere Erkundungen. Die Lehrkräfte bekommen währenddessen und in Coaching-Gesprächen einen Eindruck, welche individuellen Ideen gemeinsam diskutiert werden sollen.
Systematisieren – Ansatz 2b: ***Lösungswege inszenieren***	In den Lernateliers werden in Halbgruppen ausgewählte Lösungswege aus den Erkundungen (1b) präsentiert und dann ausführlich diskutiert. Wurden die Inhalte durch individuelles Nachvollziehen (1d) erarbeitet, werden Wege zu selbstdifferenzierenden Übungen diskutiert.
Üben – Ansatz 3a: ***Diagnosegeleitet üben oder wiederholen***	Das Erarbeiten und Üben geht fließend ineinander über und vollzieht sich eher in kleinen Abschnitten. Das Übungsangebot enthält über Selbstdiagnose und Checklisten Orientierungen über verschiedene Niveaus. Die Zuordnung zu Niveaus wird von Lernenden und Lehrenden in den Coaching-Gesprächen erarbeitet.
Überprüfen – Ansatz 4: ***Leistungen differenziert rückmelden***	Lernende entscheiden selbst, wann sie einen Kompetenznachweis absolvieren, bei dem sie je nach Niveau Aufgaben mit verschiedenen Anforderungen finden (gestuft und paralleldifferenzierend). Die Rückmeldung erfolgt differenziert und im Coaching-Gespräch. Noten werden bis Ende Klasse 6 nicht vergeben, danach durch individuelle verbalisierte Rückmeldungen ergänzt.

Für die weitgehende Individualisierung wurden die Klassenräume umgestaltet mit Materialschränken, Lernkarteien und räumlich leicht getrennten Tischgruppen (→räumliche Strukturierung). Pro Woche eröffnen die zehn fachgemischten Lernbüro-Stunden jeden Schultag in den ersten zwei Stunden, danach kommen die Lernateliers (→zeitliche Strukturierung durch Rhythmisierung). Eine solche räumliche und zeitliche Strukturierung schafft neben Arbeitsplänen, Checklisten und Kompetenznachweisen eine verlässliche Struktur. In den Lernbürostunden sind je eine Englisch-, Deutsch- und Mathematiklehrkraft für die drei Klassen anwesend, so dass durch personale Strukturierung die fachbezogenen Beratungsmöglichkeiten gesichert sind.

Zwei Kinder mit dem Förderschwerpunkt emotionale-soziale Entwicklung arbeiten auch in den Lernbüros, haben aber tägliche fünfminütige Coaching-Gespräche. Ihre Integrationshelfer sind in den Coaching-Gesprächen dabei, damit sie sie fokussiert unterstützen können. Der Autist Paul geht nicht mit in die Lernateliers, da er die große Gruppe nicht verträgt. Dafür diskutiert er die Inhalte mit der für ihn zuständigen Sonderpädagogin individuell. Auch dabei ist der Integrationshelfer dabei, um die Lernprozesse möglichst gut zu verfolgen. Zwei Lernende mit besonders wenig Unterstützung der Eltern, Kevin und Ronja, haben ebenfalls tägliche Coaching-Gespräche, Ronja würde sonst nie zum Kompetenznachweis antreten. Leonie und Mohammed, die beiden Klassenbesten, erhalten regelmäßig Zusatzerkundungen, um sie intellektuell zu fordern.

▶ **Beispiel 5.16:** Flexibler Unterricht an der Al-Khwarizmi-Schule

Die Al-Khwarizmi-Schule legt auf gemeinsames Lernen großen Wert, hat aber dennoch eine Stunde pro Woche dem diagnosegeleiteten individuellen Lernen gewidmet. Diese Stunde nutzt Herr Oberkirch für das differenzierte Üben. Sein Mathematikunterricht nutzt vor allem folgende Differenzierungsansätze:

Erarbeiten – Ansatz 1d: ***An Vorerfahrungen anknüpfen***	In offenen, selbstdifferenzierenden Annäherungen, die zwischen 15 und 45 Minuten dauern, findet Herr Oberkirch bei jedem neuen Thema heraus, was die Lernenden schon mitbringen. Dabei achtet er insbesondere auf vielfältige Zugangsweisen. Die Produkte schaut er sich zu Hause in Ruhe genauer an.
Erarbeiten – Ansatz 1c: ***Angeleitet erarbeiten***	Auf der Basis dieser Eingangsdiagnostik kann er im Unterrichtsgespräch neue Inhalte gemeinsam erarbeiten. Die lernendenzentrierte Moderation bringt seine Klasse immer wieder zum Erklären und Begründen und berücksichtigt verschiedene Zugangsweisen.
Systematisieren – Ansatz 2c: ***Eigenaktiv ordnen***	Auch wenn neue Inhalte im Klassenverband erarbeitet wurden, nehmen Lernende davon unterschiedlich viel mit, daher lässt Herr Oberkirch die Lernenden die Ordnen-Aufgaben zunächst individuell bearbeiten und gegenseitig überprüfen, bevor er sie mit allen bespricht. Die Diskussion der Verschriftlichung sieht er als wesentlichen Beitrag zur fokussierten Sprachförderung.

Üben – Ansatz 3b: ***Produktiv üben***	Mit einem breiten Spektrum an differenzierenden Aufgaben, die ihm sein Schulbuch bietet, lässt Herr Oberkirch im Normalunterricht flexibel üben. Lernende können ihre Lösungen mit Lösungsheften und Expertenschülern überprüfen. Für die Individualisierungsstunden sucht er Aufgaben aus, die jeweils zentrale Differenzierungsaspekte (nicht nur Niveau) fokussieren.
Wiederholen – Ansatz 2c: ***Angeleitet wiedererarbeiten***	Für die fünf schwächsten in der Klasse hat er sich bei seinem Schulleiter eine zusätzliche Förderstunde erkämpft, um Verstehensgrundlagen in Ruhe aufzuarbeiten. Dies erfolgt unabhängig von den neuen Inhalten.
Überprüfen –Ansatz 4: ***Leistungen differenziert rückmelden***	Herr Oberkirch diagnostiziert mit Ansatz 1a und 2c kontinuierlich im Lernprozess. Vor den Klassenarbeiten bietet er an, gegenseitig (unter Anleitung) eine Probearbeit zu korrigieren, das nutzt die Klasse sehr gerne, denn alle wissen dann, was sie noch üben müssen.

Herr Oberkirch muss häufig zwischen Klassenräumen wechseln, daher muss der Organisationsaufwand schlicht bleiben. Er hat einen Rollwagen mit Beamer und Dokumentenkamera angeschafft, mit der er in jedem Raum die Lösungswege der Lernenden aus dem Heft leicht zeigen kann. Mit der Zeitstruktur geht er flexibel um und kann dann Unterrichtsgespräche und individuelle Arbeitsphasen in jeder Woche immer wieder anders kombinieren. Für die hörgeschädigte Sara achtet er sehr darauf, dass es immer ruhig ist in Unterrichtsgesprächen, dabei hilft die aufgestellte Lärm-Ampel.

Die Beispiele zeigen: Es gibt viele gute Wege nach Rom! Flexibel differenzieren heißt, sein eigenes Repertoire an Differenzierungsansätzen so auszuweiten, dass für jede Phase und jeden Inhalt das Richtige zur Verfügung steht. Die Erfahrung zeigt: Wer einmal angefangen hat, die Unterschiedlichkeit der Lernenden produktiv zu nutzen, der will nicht zurück zum Lernen im Gleichschritt.

Während in diesen beiden Beispielen die Lehrkräfte eine feste Kombination gefunden haben, steht Ihnen, liebe Leserinnen und Leser, nach Lesen dieses Buches ein noch größeres Repertoire zur Verfügung. Wir wünschen Ihnen viel Freude und Erfolg damit!

Literatur

ADAMS, G. L./ENGELMANN, S. (1996): Research on Direct Instruction: 25 Years beyond DISTAR. Seattle: Educational Achievement Systems.

AEBLI, H. (1983): Zwölf Grundformen des Lehrens. Stuttgart: Klett-Cotta.

AEBLI, H. (1985): Das operative Prinzip. Mathematik lehren, 11, 44–47.

AFFOLTER, W./BEERLI, G./HURSCHIER, H./JAGGI, B./JUNDT, W./KRUMMENACHER, R. ET AL. (2003): mathbu.ch. Mathematik im 7. Schuljahr für die Sekundarstufe I. Bern: schulverlag blmv.

AHLRING, I. (2002): Differenzieren und individualisieren, Praxis Schule 5–10 Extra. Braunschweig: Westermann.

AHRENHOLZ, B. (Hrsg.) (2010): Fachunterricht und Deutsch als Zweitsprache. Tübingen: Narr.

ALFIERI, L./BROOKS, P. J./ALDRICH, N. J./TENENBAUM, H. R. (2011): Does discovery-based instruction enhance learning? Journal of Educational Psychology, 103(1), 1–18.

ANDERSON, L. W./KRATHWOHL, D. (Hrsg.) (2001): *A Taxonomy for Learning, Teaching, and* Assessing. A Revision of Bloom's Taxonomy of Educational Objectives. New York: Longman.

ARNOLD, K.-H./RICHERT, P. (2008): Unterricht und Förderung: Die Perspektive der Didaktik. In: Arnold, K.-H./ Graumann, O./Rakhkochkine, A. (Hrsg.): Handbuch Förderung. Weinheim: Beltz, 26–35.

AUTORENGRUPPE BILDUNGSBERICHTERSTATTUNG (2014): Bildung in Deutschland 2014 – Ein indikatorengestützter Bericht mit einer Analyse zur Bildung von Menschen mit Behinderungen. Bielefeld: Bertelsmann.

BARTNITZKY, H./PORTMANN, R. (1992): Leistung in der Schule – Leistung der Kinder. Frankfurt am Main: Grundschulverband.

BARZEL, B./BÜCHTER, A./LEUDERS, T. (2007): Mathematik-Methodik – Handbuch für die Sekundarstufe I und II. Berlin: Cornelsen Scriptor.

BARZEL, B./BÜCHTER, A./LEUDERS, T. (2010): Gruppenexplorationen: Arbeitsteilige Gruppenarbeit mit der ganzen Klasse. Praxis der Mathematik in der Schule, 52(35), 14–16.

BARZEL, B./EHRET, C. (Hrsg.) (2009): Mathematische Sprache entwickeln. Mathematik lehren, 156.

BARZEL, B./HERGET, W. (2006): Terme. Mathematik lehren, 135.

BARZEL, B./HOLZÄPFEL, L. (2011): Gleichungen verstehen. Mathematik lehren, 169, 2–7.

BARZEL, B./HUßMANN, S./LEUDERS, T./PREDIGER, S. (Hrsg.) (2012): Mathewerkstatt 5. Berlin: Cornelsen.

BARZEL, B./LEUDERS, T./PREDIGER, S./HUßMANN, S. (2013): Designing Tasks for Engaging Students in Active Knowledge Organization. In: Watson, A./Ohtani, M./Ainley, J./Bolite, F. J./Doorman, M./Kieran, C./Leung, A./ Margolinas, C./Sullivan, P./Thompson, D./Yang, Y. (Hrsg.): ICMI Study 22 on Task Design – Proceedings of the Study Conference. Oxford: ICMI, 285–294.

BAUM, M./JUNGMANN, K-P./KAPS, K./KÖNIG, A./LORENZEN, H./SCHÖNBACH, U. (2012): Lambacher Schweizer 5, Niedersachsen, Stuttgart: Klett.

BAUMERT, J./KÖLLER, O./SCHNABEL, K. U. (2000): Schulformen als differentielle Entwicklungsmilieus – Eine ungehörige Fragestellung? In: Gewerkschaft Erziehung und Wissenschaft GEW (Hrsg.): Messung sozialer Motivation. Eine Kontroverse. Frankfurt: GEW, 28–68.

BAUMERT, J./WATERMANN, R./SCHÜMER, G. (2003): Disparitäten der Bildungsbeteiligung und des Kompetenzerwerbs – Ein institutionelles und individuelles Mediationsmodell. Zeitschrift für Erziehungswissenschaft, 6(1), 46–72.

Beck, E. (2007): Adaptive Lehrkompetenz. Münster: Waxmann.

Becker, N. (2006): Die neurowissenschaftliche Herausforderung der Pädagogik. Bad Heilbrunn: Klinkhardt.

Bell, A. (1993): Some experiments in diagnostic teaching. Educational Studies in Mathematics, 24(1), 115–137.

Benholz, C./Lipkowski, E. (2000): Förderung in der deutschen Sprache als Aufgabe des Unterrichts in allen Fächern. Deutsch Lernen, 1, 3–11.

Benölken, R. (2013): Begabung, Geschlecht und Motivation. Erkenntnisse zur Bedeutung von Selbstkonzept, Attribution und Interessen als Bedingungsfaktoren für die Identifikation mathematischer Begabungen. Journal für Mathematik-Didaktik, 35(1), 129–158.

Bikner-Ahsbahs, A. (2005): Mathematikinteresse zwischen Subjekt und Situation – Baustein für eine mathematikdidaktische Interessentheorie. Hildesheim: Franzbecker.

Bjork, E. L./Bjork, R. A. (2011): Making things hard on yourself, but in a good way: Creating desirable difficulties to enhance learning. Psychology and the real world: Essays illustrating fundamental contributions to society. New York: Worth Publishers.

Bjork, R. A. (1994): Memory and metamemory considerations in the training of human beings. In Metcalfe, J./Shimamura, A. (Hrsg.): Metacognition: Knowing about knowing. Cambridge: MIT Press, 185–205.

Black, P./Wiliam, D. (2009): Developing the theory of formative assessment. Educational Assessment Evaluation and Accountablity, 21, 5–31.

Boaler, J. (2014): Ability Grouping in Mathematics Classrooms. In: Lerman, S. (Hrsg): Encyclopedia of Mathematics Education. Dordrecht: Springer. DOI 10.1007/978-94-007-4978-8.

Boehm, O. (1984): Selbstdifferenzierung durch „offene Aufgaben“ im Unterricht der Schule für Lernbehinderte. Sonderschulmagazin, 6(3), 5–7.

Bohl, T. (2009): Prüfen und Bewerten im Offenen Unterricht. 4. Auflage. Weinheim: Beltz.

Bohl, T./Batzel, A./Richey, P. (2012): Öffnung – Differenzierung – Individualisierung – Adaptivität. In: Bohl, T./Bönsch, M./Trautmnn, M./Wischer, B. (Hrsg.): Binnendifferenzierung – Teil 1. Immenhausen: Prolog, 40–71.

Bohl. T./Kleinknecht, M. (2009): Aufgabenkultur. In: Blömeke, S./Bohl, T./Haag, L./Lang-Wojtasik, G./Sacher, W. (Hrsg.): Handbuch Schule. Bad Heilbrunn: Klinkhardt, 331–334.

Bohl, T./Kucharz, D. (2010): Offener Unterricht heute. Konzeptionelle und didaktische Weiterentwicklung. Weinheim: Beltz.

Bönsch, M. (2000): Intelligente Unterrichtsstrukturen. Eine Einführung in die Differenzierung. Baltmannsweiler: Schneider Verlag Hohengehren.

Borneleit, P./Danckwerts, R./Henn, H.-W./Weigand, H.-G. (2001): Expertise zum Mathematikunterricht in der gymnasialen Oberstufe. Journal für Mathematik-Didaktik, 22(1), 73–90.

Bos, W./Wendt, H./Ünlü, A./Valtin, R./Euen, B./Kasper, D./Tarelli, I. (2012): Leistungsprofile von Viertklässlerinnen und Viertklässlern in Deutschland. In: Bos, W./Wendt, H./Köller, O./Selter, C. (Hrsg.): TIMSS 2011. Mathematische und naturwissenschaftliche Kompetenzen von Grundschulkindern in Deutschland im internationalen Vergleich. Münster: Waxmann, 269–301.

Böttner, J./Maroska, R./Olpp, A./Pongs, R./Stöckle, C./Wellstein, H./Wontroba, H. (2006): Schnittpunkt 6, Baden-Württemberg. Stuttgart: Klett.

Brauner, U. (2009): Selbstlernmaterial (nicht nur) zur Abiturvorbereitung. Mathematik lehren, 156, 61–63.

BRAUNER, U. (2015): Kreisfläche annähern mit einem Rechteck. Der mathematische und naturwissenschaftliche Unterricht, 68(3), 182 und Online-Ergänzung http://www.mnu.de/images/publikationen/zeitschrift/Heft_3-15/MNU_Heft_15_03_Brauner.pdf [Zugriff 1.5.215]

BREHL, T./WENDT, H./BOS, W. (2012): Geschlechtsspezifische Unterschiede in mathematischen und naturwissenschaftlichen Kompetenzen. In: Bos, W./Wendt, H./Köller, O./Selter, C. (Hrsg.): TIMSS 2011. Mathematische und naturwissenschaftliche Kompetenzen von Grundschulkindern in Deutschland im internationalen Vergleich. Münster: Waxmann, 203–230.

BROMME, R./SEEGER, F./STEINBRING, H. (1990): Aufgaben als Anforderungen an Lehrer und Schüler. Köln: Aulis.

BRUDER, R. (2000): Akzentuierte Aufgaben und heuristische Erfahrungen. In: Herget, W./Flade, L. (Hrsg.): Mathematik lehren und lernen nach TIMSS. Anregungen für die Sekundarstufen. Berlin: Volk und Wissen, 69–78.

BRUDER, R. (2010): Lernaufgaben im Mathematikunterricht. In: Kiper, H./Meints, W./Peters, S./Schlump, S./Schmit, S. (Hrsg.): Lernaufgaben und Lernmaterialien im kompetenzorientierten Unterricht. Stuttgart: Kohlhammer, 114–124.

BRUDER, R./REIBOLD, J. (2010): Weil jeder anders lernt. Mathematik lehren, 162, 2–9

BÜCHTER, A./LEUDERS, T. (2008): Leistungen verstehensorientiert überprüfen. Gute Aufgaben für Klassenarbeiten entwickeln. In: Bruder, R./Büchter, A./Leuders, T. (Hrsg.): Mathematikunterricht entwickeln. Berlin: Cornelsen Scriptor, 149–184.

BÜCHTER, A./LEUDERS, T. (2016): Mathematikaufgaben selbst entwickeln. Lernen fördern – Leistungen überprüfen. Berlin: Cornelsen Scriptor.

BUDDE, J. (2009): Mathematikunterricht und Geschlecht. Empirische Ergebnisse und pädagogische Ansätze. Bonn: BMBF. http://www.bmbf.de/pub/band_dreissig_bildungsforschung.pdf; 01.10.2013.

CHI, M./DELEEUW, N./CHIU, M.-H./LAVANCHER, C. (1994): Eliciting self-explanations improves understanding. Cognitive Science, 18, 439–477.

CLAßEN, A. (2013): Classroom-Management im inklusiven Klassenzimmer. Mühlheim: Verlag an der Ruhr.

COFFIELD, F./MOSELEY, D./HALL, E./ECCLESTONE, K. (2004): Should we be using Learning Styles? What research has to say to practice. London: Learning and Skills Research Centre. Online unter http://www.lsneducation.org.uk/research/reports/ (Zugriff 1.12.2014).

COHN, R. C./TERFURTH, C. (1993) (Hrsg.): TZI macht Schule. Lebendiges Lehren und Lernen. Stuttgart: Klett-Cotta.

CUMMINS, J. (1986): Language proficiency and academic achievement. In: Cummins, J./Swain, M. (Hrsg.): Bilingualism in education: aspects of theory, research and practice. London: Longman, 138–161.

DEBELLIS, V. A./GOLDIN, G. A. (2006): Affect and meta-affect in mathematical problem solving: a representational perspective. Educational Studies in Mathematics, 6(2), 131–147.

DECI, E. L./RYAN, R. M. (Hrsg.) (2002): Handbook of Self-Determination Research. Rochester: University of Rochester Press.

DEUTSCHER BILDUNGSRAT (1969): Einrichtung von Schulversuchen mit Gesamtschulen. Stuttgart: Klett.

DUVAL, R. (2006): A cognitive analysis of problems of comprehension in a learning of mathematics. Educational Studies in Mathematics, 61(1–2), 103–131.

Ehret, C./Leuders, T. (2011): Kompetenzen und Hürden beim Schreibenlernen im Mathematikunterricht – Pilotstudie im Rahmen des Projektes KOSIMA. Beiträge zum Mathematikunterricht. Münster: WTM, 219–222.

Eikenbusch, K./Hanisch, A. (2011): Formulierungen von Rechengeschichten bei Kindern mit Förderbedarf – eine Fallstudie. Masterarbeit, TU Dortmund (Betreuung Prediger).

Fennema, E./Leder, G. C. (Hrsg.) (1990): Matbematics and gender. New York: Teachers College Press.

Fernholz, J./Prediger, S. (2007): „... weil meist nur ich weiß, was ich kann!" Selbstdiagnose als Beitrag zum eigenverantwortlichen Lernen. Praxis der Mathematik in der Schule, 49(15), 14–18.

Feuser, G. (1998): Gemeinsames Lernen am gemeinsamen Gegenstand. Didaktisches Fundamentum einer Allgemeinen (integrativen) Pädagogik. In: Hildeschmidt, A./Schnell, I. (Hrsg.): Integrationspädagogik. Weinheim: Juventa, 19–36.

Flewelling, G./Higginson, W. (2003): Teaching with Rich Learning Tasks: A Handbook. Adelaide: AAMT Inc. Adelaide.

Freudenthal, H. (1974): Die Stufen im Lernprozess und die heterogene Lerngruppe im Hinblick auf die Middenschool. Neue Sammlung, 14, 161–172.

Fröhlich, I./Prediger, S. (2008): Sprichst du Mathe? Kommunizieren in und mit Mathematik. Praxis der Mathematik, 50(24), 1–8.

Fröhlich, I./Smolinski, B./Stern, T. (2006): Leistungen fair bewerten. Lernen individuell unterstützen. Praxis der Mathematik in der Schule, 48(10), 1–8.

Furner, J, M./Berman, B, T. (2003): Math anxiety: Overcoming a major obstacle to help the improvement of student math performance. Childhood Education, 79(3), 170–175.

Gallin, P./Ruf, U. (1998): Sprache und Mathematik in der Schule. Seelze: Kallmeyer.

Gebhardt, M./Rauch, D./Mang, J./Sälzer, C./Stanat, P. (2013): Mathematische Kompetenz von Schülerinnen und Schülern mit Zuwanderungshintergrund. In: Prenzel M./Sälzer, C./Klieme, E./Köller, O. (Hrsg.): PISA 2012. Münster: Waxmann, 275–308.

Gerster, H./Schultz, R. (2004): Schwierigkeiten beim Erwerb mathematischer Konzepte im Anfangsunterricht. Online publizierter Bericht zum Forschungsprojekt Rechenschwäche – Erkennen, Beheben, Vorbeugen. 2. Auflage, PH Freiburg. Online unter http://opus.bszbw.de/phfr/volltexte/2007/16/pdf/gerster.pdf

Gibbons, P. (2010): Learning Academic Registers in Context. In: Benholz, C. u. a. (Hrsg.): Fachliche und sprachliche Förderung von Schülern mit Migrationsgeschichte. Münster: Waxmann, 25–37.

Gogolin, I. (2009): Zweisprachigkeit und die Entwicklung bildungssprachlicher Fähigkeiten. In: Gogolin, I. (Hrsg.): Streitfall Zweisprachigkeit. Wiesbaden: VS, 263–280.

Grell, J. (1999): Direktes Unterrichten. Ein umstrittenes Unterrichtsmodell. In: Wiechmann, J. (Hrsg.): Zwölf Unterrichtsmethoden. Vielfalt für die Praxis. Weinheim: Beltz, 35–49.

Grell, J./Grell, M. (1994): Unterrichtsrezepte. Weinheim: Beltz.

Grunder, H.-U./Bohl, T. (Hrsg.) (2001): Neue Formen der Leistungsbeurteilung in den Sekundarstufen I und II. Baltmannsweiler: Schneider Hohengehren.

Grünke, M. (2006): Zur Effektivität von Fördermethoden bei Kindern und Jugendlichen mit Lernstörungen. Kindheit und Entwicklung, 15(4), 239–254.

GUILL, K./GRÖHLICH, C./SCHARENBERG, K./WENDT, H./BOS, W. (2010): Die mathematischen Kompetenzen der Schülerinnen und Schüler. In: Bos, W./Gröhlich, C. (Hrsg.): KESS 8. Kompetenzen und Einstellungen von Schülerinnen und Schülern – Jahrgangsstufe 8. Münster: Waxmann, 37–48.

GÜRSOY, E./BENHOLZ, C./WILHELM, N./PREDIGER, S./BÜCHTER, A. (2013): Sprachliche Stolpersteine in Prüfungsaufgaben. Leitfaden für Aufgabenstellungen zu zentralen Prüfungen. Arbeitspapier. Essen/Dortmund: Universitäten.

HACKWORTH, R. D. (1992): Math anxiety reduction. Clearwater: H&H Publishing.

HANNULA, M. S. (2014): Affect in Mathematics Education. In: Lerman, S. (Hrsg.): Encyclopedia of Mathematics Education. Dordrecht: Springer, 23–27.

HÄSEL-WEIDE, U. (2012): Ablösung vom zählenden Rechnen: Struktur-fokussierende Deutungen. Beiträge zum Mathematikunterricht, 405–408.

HÄSEL-WEIDE, U./NÜHRENBÖRGER, M. (2013): Mathematiklernen im Spiegel von Heterogenität und Inklusion. Mathematik differenziert, 2, 6–8.

HÄSEL-WEIDE, U./NÜHRENBÖRGER, M./MOSER OPITZ, E./WITTICH, C. (2013): Ablösung vom zählenden Rechnen. Fördereinheiten für heterogene Lerngruppen, Seelze: Kallmeyer.

HATTIE, J. A. C. (2008): Visible learning: A synthesis of over 800 meta-analyses relating to achievement. London: Routledge.

HEFENDEHL-HEBEKER, L./PREDIGER, S. (2006): Unzählig viele Zahlen – Zahlbereiche erweitern und Zahlvorstellungen wandeln. Praxis der Mathematik in der Schule, 48(11), 1–7.

HEIMANN, P./OTTO, G./SCHULZ, W. (1969): Unterricht: Analyse und Planung. Hannover: Schroedel.

HEINZE, A. (2005): Lösungsverhalten mathematisch begabter Grundschulkinder – aufgezeigt an ausgewählten Problemstellungen. Münster: LIT.

HEINZE, A./HERWARTZ-EMDEN, L./REISS, K. (2007): Mathematikkenntnisse und sprachliche Kompetenz bei Kindern mit Migrationshintergrund zu Beginn der Grundschulzeit. Zeitschrift für Pädagogik, 53(4), 562–581.

HEINZE, A./STAR, J. R./VERSCHAFFEL, L. (2009): Flexible and adaptive use of strategies and representations in mathematics education. ZDM – Mathematics Education, 41, 535–540.

HELMKE, A. (2010): Unterrichtsqualität und Lehrerprofessionalität. Diagnose, Evaluation und Verbesserung des Unterrichts. Seelze: Klett-Kallmeyer.

HELMKE, A. (2013): Individualisierung: Hintergrund, Missverständnisse, Perspektiven. Pädagogik, 65(2), 34–37.

HELMKE, A./WEINERT, F. E. (1997): Bedingungsfaktoren schulischer Leistungen. In: Weinert, F. E. (Hrsg.): Psychologie des Unterrichts und der Schule. Enzyklopädie der Psychologie D/I/3. Göttingen: Hogrefe, 71–176.

HEMBREE, R. (1990): The nature, effects, and relief of mathematics anxiety. Journal for Research in Mathematics Education, 21, 33–46.

HENGARTNER, E./HIRT, U./WÄLTI, B./PRIMARSCHULTEAM LUPSINGEN (2006): Lernumgebungen für Rechenschwache bis Hochbegabte. Zürich: Klett & Balmer.

HERGET, W. (Hrsg.) (2000): Aufgaben öffnen. Mathematik lehren, 100.

HERGET, W./JAHNKE, T./KROLL, W. (2001): Produktive Aufgaben für den Mathematikunterricht der Sekundarstufe I. Berlin: Cornelsen.

Herwartz-Emden, L. (2003): Einwandererkinder im deutschen Bildungswesen. In: Cortina, K. S./Baumert, J./ Leschinsky, A./Mayer, K. U./Trommer, L. (Hrsg.): Einwandererkinder im deutschen Bildungswesen. Reinbek: Rowohlt, 661–709.

Heymann, H.W. (1991): Innere Differenzierung im Mathematikunterricht. Mathematik lehren, 49, 63–66.

Heymann, H.W. (1996): Allgemeinbildung und Mathematik. Weinheim: Beltz.

Hiebert, J./Carpenter, T.P. (1992): Learning and teaching with understanding. In: Grouws, D. A. (Hrsg.): Handbook of research on mathematics teaching and learning. New York: Macmillan, 65–97.

Hiebert, J./Gallimore, R./Garnier, H./Givvin, K. B./Hollingsworth, H./Jacobs, J. et al. (2003): Teaching mathematics in seven countries: Results from the TIMSS 1999 Video Study (NCES 2003–013). Washington, D.C: National Center for Education Statistics.

Hironaka, H./Sugiyama, Y. (Hrsg.) (2006): Mathematics 5B for Elementary School. Tokyo: Tokyo Shoseki.

Höhtker, B./Selter, C. (1995): Von der Hunderterkette zum leeren Zahlenstrahl. In: Müller, G./Wittmann, E. Ch. (Hrsg.): Mit Kindern rechnen. Frankfurt: Arbeitskreis Grundschule, 122–137.

Hugener, I./Pauli, C./Reusser, K. (2007): Inszenierungsmuster, kognitive Aktivierung und Leistung im Mathematikunterricht. Analysen aus der schweizerisch-deutschen Videostudie. In: Lemmermöhle, D./Rothgangel, M./Bögeholz, S./Hasselhorn, M./Watermann, R. (Hrsg.): Professionell Lehren – Erfolgreich Lernen. Münster: Waxmann, 109–212.

Humbach, M. (2008): Arithmetisches Basiskompetenzen in der Klasse 10. Berlin: Dr. Köster.

Humberstone, J./Reeve, R.A. (2008): Profiles of Algebraic Competence. Learning and Instruction, 18, 354–367.

Hußmann, S./Leuders, T. (2011): Das Gleiche woanders. Eine sinnstiftende Annäherung an den Symmetriebegriff. Praxis der Mathematik in der Schule, 53(37), 10–18.

Hußmann, S./Leuders, T./Prediger, S. (2007): Schülerleistungen verstehen – Diagnose im Alltag. Praxis der Mathematik in der Schule, 49(15), 1–8.

Hußmann, S./Leuders, T./Prediger, S./Barzel, B. (Hrsg.) (2015): Mathewerkstatt 8. Berlin: Cornelsen.

Hußmann, S./Nührenbörger, M./Prediger, S./Selter, C./Drüke-Noe, C. (2014): Schwierigkeiten in Mathematik begegnen. Praxis der Mathematik in der Schule, 56 (56), 2–8.

Hußmann, S./Prediger, S. (2007): Mit Unterschieden rechnen. Differenzieren und Individualisieren. Praxis der Mathematik in der Schule, 49(17), 1–8.

Ingenkamp, K. (1997): Lehrbuch der pädagogischen Diagnostik. Weinheim: Beltz.

Inoue, N. (2011): Zen and the art of neriage: Facilitating consensus building in mathematics inquiry lessons through lesson study. Journal of Mathematics Teacher Education, 14(1), 5–23.

Jahnke-Klein, S. (2001): Sinnstiftender Mathematikunterricht für Mädchen und Jungen. Hohengehren: Schneider.

Jennison, M./Beswick, K. (2010): Student Attitude, Student Understanding and Mathematics Anxiety. In: Sparrow, L./Kissane, B./Hurst, C. (Hrsg.): Shaping the future of mathematics education: Proceedings of the 33rd annual conference of the Mathematics Education Research Group of Australasia. Fremantle: MERGA. http://files.eric.ed.gov/fulltext/ED520908.pdf

Jonassen, D. H./Grabowski, B. L. (1993): Handbook of Individual Difference, Learning, and Instruction. Hillsdale: Lawrence Erlbaum.

JORDAN, A./KRAUSS, S./LÖWEN, K./KUNTER, M./BAUMERT, J./BLUM, W./NEUBRAND, M./BRUNNER, M. (2008): Aufgaben im COACTIV-Projekt. Journal für Mathematikdidaktik, 29(2), 83–107.

JUNDT, W./WÄLTI, B. (2010): Erwartungen transparent machen. Arbeiten mit mathematischen Beurteilungsumgebungen. Mathematik lehren, 162, 56–60.

JUNDT, W./WÄLTI, B. (2011): Mathematische Beurteilungsumgebungen – 7. Schuljahr. Zug: Klett und Balmer.

JUNGWIRTH, H. (1991): Interaction and gender — Findings of a microethnographical approach to classroom discourse. Educational Studies in Mathematics, 22(3), 263–284.

JUNGWIRTH, H. (2014): Genderkompetenz im Mathematikunterricht. Fachdidaktische Anregungen für Lehrerinnen und Lehrer. Klagenfurt: Institut für Unterrichts- und Schulentwicklung.

KÄPNICK, F. (1998): Mathematisch begabte Kinder. Modelle, empirische Studien und Förderprojekte für das Grundschulalter. Frankfurt: Peter Lang.

KEITEL, C. (1998): Was ist das Geheimnis des japanischen Mathematikunterrichts? Mathematik lehren, 90, 13–17.

KINGORE, B. (2004): Tiered Instruction in Differentiation: Simplified, realistic and effective. Austin: Professional Associates Publishing.

KLAFKI, W./STÖCKER, H. (1985): Innere Differenzierung des Unterrichts. In: Klafki, W. (Hrsg.): Neue Studien zur Bildungstheorie und Didaktik. Weinheim: Beltz, 119–154.

KLEINKNECHT, M. (2010): Aufgabenkultur im Unterricht. Eine empirisch-didaktische Video- und Interviewstudie an Hauptschulen. Baltmannsweiler: Schneider Hohengehren.

KLEMM, K. (2012): Inklusion in Deutschland – eine bildungsstatistische Analyse. Gütersloh: Bertelsmann-Stiftung. http://www.bertelsmann-stiftung.de/cps/rde/xbcr/SID-9C708551-971CAF39/bst/xcms_bst_dms_37485_37486_2.pdf

KLIEME, E./LIPOWSKY, F./RAKOCZY, K./RATZKA, N. (2006): Qualitätsdimensionen und Wirksamkeit von Mathematikunterricht. Theoretische Grundlagen und ausgewählte Ergebnisse des Projekts «Pythagoras». In: Prenzel, M./Allolio-Näcke, L. (Hrsg.): Untersuchungen zur Bildungsqualität von Schule. Münster: Waxmann, 127–146.

KMK (1994): Empfehlungen zur sonderpädagogischen Förderung in den Schulen in der Bundesrepublik Deutschland. Online unter http://www.kmk.org/bildung-schule/allgemeine-bildung/sonderpaedagogische-foerderung-inklusion.html

KMK (2003): Bildungsstandards im Fach Mathematik für den Mittleren Schulabschluss (Beschluss der Kultusministerkonferenz vom 4. Dezember 2003). http://www.kmk.org/fileadmin/veroeffentlichungen_beschluesse/2003/2003_12_04-Bildungsstandards-Mathe-Mittleren-SA.pdf. Zugriff 09. Oktober 2013

KOCAJ, A./KUHL, P./KROTH, A. J./PANT, H. A./STANAT, P. (2014): Wo lernen Kinder mit sonderpädagogischem Förderbedarf besser? Kölner Zeitschrift für Soziologie und Sozialpsychologie, 66, 165–191.

KOCH, P./ÖSTERREICHER, W. (1985): Sprache der Nähe – Sprache der Distanz. Mündlichkeit und Schriftlichkeit im Spannungsfeld von Sprachtheorie und Sprachgeschichte. Romanistisches Jahrbuch, 36, 15–43.

KRAUTHAUSEN, G./SCHERER, P. (2010): Umgang mit Heterogenität. Natürliche Differenzierung im Mathematikunterricht der Grundschule. Handreichung des Programms SINUS an Grundschulen. Kiel: IPN.

KRIPPNER, W. (1992): Mathematik differenziert unterrichten. Hannover: Schroedel.

KRUTETSKII, V. A. (1976): The psychology of mathematical abilities in school children. Chicago: University Press.

KUNTZE, S./PREDIGER, S. (2005): Ich schreibe, also denk' ich. Über Mathematik schreiben. Praxis der Mathematik in der Schule, 47(5), 1–6.

Lehmann, R./Peek, R./Gänsfuß, R./Lutkat, S./Mücke, S./Barth, I. (2000): QuaSUM – Qualitätsuntersuchung an Schulen zum Unterricht in Mathematik. Ergebnisse einer repräsentativen Untersuchung im Land Brandenburg. Potsdam: Ministerium für Bildung, Jugend und Sport.

Leisen, J. (2010): Handbuch Sprachförderung im Fach. Sprachsensibler Fachunterricht in der Praxis. Bonn: Varus.

Lengnink, K. (2005): „Abhängigkeiten von Größen“ – zwischen Mathematikunterricht und Lebenswelt. Praxis der Mathematik in der Schule, 47(2), 13–19.

Lengnink, K./Prediger, S./Weber, C. (2011): Lernende abholen, wo sie stehen – Individuelle Vorstellungen aktivieren und nutzen. Praxis der Mathematik in der Schule, 53(40), 2–7.

Lenzen, D. (1989): Pädagogische Grundbegriffe. Band 1. Reinbek: Rowohlt.

Lesh, R. (1979): Mathematical learning disabilities. In: Lesh, R./Mierkiewicz, D./Kantowski, M. (Hrsg.): Applied mathematical problem solving. Columbus: Ericismeac, 111–180.

Lester, F. (Hrsg.) (2007): Second Handbook of Research on Mathematics Teaching and Learning. Greenwich: Information Age / NCTM, 957–1009.

Leuders, J./Leuders, T. (2014): Erfolgreiches Lernen ermöglichen. Konzepte und Prinzipien des Förderns im Mathematikunterricht. Friedrich Jahresheft 2014, 72–75.

Leuders, T. (2001): Qualität im Mathematikunterricht in der Sekundarstufe I und II. Berlin: Cornelsen Scriptor.

Leuders, T. (2004): Selbstständiges Lernen und Leistungsbewertung. Der Mathematikunterricht, 50(3), 63–79.

Leuders, T. (2005): Intelligentes Üben selbst gestalten! – Erfahrungen aus dem Mathematikunterricht. Pädagogik, 11(5), 29–32.

Leuders, T. (2008): Gespielt – gelernt – gewonnen! Produktive Übungsspiele. Praxis der Mathematik in der Schule, 50(22), 1–7.

Leuders, T. (2009): Intelligent üben und Mathematik erleben. In: Leuders, T./Hefendehl-Hebeker, L./Weigand, H.-G. (Hrsg.): Mathemagische Momente. Berlin: Cornelsen, 130–143.

Leuders, T. (2014a): Modellierungen mathematischer Kompetenzen – Kriterien für eine Validitätsprüfung aus fachdidaktischer Sicht. Journal für Mathematik-Didaktik, 35(1), 7–48.

Leuders, T. (2014b): Entdeckendes Lernen – Produktives Üben. In: Linneweber-Lamerskitten, H. (Hrsg.): Fachdidaktik Mathematik. Grundbildung und Kompetenzaufbau im Unterricht der Sek. I und II. Seelze: Kallmeyer, 236–263.

Leuders, T. (2015): Aufgaben in Forschung und Praxis. In: Bruder, R./Hefendehl-Hebeker, L./Schmidt-Thieme, B./Weigand, H.-G. (Hrsg.): Handbuch Mathematikdidaktik. Heidelberg: Springer, 433–458.

Leuders, T./Barzel, B. (2014): Größen, Maße und Messen. In: Linneweber-Lammerskitten, H. (Hrsg.): Fachdidaktik Mathematik. Grundbildung und Kompetenzaufbau im Unterricht der Sek. I und II. Zug: Klett und Balmer, 48–68.

Leuders, T./Holzäpfel, L. (2011): Kognitive Aktivierung im Mathematikunterricht. Unterrichtswissenschaft, 39(3), 213–230.

Leuders, T./Leuders, J. (2012): Mathe können: Ein Ratgeber für Eltern. Seelze: Kallmeyer.

Leuders, T./Prediger, S. (2005): Funktioniert's? Denken in Funktionen. Praxis der Mathematik in der Schule, 47(2), 1–7.

LEUDERS, T./PREDIGER, S. (2012): „Differenziert Differenzieren“ – Mit Heterogenität in verschiedenen Phasen des Mathematikunterrichts umgehen. In: Lazarides, R./Ittel, A. (Hrsg.): Differenzierung im mathematisch-naturwissenschaftlichen Unterricht: Implikationen für Theorie und Praxis. Heilbrunn: Klinkhardt, 35–66.

LEUDERS, T./RÜLANDER, N. (2011): Mit Zauber und Rechentricks zu binomischen Formeln – Sinnstiftende Kontexte für ein schwieriges Thema. Praxis der Mathematik in der Schule, 53(37), 19–27.

LEUDERS, T./HUßMANN, S./BARZEL, B./PREDIGER, S. (2011): „Das macht Sinn!“ Sinnstiftung mit Kontexten und Kernideen. Praxis der Mathematik in der Schule, 53(27), 2–9.

LEUDERS, T./PREDIGER, S./BARZEL, B./HUßMANN, S. (Hrsg.) (2014): Mathewerkstatt 7. Berlin: Cornelsen.

LEUTNER, D./KLIEME, E./MEYER, K./WIRTH, J. (2004): Problemlösen. In: PISA-Konsortium Deutschland (Hrsg.): PISA 2003. Der Bildungsstand der Jugendlichen in Deutschland – Ergebnisse des zweiten internationalen Vergleichs. Münster: Waxmann, 147–175.

LINGEL, K./NEUENHAUS, N./ARTELT, C./SCHNEIDER, W. (2010): Metakognitives Wissen in der Sekundarstufe: Konstruktion und Evaluation domänenspezifischer Messverfahren. Projekt EWIKO. In: Klieme, E./Leutner, D./Kenk, M. (Hrsg.): Kompetenzmodellierung. Zwischenbilanz des DFG-Schwerpunktprogramms und Perspektiven des Forschungsansatzes. Weinheim: Beltz, 228–238.

LIPOWSKY, F./RAKOCZY, K./PAULI, C./DROLLINGER-VETTER, B./KLIEME, E./REUSSER, K. (2009): Quality of geometry instruction and its short-term impact on students’ understanding of the Pythagorean Theorem. Learning and Instruction, 19(6), 527–537.

LORENZ, J. H./RADATZ, H. (1993): Handbuch des Förderns im Mathematikunterrichts. Hannover: Schroedel.

MAIER, H./SCHWEIGER, F. (1999): Mathematik und Sprache. Wien: Öbv & hpt.

MALLE, G. (1993): Didaktische Probleme der elementaren Algebra. Wiesbaden: Vieweg.

MANDLER, G. (1989): Affect and learning: Causes and of emotional interactions. In: Mc Leod, D. B./Adams, V. M. (Hrsg.): Affect and mathematical problem solving: A new perspective. New York: Springer, 3–19.

MEYER, H. (2003): Zehn Merkmale guten Unterrichts. Empirische Befunde und didaktische Ratschläge. Pädagogik, 55(10), 36–43.

MEYER, H. (2014): Leitfaden Unterrichtsvorbereitung. Berlin: Cornelsen.

MEYER, M./PREDIGER, S. (2012): Sprachenvielfalt im Mathematikunterricht – Herausforderungen, Chancen und Förderansätze. Praxis der Mathematik in der Schule, 54(45), 2–9.

MOSANDL, C./SPRENGER, L. (2014): Von den natürlichen Zahlen zu den Dezimalzahlen – nicht immer ein einfacher Weg. Praxis der Mathematik in der Schule, 56(56), 16–21.

MOSER OPITZ, E. (2007): Rechenschwäche/Dyskalkulie. Theoretische Klärungen und empirische Studien an betroffenen Schülerinnen und Schülern. Bern: Haupt.

MOSER OPITZ, E. (2009): Integrativer Unterricht. Überlegungen zum Mathematiklernen. Die Grundschule, 3, 12–15.

MOSER OPITZ, E./FREESEMANN, O./GROB, U./PREDIGER, S. (2015): Basisdiagnostik Mathematik Gruppentest (BASIS-MATH G). Bern: Hans Huber.

MOSER OPITZ, E./GARROTE, A./RATZ, C. (2014): Mathematische Kompetenzen von Schülerinnen und Schülern mit dem Förderschwerpunkt geistige Entwicklung: Erste Ergebnisse einer Pilotstudie. Sonderpädagogische Förderung heute, 59(1), 19–31.

Moser Opitz, E./Reusser, L./Moeri Müller, M./Anliker, B./Wittich, C./Freesemann, O. (2010): BasisMath 4–8. Basisdiagnostik Mathematik für die Klassen 4–8. Manual. Bern: Huber.

MSWF – Ministerium für Schule und Weiterbildung, Wissenschaft und Forschung des Landes NRW (1999) (Hrsg.): Förderung in der deutschen Sprache als Aufgabe des Unterrichts in allen Fächern. Empfehlungen. Frechen: Ritterbach.

Müller, K./Ehmke, T. (2013): Soziale Herkunft als Bedingung der Kompetenzentwicklung. In: Prenzel, M./Sälzer, C./Klieme E./Köller, O. (Hrsg.): PISA 2012: Fortschritte und Herausforderungen in Deutschland. Münster: Waxmann, 245–274.

Murayama, K./Pekrun, R./Lichtenfeld, S./vom Hofe, R. (2013): Predicting long-term growth in students' mathematics achievement: The unique contributions of motivation and cognitive strategies. Child Development, 84, 1475–1490

Muzzatti, B./Agnoli, F. (2007): Gender and mathematics: Attitudes and stereotype threat susceptibility in Italian children. Developmental Psychology, 43(3), 747–759.

Neubrand, M./Klieme, E. (2002): Mathematische Grundbildung. In: Baumert, J./Artlet, C./Klieme, E./Neubrand, M./Prenzel, M./Schiefele, U./Schneider, W./Tillmann, K.-J./Weiß, M. (Hrsg.): Pisa 2000 – Die Länder der Bundesrepublik Deutschland im Vergleich. Opladen: Leske + Budrich, 95–127.

Neubrand, M./Klieme, E./Lüdtke, O./Neubrand, J. (2002): Kompetenzstufen und Schwierigkeitsmodelle für den PISA-Test zur mathematischen Grundbildung. Unterrichtswissenschaft, 30, 100–119.

Niggli, A./Kersten, B. (1999): Lehrerverhalten und Wochenplanunterricht: Wirkungen auf Mathematikleistungen und nicht-kognitive Merkmale von Lernenden. Bildungsforschung und Bildungspraxis, 21(3), 272–291.

Niss, M. A./Højgaard, T. (Hrsg.) (2011): Competencies and mathematical learning: ideas and inspiration for the development of mathematics teaching and learning in Denmark. Roskilde: Roskilde Universitet.

Nührenbörger, M./Pust, S. (2006): Mit Unterschieden rechnen. Lernumgebungen und Materialien für einen differenzierten Anfangsunterricht Mathematik. Seelze: Kallmeyer.

OECD (2007): Science Competencies for Tomorrow's World: Vol. 2: Data (PISA 2006). OECD, Paris.

Padberg, F. (2009): Didaktik der Bruchrechnung. Heidelberg: Spektrum.

Padberg, F./Benz, C. (2011): Didaktik der Arithmetik. Heidelberg: Spektrum.

Pant, H. A./Stanat, P./Schroeders, U./Roppelt, A./Siegle, T./Pöhlmann, C. (2013): IQB-Ländervergleich 2012. Münster: Waxmann.

Paradies, L./Linser, H. J. (2001): Differenzieren im Unterricht. Berlin: Cornelsen.

Pashler, H./McDaniel, M./Rohrer, D./Bjork, R. (2008): Learning styles: Concepts and evidence. Psychological Science in the Public Interest, 9(3), 103–119.

Pekrun, R./vom Hofe, R./Blum, W./Frenzel, A. C./Goetz, T./Wartha, S. (2007): Development of mathematical competencies in adolescence: The PALMA longitudinal study. In: Prenzel, M. (Hrsg.): Studies on the educational quality of schools. Münster: Waxmann, 17–37.

Peltenburg, M./van den Heuvel-Panhuizen, M./Robitzsch, A. (2012): Special education students› use of indirect addition in solving subtraction problems up to 100. Educational Studies in Mathematics, 79, 351–369.

Pietsch, M. (2010): Evaluation von Unterrichtsstandards. Zeitschrift für Erziehungswissenschaft, 13(2), 121–148.

Pimm, D. (1987): Speaking Mathematically. Communication in Mathematics Classroom. London: Routledge.

Pöhler, B./Prediger, S./Weinert, H. (2015, im Druck): Cracking percent problems in different formats – The role of texts and visual models for students with low and high language proficiency. Erscheint in N. Vondrova & K. Krainer (Hrsg.): Proceedings of CERME 8, Prag Februar 2015.

Prediger, S. (2004): „Darf man das denn so rechnen?" Vielfalt im Mathematikunterricht. Friedrich Jahresheft XXII, 86–89.

Prediger, S. (2009a): Inhaltliches Denken vor Kalkül – Ein didaktisches Prinzip zur Vorbeugung und Förderung bei Rechenschwierigkeiten. In: Fritz, A./Schmidt, S. (Hrsg.): Fördernder Mathematikunterricht in der Sekundarstufe I. Rechenschwierigkeiten erkennen und überwinden. Weinheim: Beltz, 213–234.

Prediger, S. (2009b): Quader bauen aus 24 Würfeln – Kinder auf dem Weg zur Volumenformel. MNU Primar, 1(1), 8–12.

Prediger, S. (2013): Darstellungen, Register und mentale Konstruktion von Bedeutungen und Beziehungen. In: Becker-Mrotzek, M./Schramm, K./Thürmann, E:/Vollmer, H. J. (Hrsg.): Sprache im Fach – Sprachlichkeit und fachliches Lernen. Münster: Waxmann, 167–183.

Prediger, S. (2016, im Druck): „Kapital multipliziert durch Faktor halt, kann ich nicht besser erklären" – Sprachschatzarbeit für einen verstehensorientierten Mathematikunterricht. Erscheint in B. Lütke et al. (Hrsg.): Fachintegrierte Sprachbildung. Reihe DaZ-Forschung. Deutsch als Zweitsprache. Migration und Mehrsprachigkeit. Berlin: de Gruyter.

Prediger, S./Barzel, B./Hußmann, S./Leuders, T. (2013b) (Hrsg.): Mathewerkstatt 6. Berlin: Cornelsen.

Prediger, S./Barzel, B./Leuders, T./Hußmann, S. (2011a): Systematisieren und Sichern. Nachhaltiges Lernen durch aktives Ordnen. Mathematik lehren, 164, 2–9.

Prediger, S./Bialek, S./Fernholz, J./Heckmann, L./Kraatz-Röper, A./Vernay, R. (2006): Eigenverantwortliches Lernen auf vielfältigen Wegen – Endbericht des Schulbegleitforschungsprojekts, 165. Bremen: Landesinstitut für Schule.

Prediger, S./Freesemann, O./Moser Opitz, E./Hußmann, S. (2013a): Unverzichtbare Verstehensgrundlagen statt kurzfristige Reparatur – Förderung bei mathematischen Lernschwierigkeiten in Klasse 5. Praxis der Mathematik in der Schule, 55(51), 12–17.

Prediger, S./Hußmann, S./Brauner, U./Matull, I./Seifert, G./Verschraegen, J. (2011c): Mathewerkstatt 5 Rechenbausteine: Selbsttest und Training. Berlin: Cornelsen.

Prediger, S./Hußmann, S./Leuders, T./Barzel, B. (2011b): „Erst mal alle auf einen Stand bringen…." Diagnosegeleitete und individualisierte Aufarbeitung arithmetischen Basiskönnens. Pädagogik, 63(5), 20–24.

Prediger, S./Hußmann, S./Leuders, T./Barzel, B. (2014b): Kernprozesse – Ein Modell zur Strukturierung von Unterrichtsdesign und Unterrichtshandeln. In: Bausch, I./Pinkernell, G./Schmitt, O. (Hrsg.): Unterrichtsentwicklung und Kompetenzorientierung. Münster: WTM, 81–92.

Prediger, S./Scherres, C. (2012): Niveauangemessenheit von Arbeitsprozessen in selbstdifferenzierenden Lernumgebungen. Journal für Mathematik-Didaktik, 33(1), 143–173.

Prediger, S./Schink, A. (2014): Verstehensgrundlagen aufarbeiten– fokussierte Förderung statt rein methodischer Individualisierung. Pädagogik, 66(5), 21–25.

Prediger, S./Selter, C./Hußmann, S./Nührenbörger, M. (Hrsg.) (2014a): Mathe sicher können – Brüche, Prozente, Dezimalzahlen. Förderbausteine und Handreichungen für ein Diagnose- und Förderkonzept zur Sicherung mathematischer Basiskompetenzen. Berlin: Cornelsen. Zum Teil online frei verfügbar unter mathe-sicher-koennen.dzlm.de/003.

Prediger, S./Wessel, L. (2012): Darstellungen vernetzen – Ansatz zur integrierten Entwicklung von Konzepten und Sprachmitteln. Praxis der Mathematik in der Schule, 54(45), 29–34.

Prediger, S./Wilhelm, N./Büchter, A./Benholz, C./Gürsoy, E. (2015): Sprachkompetenz und Mathematikleistung – Empirische Untersuchung sprachlich bedingter Hürden in den Zentralen Prüfungen 10. Journal für Mathematikdidaktik, 36(1), 77–104.

Ratz, Ch. (2010): Fachorientierung im Förderschwerpunkt geistige Entwicklung am Beispiel von mathematischem Lernen. Sonderpädagogische Förderung heute, 55(2), 147–165.

Ratz, Ch./Wittmann, E. Ch. (2011): Mathematisches Lernen im Förderschwerpunkt geistige Entwicklung. In: Ratz, Ch. (Hrsg.): Unterricht im Förderschwerpunkt geistige Entwicklung. Oberhausen: Athena, 129–149.

Renkl, A. (2000): Automatisierung allein reicht nicht aus: Üben aus kognitionspsychologischer Perspektive. Friedrich Jahresheft, 16–19.

Renkl, A./Schworm, S./Hilbert, T. (2004): Lernen aus Lösungsbeispielen. In: Doll, J./Prenzel, M. (Hrsg.): Bildungsqualität von Schule. Münster: Waxmann, 77–92.

Reusser, K. (2005): Problemorientiertes Lernen. Beiträge zur Lehrerbildung, 23(2), 159–182.

Reusser, K. (2006): Konstruktivismus – vom epistemologischen Leitbegriff zur Erneuerung der didaktischen Kultur. In: Baer, M./Fuchs, M./Füglister, P./Reusser, K./Wyss, H. (Hrsg.): Didaktik auf psychologischer Grundlage. Bern: h.e.p, 151–168.

Roick, T./Gölitz, D./Hasselhorn, M. (2013): Affektive Komponenten der Mathematikkompetenz. Die Mathematikangst-Ratingskala für vierte bis sechste Klassen (MARS 4–6). In: Hasselhorn, M./Heinze, A./Schneider, W./Trautwein, U. (Hrsg.): Diagnostik mathematischer Kompetenzen. Göttingen: Hogrefe, 205–221.

Römer, M. (2008): Checklisten und Lernüberblicke. Selbstständiges Üben fördern. Mathematik lehren, 147, 52–53.

Roth, H. (1957): Pädagogische Psychologie des Lehrens und Lernens. Berlin: Schroedel.

Rott, B. (2014): Mathematische Problembearbeitungsprozesse von Fünftklässlern. Journal für Mathematik-Didaktik, 35(2), 251–282.

Saint-George, G. von (2003): Eigenverantwortliche Lernorganisation. In: Leuders, T. (Hrsg.): Mathematikdidaktik. Praxishandbuch für die Sek. I und II. Berlin: Cornelsen, 288–291.

Sälzer, C./Reiss, K./Schiepe-Tiska, A./Prenzel, M./Heinze, A. (2013): Zwischen Grundlagenwissen und Anwendungsbezug: Mathematische Kompetenz im internationalen Vergleich. In: Prenzel, M./Sälzer, C./Klieme, E./Köller, O. (Hrsg.): PISA 2012. Münster: Waxmann, 47–98.

Scharenberg, K. (2012): Leistungsheterogenität und Kompetenzentwicklung. Münster: Waxmann.

Schelldorfer, R. (2007): Summendarstellungen von Zahlen – ein Feld für differenzierendes entdeckendes Lernen. Praxis der Mathematik in der Schule, 49(17), 25–27.

SCHERER, P. (1995): Entdeckendes Lernen im Mathematikunterricht der Schule für Lernbehinderte. Heidelberg: Winter.

SCHERER, P./MOSER OPITZ, E. (2010): Fördern im Mathematikunterricht der Primarstufe. Heidelberg: Spektrum.

SCHIEPE-TISKA, A./SCHMIDTNER, S. (2013): Mathematikbezogene emotionale und motivationale Orientierungen, Einstellungen und Verhaltensweisen von Jugendlichen in PISA 2012. In: Prenzel, M./Sälzer, C./Klieme, E./Köller, O. (Hrsg.): PISA 2012. Münster: Waxmann, 99–122.

SCHINK, A. (2013): Flexibler Umgang mit Brüchen – Empirische Erhebung individueller Strukturierungen zu Teil, Anteil und Ganzem. Wiesbaden: Springer Spektrum.

SCHOENFELD, A. (1992): Learning to think mathematically: problem solving, metacognition, and sense making in mathematics. In: Grouws, D. A. (Hrsg.): Handbook of research on mathematics teaching and learning. New York: Macmillan, 334–370.

SCHROEDER, M./WURL, B./WYNANDS, A. (Hrsg) (2004): Maßstab 2. Baden-Württemberg. Braunschweig: Bildungshaus.

SCHULZ, A./ LEUDERS, T./RANGEL, U./KOWALK, S. (2015): Guter Start in die Sekundarstufe. Lernstand 5 in Baden-Württemberg: Diagnose und Förderung arithmetischer Basiskompetenzen. Mathematik lehren, 192, 14–17

SCHULZ, A./ LEUDERS, T. (2015): Fehler beim schriftlichen Rechnen – was kann man am Beginn von Klasse 5 tun? Mathematik lehren, 191, 9–12

SCHULZ, W. (1996): Anstiftung zum didaktischen Denken. Weinheim: Beltz.

SCHUPP, H. (2002): Thema mit Variationen. Aufgabenvariation im Mathematikunterricht. Hildesheim: Franzbecker.

SCHWANK, I. (2003): Einführung in funktionales und prädikatives Denken. ZDM-Zentralblatt für Didaktik der Mathematik, 35(3), 70–78.

SCHWARZER, R./JERUSALEM, M. (2002): Das Konzept der Selbstwirksamkeit. Zeitschrift für Pädagogik, 44, 28–53.

SCHWENCK, C./SCHNEIDER, W. (2003): Einflussfaktoren für den Zusammenhang von Rechen- und Schriftsprachleistungen im frühen Grundschulalter. Kindheit und Entwicklung, 12(4), 212–221.

SEIDEL, T./SHAVELSON, R. (2007): Teaching effectiveness research in the last decade. Review of Educational Research, 77(4), 454–499.

SELTER, C. (1993): Eigenproduktionen im Arithmetikunterricht der Primarstufe. Wiesbaden: Deutscher Universitäts-Verlag.

SELTER, C./PREDIGER, S./NÜHRENBÖRGER, M./HUßMANN, S. (Hrsg.) (2014): Mathe sicher können – Natürliche Zahlen. Förderbausteine und Handreichungen für ein Diagnose- und Förderkonzept zur Sicherung mathematischer Basiskompetenzen. Berlin: Cornelsen. Zum Teil online frei verfügbar unter mathe-sicher-koennen.dzlm.de/002.

SELTER, C./SPIEGEL, H. (1997): Wie Kinder rechnen. Leipzig: Klett.

SELTER, C./SUNDERMANN, B. (2006): Beurteilen und Fördern im Mathematikunterricht. Berlin: Cornelsen Scriptor.

SHEFFIELD, L. J. (2003): Extending the challenge in mathematics: Developing mathematical promise in K-8 students. Thousand Oaks: Corwin Press.

SMIT, R. (2008): Formative Beurteilung im kompetenz- und standardorientierten Unterricht. Beiträge zur Lehrerbildung, 26(3), 383–392.

SMITH, J. P./DISESSA, A. A./ROSCHELLE, J. (1993): Misconceptions Reconceived: A Constructivist Analysis of Knowledge in Transition. The Journal of the Learning Sciences, 3(2), 115–163.

STACHNISS-CARP, S. (2001): Ideenkiste: Parabel-Werkstatt. Mathematik lehren, 105, 68–69.

STEFANOU, C./PERENCEVICH, K./DICINTO, M./TURNER, J. (2004): Supporting autonomy in the classroom Educational Psychologist, 39(2), 97–110.

STERN, E./SCHUMACHER, R. (2004): Intelligentes Wissen als Lernziel. Universitas, 59(2), 121–134.

STERNBERG, R. J. (1997): Thinking styles. New York: Cambridge University Press.

STIGLER, J./HIEBERT, J. (1999): The teaching gap. Best ideas from the world's teachers for improving education in the classroom. New York: Free Press.

STUBBE, T. C./TARELLI, I./WENDT, H. (2012): Soziale Disparitäten der Schülerleistungen in Mathematik und Naturwissenschaften. In: Bos, W./Wendt, H./Köller, O./Selter, C. (Hrsg.): TIMSS 2011. Münster: Waxmann, 231–246.

SUNDERMANN, B. (1999): Rechentagebücher und Rechenkonferenzen. Grundschule, 1, 48–50.

SUNDERMANN, B./SELTER, C. (2000): Quattro Staggioni. Nachdenkliches zum Stationenlernen aus mathematikdidaktischer Perspektive. Friedrich Jahresheft XVIII, 110–113.

SWAN, M. (2005): Standards Unit. Improving learning in Mathematics: challenges and strategies. Nottingham: University of Nottingham. www.nationalstemcentre.org.uk/ elibrary/ resource/ 1015/ improving-learning-in-mathematics-challenges-and-strategies [Zugriff: 1.5.2015]

SWELLER, J. (1994): Cognitive load theory, learning difficulty, and instructional design. Learning and Instruction, 4(4), 295–312.

TAKAHASHI, A. (2008): Beyond show and tell: Neriage for teaching through problem-solving–Ideas from Japanese problem-solving approaches for teaching mathematics. In 11th International Congress on Mathematics Education in Mexico (Section TSG 19: Research and Development in Problem Solving in Mathematics Education), Monterey, Mexico.

TAKAHASHI, A. (2016, im Druck): „Neriage" – didaktisch durchdachtes Aufräumen nach einer Problemlösephase. Einblicke in den japanischen Problemlöseunterricht. Erscheint in: Praxis der Mathematik in der Schule, 68.

TOMLINSON, C. A./MOON, T. (2013): Differentiation and classroom assessment. In: McMillan, J. H. (Hrsg.): SAGE handbook of research on classroom assessment. Los Angeles: SAGE, 415–430.

TRAUTMANN, M./WISCHER, B. (2008): Das Konzept der „Inneren Differenzierung" als Beispiel allgemeindidaktischer Reformsemantik. Zeitschrift für Erziehungswissenschaft, 159–172.

TURNER, J. C./MIDGLEY, C./MEYER, D. K./GHEEN, M./ANDERMAN, E. M./KANG, Y. ET AL. (2002): The classroom environment and students reports of avoidance strategies in mathematics: A multimethod study. Journal of Educational Psychology, 94(1), 88–106.

U.S. DEPARTMENT OF EDUCATION (2005): Single-sex versus coeducational schooling: A systematic review. Washington: U.S. Department of Education, Office of Planning, Evaluation and Policy Development, Policy and Program Studies Service.

UFER, S./REISS, K./MEHRINGER, V. (2013): Sprachstand, soziale Herkunft und Bilingualität: Effekte auf Facetten mathematischer Kompetenz. In: Becker-Mrotzek, M./Schramm, K./Thürmann, E./Vollmer, H. J. (Hrsg.): Sprache im Fach – Sprachlichkeit und fachliches Lernen. Münster: Waxmann, 167–184.

Van de Walle, J. A. (2007): Elementary and middle school mathematics: Teaching developmentally. Boston: Pearson Education.

Vollrath, H.-J./Roth, J. (2011): Grundlagen des Mathematikunterrichts in der Sekundarstufe. Heidelberg: Spektrum.

Vom Hofe, R. (2003): Grundbildung durch Grundvorstellungen. Mathematik lehren, 118, 4–8.

Voßmeier, J. (2012): Schriftliche Standortbestimmungen im Arithmetikunterricht. Wiesbaden: Vieweg & Teubner.

Wagenschein, M. (1968): Verstehen lehren. Genetisch – Sokratisch – Exemplarisch. Weinheim: Beltz.

Wälti, B. (2014): Alternative Leistungsbewertung in der Mathematik: Mathematische Beurteilungsumgebungen. Theoretische Auseinandersetzung und empirische Studie. Bern: Schulverlag plus.

Weinert, F. E. (1996): Lerntheorien und Instruktionsmodelle. In: Weinert, F. E. (Hrsg.): Enzyklopädie der Psychologie, Themenbereich D, Serie I, Bd 2. Göttingen: Hogrefe, 1–48.

Wessel, L. (2015): Fach- und sprachintegrierte Förderung durch Darstellungsvernetzung und Scaffolding. Ein Entwicklungsforschungsprojekt zum Anteilbegriff. Heidelberg: Springer Spektrum.

Wild, E./Schwinger, M./Lütje-Klose, B./Yotyodying, S./Gorges, J./Stranghöner, D./Neumann, P./Serke, B./Kurnitzki, S. (2015): Schülerinnen und Schüler mit dem Förderschwerpunkt Lernen in inklusiven und exklusiven Förderarrangement. Unterrichtswissenschaft, 43(1), 7–21.

Winter, H. (1975): Allgemeine Lernziele für den Mathematikunterricht. ZDM-Zentralblatt für Didaktik der Mathematik, 7(10), 106–116.

Winter, H. (1984): Begriff und Bedeutung des Übens im Mathematikunterricht. Mathematik lehren, 84, 4–16.

Wittmann, E.Ch. (1989): Wider die Flut der 'bunten Hunde' und der 'grauen Päckchen': die Konzeption des aktiv-entdeckenden Lernens und des produktiven Übens. In: Sachunterricht Mathematik Primarstufe, 17(10), 445–446, 455–460.

Wittmann, E. Ch. (1995): Aktiv-entdeckendes und soziales Lernen im Rechenunterricht – vom Kind und vom Fach aus. In: Müller, G. N./Wittmann, E. Ch. (Hrsg.): Mit Kindern rechnen. Frankfurt: Arbeitskreis Grundschule, 10–41.

Wittmann, E. Ch. (2001): Ein alternativer Ansatz zur Förderung „rechenschwacher" Kinder. http://www.mathematik.uni-dortmund.de/ieem/mathe2000/pdf/ foerderansatz.pdf

Wittmann, E. Ch./Müller, G. N. (2004): Das Zahlenbuch. Mathematik im 4. Schuljahr. Lehrerband. Leipzig: Klett Grundschulverlag.

Wittwer, J. (2008): Warum wirkt Nachhilfe? Hinweise aus der Forschung zum Einzelunterricht. Zeitschrift für Pädagogik, 54, 416–432.

Wocken, H. (1998): Gemeinsame Lernsituationen. Eine Skizze zur Theorie des gemeinsamen Unterrichts. In: Hildeschmidt, H./Schnell, I. (Hrsg.): Integrationspädagogik. Auf dem Weg zu einer Schule für alle. Weinheim: Juventa, 37–52.

Ziegler, A./Stöger, H. (2002): Motivationale Ziele im Mathematikunterricht von Mittelstufenschüler-Innen am Gymnasium. Empirische Pädagogik, 16, 57–78.

Register